国家电网有限公司
STATE GRID
CORPORATION OF CHINA

U0158808

国家电网有限公司
技能人员专业培训教材

用电客户受理员

国家电网有限公司 组编

中国电力出版社
CHINA ELECTRIC POWER PRESS

图书在版编目（CIP）数据

用电客户受理员/国家电网有限公司组编. —北京：中国电力出版社，2020.5
（2022.9重印）
　国家电网有限公司技能人员专业培训教材
　ISBN 978-7-5198-3706-8

　Ⅰ. ①用… Ⅱ. ①国… Ⅲ. ①用电管理–技术培训–教材 Ⅳ. ①TM92

中国版本图书馆 CIP 数据核字（2019）第 206461 号

出版发行：中国电力出版社
地　　址：北京市东城区北京站西街 19 号（邮政编码 100005）
网　　址：http://www.cepp.sgcc.com.cn
责任编辑：马　丹（010-63412725）
责任校对：黄　蓓　常燕昆
装帧设计：郝晓燕　赵姗姗
责任印制：钱兴根

印　　刷：廊坊市文峰档案印务有限公司
版　　次：2020 年 5 月第一版
印　　次：2022 年 9 月北京第三次印刷
开　　本：710 毫米×980 毫米　16 开本
印　　张：21
字　　数：406 千字
印　　数：3501—5000 册
定　　价：63.00 元

版 权 专 有　侵 权 必 究

本书如有印装质量问题，我社营销中心负责退换

本 书 编 委 会

主　　任　　吕春泉

委　　员　　董双武　张　龙　杨　勇　张凡华

　　　　　　王晓希　孙晓雯　李振凯

编写人员　　陶　建　孙爱东　张　珏　胡玉哲

　　　　　　闫晓天　曹爱民　战　杰　郭方正

　　　　　　赵　军

前　言

　　为贯彻落实国家终身职业技能培训要求，全面加强国家电网有限公司新时代高技能人才队伍建设工作，有效提升技能人员岗位能力培训工作的针对性、有效性和规范性，加快建设一支纪律严明、素质优良、技艺精湛的高技能人才队伍，为建设具有中国特色国际领先的能源互联网企业提供强有力人才支撑，国家电网有限公司人力资源部组织公司系统技术技能专家，在《国家电网公司生产技能人员职业能力培训专用教材》（2010 年版）基础上，结合新理论、新技术、新方法、新设备，采用模块化结构，修编完成覆盖输电、变电、配电、营销、调度等 50 余个专业的培训教材。

　　本套专业培训教材是以各岗位小类的岗位能力培训规范为指导，以国家、行业及公司发布的法律法规、规章制度、规程规范、技术标准等为依据，以岗位能力提升、贴近工作实际为目的，以模块化教材为特点，语言简练、通俗易懂，专业术语完整准确，适用于培训教学、员工自学、资源开发等，也可作为相关大专院校教学参考书。

　　本书为《用电客户受理员》分册，由陶建、孙爱东、张珏、胡玉哲、闫晓天、曹爱民、战杰、郭方正、赵军编写。在出版过程中，参与编写和审定的专家们以高度的责任感和严谨的作风，几易其稿，多次修订才最终定稿。在本套培训教材即将出版之际，谨向所有参与和支持本书籍出版的专家表示衷心的感谢！

　　由于编写人员水平有限，书中难免有错误和不足之处，敬请广大读者批评指正。

目 录

第一部分

客户服务规范和沟通技巧

第一章

语言表达能力

模块1　语言表达能力的培养途径（Z21E1001 Ⅰ）

【模块描述】本模块介绍语言表达能力的基本概念及其在客户服务中的作用。通过要点归纳，掌握语言表达能力对用电客户受理员的重要性及培养途径。

【模块内容】

列夫·托尔斯泰说："与人交谈一次，往往比多年闭门劳作更能启发心智"。思想必定是在与人交往中产生，而在孤独中进行加工和表达。表达与沟通是两个不同的问题，表达侧重于一个人的表现，而沟通则更偏重于多个人的交流，但这两个问题在本质上是相通的。

一、语言表达能力的基本概念

所谓语言表达能力，是指思维逻辑清晰，用词准确得当，能够通过简练、生动并有说服力、感染力的语言，快速准确地向他人表达出自己的思想、行为的一种能力。

二、语言表达能力的重要性

语言表达能力是现代人才必备的基本素质之一。人们不仅要有新的思想和见解，还要在别人面前很好地将其表达出来；不仅要用自己的行为对社会做贡献，还要用自己的语言去感染、说服别人。

供电公司是服务性企业，面向广大客户。营业厅作为一个重要的服务窗口，用电客户受理员与客户面对面交流，语言表达必不可少。通过学习，培养良好的语言表达能力，可提高营业厅柜台服务工作质量，在供用电全过程服务中起到重要的作用。

总之，语言表达能力是我们提高素质、开发潜力的主要途径，是我们驾驭人生、改造生活、追求事业成功的无价之宝，是我们通往成功之路的必要途径。

三、语言表达能力在服务中的作用

1. 提高服务素养

语言是信息的第一载体，语言的力量能够征服世界上最复杂的东西——人的心灵，语言是最简便、最快捷、最廉价的传递手段，比书面表达更灵活、更及时、更直截了当，因而也更行之有效。良好的语言表达能力是促进用电客户受理员成长的重要条件之一。

在为客户服务的过程中，用电客户受理员是与客户接触的最前沿，用电客户受理员根据实际情况将电力政策、法律法规等知识在头脑中形成意念，通过语言传送给客户。语言传送过程中，用电客户受理员以最合理的搭配将字、词、句组织起来，清晰明了地告知客户，让他们领悟用电客户受理员的意思，理解用电客户受理员的表达，相信用电客户受理员的态度，最终与用电客户受理员达成共识。在突发事件中，用电客户受理员灵活运用丰富的词汇、广泛的知识储量和机敏的应变能力，用语言说服和打动客户。所以语言表达能力的培养，能提高用电客户受理员的服务素养，使信息传送更准确高效。

2. 提升服务质量

客户在享受用电客户受理员服务时，从用电客户受理员的言谈中可感受到用电客户受理员的职业素养，用电客户受理员作为供电服务窗口人员，他们的职业素养将代表整个企业的职业素养。所以提高个人的语言表达能力，将会提升整个企业的服务质量。

一个重视细节的企业，成功必然是他的朋友。人们在培养用电客户受理员语言能力时，要从每一个微小的措辞、每一处微小的情绪、每一帧微小的态度入手，重视细节带来的巨大效益，重视"短板"带来的服务损失，将语言表达能力的培训作为提升营业厅柜台服务质量的一项有益实践。客户只有从用电客户受理员的语言中感受到专业、热情、诚恳的态度，情绪被平抚，问题被解决，才会认为供电企业能够为他们提供高品质的服务，从知晓到了解，从喜欢到偏好，从信任到忠诚。

3. 展示优秀的企业形象

客户对供电公司的概念形成于与这个企业的用电客户受理员接触时的感知，如果营业厅为客户提供了一次美好的服务享受，那么客户必然会将对用电客户受理员的好感和服务过程的满意移情为对公司的忠诚，同时公司的优秀形象也将获得极大的展示空间。而一次失败的服务，客户也不会认为是某个用电客户受理员或营业厅的工作问题，会从情感上扩大为属于供电公司的整体素质问题，使供电公司的企业形象受到负面影响。

用电客户受理员为客户提供服务时，语言表达要谨慎、规范和专业，因为用电客户受理员向外界发出的每一个声音都不是个人行为，而是代表自己所在的供电公司，甚至于省电力公司和"国家电网"品牌。为了牢固树立企业的优秀形象，营业厅柜台用电客户受理员的语言表达能力就更为重要。

四、语言表达能力的培养途径

营业厅用电客户受理员的语言表达能力只有在日常工作和生活中加强重视、不断培训、经常练习，才能打好基础并且获得长线成长的源泉，主要有以下四方面培养途径。

1. 文字阅读

用电客户受理员应该多涉猎电力政策法规、电力论文、服务礼仪、心理分析等类型的文章，以宽泛的阅读量作为语言表达的基本积淀。通过日常的文字阅读，不断地加深专业词汇、标准用语、服务技巧等在大脑中的印象，避免在通话中出现无话可说、语无伦次和词不达意的现象。除了文字阅读以外，用电客户受理员还可以通过报纸、电视新闻等媒体渠道，了解时事，拓宽知识面，可以学习主持人、辩手、演讲者等职业的语言表达技巧，提升自己的语言表达能力。

2. 日常表达

在非工作时间，营业厅用电客户受理员也会用语言向外界传递自己的意念和想法，这个时间比工作时间更长，所以他们应该充分利用这些时间来培养自己的语言表达能力。与家人交流时，人们应该使用文明礼貌用语，避免形成不良用语口头禅；与同事交流时，人们应该规范用语，尽量使用普通话；社交场合中，人们应该掌握基本礼仪，提高表达的品质和格调。

人们还可以采用自说自听、己说人听这两种方式，有意识、有计划地培养语言表达能力。自说自听就是自己对自己说话，可以自己准备可供叙述的文章，或者根据一件事物进行即兴自说；己说人听是自己对别人说话，依托"看、想、说"这个快速的过程，理解观察对象，展开丰富联想，迅速组织语言和词语序列，提升语言表达能力。

3. 语言交流

语言交流是两个人或更多人之间运用问与答的形式培养语言表达能力。用电客户受理员在平时应超越枯燥的文字符号，运用丰富多变的语音、语调、节奏和态势等特有手段来向外界表情达意。在语言交流时，人们还要不断调整思路、组织语言，以一种高度集中、快捷有序的思维过程，即兴而谈。对于语言表达能力来说，不说不练是无法获得提高的，只能通过不断的练习，做到熟能生巧，勤能补拙，锻炼在不同的语言环境中，左右逢源，得心应"口"。

4. 写作练习

写作的过程是逐字表述的，落笔之后，还可以进行修改，语言表达则是直接从思维链到词语链，无法修改，所以用电客户受理员在通话时更要慎思、敏思、稳说。用电客户受理员在平时应注重文字能力的培养，通过行文时稳健的思考过程来拓展个人思维的深度、广度、高度，以文字驾驭能力、概括分析能力等综合能力形成良好的"内语言"条件，从而使"外语言"，也就是语言表达能力得到质的提高。

【思考与练习】

1. 语言表达能力的定义及重要性是什么？

2. 语言表达能力在营业厅柜台服务中有什么作用？

3. 语言表达能力有哪些培养途径？

▲ 模块2　普通话训练（Z21E1002Ⅰ）

【模块描述】本模块介绍普通话发音、字词认读、作品朗读、命题说话和电力常用语的训练技巧。通过常见字、词组、句子的列举和训练方法介绍，掌握用电客户受理员普通话训练方法。

【模块内容】

普通话作为我国的通用语言，已经被广泛运用到学习、生活和工作的各个方面。营业厅作为与普通话水平关系密切的服务场所，应认真遵循国家推广普通话的"大力推广、积极普及、逐步提高"十二字方针。标准普通话的掌握和运用，能够帮助用电客户受理员提升综合素质，树立服务形象；能够帮助营业厅营造良好语言环境，创造潜在服务价值。用电客户受理员应根据普通话训练要求，不断加强自身学习能力，熟练而流利地掌握普通话标准发音，杜绝方言音、缺陷音、错读音，使普通话水平达到相关要求，不断规范化、标准化。

一、发音训练

（一）声调训练

1. 四声单字调

（1）同声韵四声音节。

A

āi ái ǎi ài　　 āo áo ǎo ào
哀 挨 矮 爱　　凹 熬 袄 奥

B

bā bá bǎ bà　　bāi bái bǎi bài
巴 拔 把 爸　　掰 白 摆 拜

C

cāi cái cǎi cài　　chuān chuán chuǎn chuàn　　chī chí chǐ chì
猜 才 采 菜　　穿 传 喘 串　　吃 持 齿 翅

chū chú chǔ chù
出 除 储 处

D

dā dá dǎ dà　　dī dí dǐ dì　　dū dú dǔ dù　　duō duó duǒ duò
搭 达 打 大　　低 敌 底 弟　　督 读 赌 肚　　多 夺 躲 堕

E

ē é ě è
阿 鹅 恶 饿

F

fā fá fǎ fà　　fān fán fǎn fàn　　fāng fáng fǎng fàng　　fū fú fǔ fù
发 伐 法 发　　翻 繁 反 范　　方 防 访 放　　夫 服 斧 妇

G

gē gé gě gè　　gū gú gǔ gù　　guō guó guǒ guò
哥 格 葛 个　　姑 钴 鼓 顾　　锅 国 果 过

H

hān hán hǎn hàn　　hāo háo hǎo hào　　huān huán huǎn huàn
酣 寒 喊 汉　　蒿 毫 好 号　　欢 环 缓 幻

huī huí huǐ huì
挥 回 毁 会

J

jī jí jǐ jì　　jiāo jiáo jiǎo jiào　　jiē jié jiě jiè
机 急 挤 寄　　交 嚼 脚 叫　　接 节 姐 借

K

kē ké kě kè　　kuī kuí kuǐ kuì
科 咳 可 客　　亏 魁 傀 溃

L

lā lá lǎ là　　liū liú liǔ liù　　lōu lóu lǒu lòu　　liāo liáo liǎo liào
啦 拉 喇 辣　　溜 流 柳 六　　搂 楼 篓 漏　　撩 聊 了 料

M

mā má mǎ mà　　māo máo mǎo mào　　mī mí mǐ mì　　mō mó mǒ mò
妈 麻 马 骂　　猫 毛 卯 帽　　眯 弥 米 蜜　　摸 摩 抹 莫

N

niān nián niǎn niàn　　niū niú niǔ niù
拈 年 撵 念　　妞 牛 扭 拗

P

pāo páo pǎo pào　　pīn pín pǐn pìn　　pī pí pǐ pì　　piāo piáo piǎo piào
抛 咆 跑 炮　　拼 贫 品 聘　　批 皮 匹 辟　　飘 瓢 瞟 票

Q

qī qí qǐ qì　　qiān qián qiǎn qiàn　　qīn qín qǐn qìng　　quān quán quǎn quàn
期 骑 起 汽　　千 钱 浅 欠　　侵 琴 寝 庆　　圈 全 犬 劝

R

rāng ráng rǎng ràng
嚷 瓤 壤 让

S

shā shá shǎ shà　　shāo sháo shǎo shào　　shēng shéng shěng shèng
杀 啥 傻 煞　　烧 勺 少 哨　　生 绳 省 剩

shī shí shǐ shì
师 石 使 世
T

tān tán tǎn tàn　　tāng táng tǎng tàng　　tōng tóng tǒng tòng　　tū tú tǔ tù
滩 谈 坦 探　　　汤 堂 躺 趟　　　通 同 统 痛　　　突 图 土 兔
W

wā wá wǎ wà　　wān wán wǎn wàn　　wēn wén wěn wèn　　wū wú wǔ wù
哇 娃 瓦 袜　　弯 玩 晚 万　　　温 文 稳 问　　　屋 无 武 务
X

xī xí xǐ xì　　xiān xián xiǎn xiàn　　xiē xié xiě xiè
西 习 喜 细　　先 闲 显 现　　　些 协 写 谢

xīng xíng xǐng xìng
星 形 醒 性
Y

yā yá yǎ yà　　yān yán yǎn yàn　　yōu yóu yǒu yòu　　yū yú yǔ yù
压 牙 哑 亚　　烟 言 眼 厌　　　优 游 有 又　　　迂 于 语 预
Z

zhī zhí zhǐ zhì　　zhōu zhóu zhǒu zhòu　　zhū zhú zhǔ zhù
之 直 只 至　　周 轴 肘 昼　　　朱 竹 主 祝

zuō zuó zuǒ zuò
嘬 昨 左 作

（2）同韵四声音节。

cā fá tǎ nà　　zhuā huá shuǎ wà　　bāo fó mǒ pò　　shuō zhuó suǒ cuò
擦 罚 塔 纳　　抓 滑 耍 袜　　　剥 佛 抹 魄　　　说 茁 索 错

hē zé kě tè　　quē jué xuě yuè　　kū sú rǔ mù　　xiū liú jiǔ liù
喝 则 渴 特　　缺 决 雪 月　　　哭 俗 辱 木　　　休 刘 九 六

shī zhí chǐ rì　　qū jú yǔ lù　　chāi zhái bǎi mài　　guāi huái guǎi shuài
施 直 尺 日　　屈 菊 语 绿　　　拆 宅 柏 麦　　　乖 徊 拐 蟀

2. 双音节词语的声调

（1）同调连续。

1）阴+阴。

gōng dān　　ān zhuāng　　chāo chū　　dī wēn　　fā huī　　gāo yā
工 单　　　安 装　　　超 出　　低 温　　发 挥　　高 压

2）阳+阳。

chá xún　　lái yuán　　jié hé　　fán róng　　pái chú　　rén yuán
查 询　　来 源　　结 合　　繁 荣　　排 除　　人 缘

3）上+上。

chǔ lǐ　　guǎng chǎng　　lǐng dǎo　　qǐ mǎ　　zhǐ mǎ　　xuǎn jǔ
处 理　　广 场　　　领 导　　起 码　　止 码　　选 举

4）去+去。

qiàn fèi	kè hù	shù zì	yì jiàn	jì lù	zhù yì
欠 费	客 户	数 字	意 见	记 录	注 意

（2）异调连续。

1）阴+阳。

bāng máng	shōu cáng	dōng nán	jiān jué	qū zhé
帮 忙	收 藏	东 南	坚 决	曲 折

2）阴+上。

dēng tǎ	gōng kuǎn	gēn běn	pī zhǔn	qiān shǔ
灯 塔	公 款	根 本	批 准	签 署

3）阴+去。

bāng zhù	chōng pò	fēi yuè	gān cuì	jiē shòu	néng lì
帮 助	冲 破	飞 跃	干 脆	接 受	能 力

4）阳+阴。

zhí guān	chéng gōng	píng jūn	nóng cūn	míng chēng	guó jiā
直 观	成 功	平 均	农 村	名 称	国 家

5）阳+上。

cái chǎn	duó qǔ	fá kuǎn	jí shǐ	lián xiǎng	nán miǎn
财 产	夺 取	罚 款	即 使	联 想	难 免

6）阳+去。

zú gòu	zhú bù	xuán guà	qíng kuàng	mó fàn	chéng xù
足 够	逐 步	悬 挂	情 况	模 范	程 序

7）上+阴。

bǎi tuō	huǒ chē	pǔ tōng	qǔ xiāo	tǐ jī
摆 脱	火 车	普 通	取 消	体 积

8）上+阳。

zhǐ nán	ǒu rán	fǎn cháng	kǎo chá	kě néng	jǐn jí
指 南	偶 然	反 常	考 察	可 能	紧 急

9）上+去。

bǎ wò	fěn suì	chǎn shù	děng hòu	gǔ gàn	huǎn màn
把 握	粉 碎	阐 述	等 候	骨 干	缓 慢

10）去+阴。

àn zhōng	bào kān	cuò shī	guàn jūn	jiàn kāng	lüè wēi
暗 中	报 刊	措 施	冠 军	健 康	略 微

11）去+阳。

cè liáng	diàn liú	hùn hé	lèi xíng	mù qián	qù nián
测 量	电 流	混 合	类 型	目 前	去 年

12）去+上。

shuài lǐng	pò shǐ	nìng kě	mào xiǎn	kào shǎng	lèi shuǐ
率　领	迫　使	宁　可	冒　险	犒　赏	泪　水

3. 多音节词语的声调

（1）三音节词语的声调搭配。

1）同声调重叠搭配。

shōu yī njī	lián hé guó	dǎn xiǎo guǐ	zì dòng huà
收 音 机	联 合 国	胆 小 鬼	自 动 化

2）单调重叠搭配。

chū fā diǎn	yuán cái liào	suǒ yǒu zhì	dà duō shù
出 发 点	原 材 料	所 有 制	大 多 数

3）无重叠声调搭配。

dāng shì rén	zé rèn gǎn	ǒu rán xìng	diàn cí bō
当 事 人	责 任 感	偶 然 性	电 磁 波

4）带有轻声词的搭配。

lái bu jí	xiǎo péng you	zěn me yàng	duì bu qǐ
来 不 及	小 朋 友	怎 么 样	对 不 起

（2）四音节词语的声调搭配。

1）双调重叠音节练习。

ān jū lè yè	lái lóng qù mài	liǎo rú zhǐ zhǎng	bèi dào' ér chí
安 居 乐 业	来 龙 去 脉	了 如 指 掌	背 道 而 驰

2）单调重叠音节练习。

qiān fāng bǎi jì	máo gǔ sǒng rán	yǔ rì jù zēng	bù yuē 'ér tóng
千 方 百 计	毛 骨 悚 然	与 日 俱 增	不 约 而 同

3）四声顺序音节练习。

zhū rú cǐ lèi
诸 如 此 类

4）四声交错音节练习。

zhōu ér fù shǐ	dé xīn yìng shǒu	jǔ zú qīng zhòng	màn tiáo sī lǐ
周 而 复 始	得 心 应 手	举 足 轻 重	慢 条 丝 理

5）四声无序音节练习。

jīng yì qiú jīng	pái yōu jiě nàn	bǎi wú liáo lài	chàng suǒ yù yán
精 益 求 精	排 忧 解 难	百 无 聊 赖	畅 所 欲 言

（二）声母训练

1. 鼻音 n 与边音 l

（1）n、l 单念。

nà	nèi	néng	nín	nóng	nǚ
那	内	能	您	农	女

lā　lái　lǎo　lǐ　lèi　lěng
拉　来　老　李　累　冷

（2）n 与 l 混读。

lěng nuǎn　lì nián　nà lǐ　nài lì　nián líng　nǔ lì
冷　暖　历　年　那　里　耐　力　年　龄　努　力

（3）n 或 l 连读。

nán nǚ　néng nài　lái lín　lì liàng　líng luàn　liú lǎn
男　女　能　耐　来　临　力　量　凌　乱　浏　览

（4）n 或 l 与其他声母连读。

cǎi nà　dà liàng　diàn néng　jì lù　kě néng　liàng jiě
采　纳　大　量　电　能　记　录　可　能　谅　解

2. 平舌音 z、c、s 与翘舌音 zh、ch、sh、r

（1）z、c、s、zh、ch、sh、r 单念。

zài　zàn　zǎo　zēng　zǒng　zuì
在　暂　早　增　总　最

cái　cān　cāo　céng　cí　cóng
才　参　操　层　词　从

sàn　sù　suī　sǔn　suǒ　suàn
散　速　虽　损　所　算

zhāng　zhǎo　zhèng　zhī　zhōng　zhōu
张　找　正　知　中　州

chà　cháng　chē　chéng　chǐ　chuàng
差　长　车　城　尺　创

shǎo　shuō　shuí　shēng　shì　shōu
少　说　谁　声　市　收

rǎo　rè　rén　rì　róng　rú
扰　热　人　日　容　如

（2）z 组音与 zh 组音混读。

zàn shí　zēng cháng　zǒng shù
暂　时　增　长　总　数

zhèng cè　zhí zé　zhǔn zé
政　策　职　责　准　则

cān shù　cái chǎn　cuò shī
参　数　财　产　措　施

chǐ cùn　chǔ cáng　chuàng zào
尺　寸　储　藏　创　造

sāo rǎo　sī rén　sì chù
骚　扰　私　人　四　处

shàn zì　shū sòng　shǒu cè
擅　自　输　送　手　册

rèn cuò　　rú cǐ　　rén zào
认 错　　如 此　　人 造

（3）z 或 zh 组音与其他声母。

ān zhuāng　　bǎo cún　　cái néng　　chá xún　　diū shī　　fáng zhǐ
安 装　　　保 存　　才 能　　　查 询　　丢 失　　防 止

gōng chéng　　hào zhào　　jiǎn chá　　kòng zhì　　liú chàng　　míng chēng
工 程　　　号 召　　检 查　　控 制　　流 畅　　名 称

nèi róng　　ǒu rán　　pī zhǔn　　qiē chú　　rì cháng　　sì hū
内 容　　偶 然　　批 准　　切 除　　日 常　　似 乎

shī gōng　　tuǒ shàn　　wěi zào　　xié shāng　　yā suō　　zī xún
施 工　　妥 善　　伪 造　　协 商　　压 缩　　咨 询

zhì liàng
质 量

3. 唇齿音 f 与舌根音 h

（1）h 与 f 混读、h 或 f 连读。

fā huī　　fǎn fù　　fáng hài　　huà fēn　　huī fù　　hùn hé
发 挥　　反 复　　妨 害　　划 分　　恢 复　　混 合

（2）h 或 f 与其他声母。

bǎo hù　　dān fù　　fàn wéi　　gēng huàn　　huò qǔ　　jié hé
保 护　　担 负　　范 围　　更 换　　获 取　　结 合

kuò hào　　mào huǒ　　píng huǎn　　qū fēn　　rèn hé　　tuī fān
括 号　　冒 火　　平 缓　　区 分　　任 何　　推 翻

wéi fǎn　　xiāng fǎn　　yǐn huàn
违 反　　相 反　　隐 患

（三）韵母训练

1. 前鼻音韵母与后鼻音韵母

（1）an、uan、en、in 与 ang、uang、eng、ing 混读。

ān jìng　　bàn jìng　　cān tīng　　chéng rèn　　dàng'àn　　ēn qíng
安 静　　半 径　　餐 厅　　承 认　　档 案　　恩 情

fǎn yìng　　gēng xīn　　hán lěng　　jìn xíng　　kěn dìng　　líng mǐn
反 应　　更 新　　寒 冷　　进 行　　肯 定　　灵 敏

mín jǐng　　nìng kěn　　píng tǎn　　qīng xìn　　rèn dìng　　sǎng yīn
民 警　　宁 肯　　平 坦　　轻 信　　认 定　　嗓 音

shàng bān　　tīng xìn　　xīn qíng　　yín háng　　zhèng míng
上 班　　听 信　　心 情　　银 行　　证 明

（2）an、uan、en、in 与 ang、uang、eng、ing 分读。

ān xīn　　céng jīng　　chǎn pǐn
安 心　　曾 经　　产 品

gēn běn　　huān yíng　　kuān chǎng　　líng luàn　　míng chēng
根 本　　欢 迎　　宽 敞　　凌 乱　　名 称

páng biān　　qīng xǐng　　shēn kè　　tián gěng
旁　边　　　清　醒　　　深　刻　　田　埂

wán zhěng　　xíng chéng　　yǎn qián
完　整　　　形　成　　　眼　前

2. 合口呼韵母

biān zuǎn　　cún kuǎn　　chǔ cún　　duì bǐ　　fěn suì　　huàn suàn
编　纂　　　存　款　　　储　存　　对　比　　粉　碎　　换　算

jiē duàn　　zhěn duàn　　máo dùn　　nóng cūn　　pàn duàn　　suī rán
阶　段　　　诊　断　　　矛　盾　　　农　村　　判　断　　虽　然

tuì huái　　wēn nuǎn　　xī shǔn　　zuì jìn　　zhuǎn huàn
退　还　　　温　暖　　　吸　吮　　最　近　　转　换

3. 撮口呼韵母

（1）ü 类韵母。

bì xū　　cán yú　　dài yù　　fù yǔ　　gài lǜ　　huò xǔ
必　须　　残　余　　待　遇　　赋　予　　概　率　　或　许

jū mín　　kǎo lǜ　　lǚ cì　　mù yù　　nǚ gōng
居　民　　考　虑　　屡　次　　沐　浴　　女　工

qū yù　　shǒu xù　　róng yù　　shàn yú　　wén yú　　xū jiǎ
区　域　　手　续　　荣　誉　　善　于　　文　娱　　虚　假

yǔn xǔ　　zōng lú
允　许　　棕　榈

（2）üe（包括 iao）。

què záo　　xué xiào　　jiǎo luò　　yào shi　　wā jué　　tiào yuè
确　凿　　学　校　　　角　落　　钥　匙　　挖　掘　　跳　跃

4. 齐齿呼韵母

biàn yú　　diàn xiàn　　jiàn yì　　lián xì　　miǎn fèi　　nián xiàn
便　于　　电　线　　　建　议　　联　系　　免　费　　年　限

piān jiàn　　qiàn yì　　tián xiě　　xián jiē　　yán jiū
偏　见　　歉　意　　　填　写　　衔　接　　研　究

（四）规范字音训练

1. 有统读音的异读词

以下字都是口语中经常读错的有统读音的异读词（例字上标注的是统读音）。

jiào　　chǎn　　chéng　　jí　　rào　　zhì liàng
比较　　阐述　　惩治　　棘手　　围绕　　质　量

zàn　　zhì　　dī　　zhào　　jì　　xiáo
暂时　　秩序　　堤坝　　召开　　成绩　　混淆

zhuó　　sù　　xiè　　bīn　　shì　　zhì
卓越　　塑料　　机械　　濒临　　教室　　投掷

2. 有异读音的异读词

对于仍然保留着异读音的异读词，必须记准每个词的几个不同读音。这里列出一些常被读错的异读词。

阿	ā 阿姨 阿哥		ē 阿胶 阿弥陀佛	
差	chā 差别 差额		chà 差不多 差点儿	
创	chuàng 创造 首创		chuāng 创伤 重创	
处	chù 处所 到处		chǔ 处理 处分	
供	gòng 口供 上供		gōng 供给 提供	
给	jǐ 补给 给予		gěi 给不给 给我	
间	jiān 中间 间距		jiàn 间断 间接	
卡	kǎ 卡片 卡车		qiǎ 关卡 哨卡	
量	liàng 量入为出 大量		liáng 计量 量一量	
提	dī 提防 提溜		tí 提纲 提起	
结	jiē 结实 结巴		jié 结合 结构	
熟	shú 熟悉 熟练		shóu 饭熟了	
载	zǎi 记载 转载		zài 装载 载重	
肖	xiāo 姓肖		xiào 肖像 惟妙惟肖	
强	qiáng 强度 坚强		qiǎng 勉强 强迫	

3. 容易读错的多音字

（1）错读同形多音字。如"传"在"传达"中读"chuán"，在"传记"中读"zhuàn"。这类多音字，多为常用字，字音差异明显。这里也举出数例。

轧 yà 花	轧 zhá 钢
扁 biǎn 担	扁 piān 舟
一打 dá	打 dǎ 开
和 huó 面	和 huò 药
尽 jǐn 快	尽 jìn 力
学 xiào 校	校 jiào 验
宿 sù 舍　　一宿 xiǔ	星宿 xiù

（2）错读专名多音字。"专名多音字"是指和地名、姓名等有关的多音字，一般在作为常用字的读音容易判断，但作为地名、姓名时，有特殊读音。如：房 fáng 间、阿 ē 房 páng 宫。详见下文"电力常用词汇"中的"姓名类"。

（3）广播电视中常见的错读字。多指多音词，斜线后为另读音。

参与 yù（多）如：与 yù 会/与 yǔ 人方便

当 dàng 作（多）如：恰当、当真、适当/当 dāng 兵

供 gōng 给（多）如：提供、供暖、供应/上供 gòng、口供

几 jī 乎（多）如：茶几/几 jǐ 个

给 jǐ 予（多）如：供给、补给、配给、给水/不给 gěi、给他

系 jì（多）如：系鞋带、解铃还须系铃人/水系 xì、中文系

召 zhào 开（多）如：号召、召唤、召集、召见/姓召 shào

混 hùn 淆（多）如：混合、混乱、蒙混/混 hún 浊、混蛋

潜 qián 伏（统）如：潜心、潜在、潜台词、潜水

档 dàng 案（统）如：归档、查档、高档、档次

符 fú 合（统）如：符号、音符、相符、护身符

（五）音变训练

1. 上声的变调和本调

（1）上声在非上声前变为半上声。

1）上声在阴平前。

chǎn shēng	fǎ guī	pǔ tōng	shǐ zhōng	jiǎn qīng	yǐ jīng
产 生	法 规	普 通	始 终	减 轻	已 经

2）上声在阳平前。

bǎo cún	bǐ rú	děng jí	fǎ zé	yǒu shí	yǐ qián
保 存	比 如	等 级	法 则	有 时	以 前

3）上声在去声前。

bǎ wò	bǐ jiào	běn zhì	cǎi yòng	mǎ lù	zhǔn què
把 握	比 较	本 质	采 用	马 路	准 确

（2）上声在上声前。

chǎn pǐn	cǎi qǔ	chǔ lǐ	gǎn jǐn	kě yǐ	lǐ jiě
产 品	采 取	处 理	赶 紧	可 以	理 解

（3）三个或三个以上上声相连。

chǔ lǐ pǐn	guǎn lǐ fǎ	tǐ jiǎn biǎo	zhěng lǐ gǎo
处 理 品	管 理 法	体 检 表	整 理 稿

hǎo chǎn pǐn	bǐ yǐ wǎng	lěng chǔ lǐ	dǎng xiǎo zǔ
好 产 品	比 以 往	冷 处 理	党 小 组

（4）上声在轻声前。

gǎn zi	huǒ ji	wěn dang	wǒ men	xǐ huan	dǎ ting
杆 子	伙 计	稳 当	我 们	喜 欢	打 听

zhǔ yi	jiǎng jiang	mǎn man	xiǎng fa	gǎi gai	bǎ shou
主 意	讲 讲	满 满	想 法	改 改	把 手

（5）上声的本调。

méi yǒu	mí bǔ	wéi fǎ	xì tǒng	xiào guǒ	yào diǎn
没 有	弥 补	违 法	系 统	效 果	要 点

2. "一""不"的变调和本调

（1）在去声前。

1）"一"的变读。

yí bàn	yí zhì	yí qiè	yí shùn	yí dàn	yí dài
一半	一致	一切	一瞬	一旦	一带

2）"不"的变读。

bú bì	bú biàn	bú dàng	bú duì	bú guò	bú lùn
不必	不便	不当	不对	不过	不论

（2）"一"在非去声前。

yì bān	yì duān	yì tǐ	yì zhí	yì qǐ	yì shí
一般	一端	一体	一直	一起	一时

（3）夹在词语中间变为轻读。

1）"一"的变读。

děng yi děng	kàn yi kàn	jiǎng yi jiǎng
等一等	看一看	讲一讲

2）"不"的变读。

duì bu qǐ	lái bu jí	kàn bu qīng
对不起	来不及	看不清

（4）"一"和"不"的本调和变调。

wàn yī	yí bàn	yì mú yí yàng
万一	一半	一模一样

bú yào	bù jiǔ	bù guǎn bú gù
不要	不久	不管 不顾

二、字词认读训练

（一）单音节字词训练

读单音节字词，要求每个字词的声、韵、调都要准确到位，中速进行，每个字要有一定的长度和响度，字与字之间有短暂的停顿，并保持一定的节奏。四个声调高、低、长、短要均衡。

（二）多音节词语训练

读多音节词时要按词语的整体语音形式读出（不要单个字读出），中速进行，注意轻声词的判断和读法。上声调要读出本调等。

三、作品朗读训练

（一）朗读的要求：规范、准确、自然

（1）规范，指声母、韵母、声调的发音正确，轻声、儿化、变调等音变现象符合音变规律，不出现错读、漏读或增读音节现象。

（2）准确，指在朗读时，各种技巧的运用要恰到好处，表义准确。停连、重音的位置准确、恰当，语流、轻音娴熟自然，语速、节奏变化及语调的选择要准确，不出现歧义句及忽快忽慢现象。

（3）自然，指朗读过程中，语句连贯、流畅、自然，不夸张，不出现一字一蹦、一词一蹦的现象，也不出现回读现象。

（二）朗读的技巧：内部技巧、外部技巧

朗读的内部技巧是指对作品的正确理解和感受。理解是指朗读者对作品及其写作背景、内容等的认识。在朗读前先要把文章多看几遍，熟悉文章的结构及重点意思，对文章先有一个理解，这是朗读的前提。朗读的外部技巧主要包括停连、重音、语速、语调等方面。朗读的内部技巧是正确运用外部技巧的基础，同时，朗读的内部技巧也只有通过外部技巧才能够得到具体的体现。

1. 停连

停连是指朗读语流中声音的停歇和延续，它是有声语言表达中最重要的表达技巧之一。停连的目的是清晰地显示语句的脉络，以准确、生动地表达语言内容，同时也有强调、加重情感、增强语势、突出重点等作用。

2. 重音

词语中重读的音节就是重音。重音主要是音强的作用，字音的调形和调值一般不会改变，但在特殊语境中，字音的绝对音高也会发生一定的变化。普通话的重音有词重音和句重音的区别。重音的运用要建立在对作品有较深理解的基础上。朗读文章时，究竟采用何种方式来强调重音而又能恰到好处，应视作品的具体内容和语句而定。

3. 语速

语速指朗读、说话的快慢速度。语速可以影响文章节奏的变化和情感表达的效果，因而在朗读、演讲和语言交际中有重要作用。语速的快慢主要取决于作品的具体内容，和语句与文章的体裁也有关系。语速大体可分作"慢速、快速、中速"三种。在朗读或说话的过程中，语速的选择是必不可少的。要根据表达内容的不同对语速进行相应的调整，一味地快或慢或中速都是不可取的。

4. 语调

话语中一句话或某一些语言片段在声音上的高低升降、快慢的变化就是语调。语调是语音的韵律特征在话语中的集中体现。语调的作用一般可归为两个方面：一是要准确地表达一种语意就要采取相应的语调形式，比如疑问句、感叹句等。二是为了增强语言的表达效果，也要对语句的语调作一定的调整，如果叙述性的语言不作调整就会显得很沉闷。

5. 范文

（1）范文一。

呼叫中心起源于20世纪30年代，经过多年的发展，呼叫中心的服务从内容、方式、技术以及服务领域等各方面都日渐成熟。现今，各类呼叫中心都以服务质量为核心，在呼叫中心实施了质量监控。俗话说"没有规矩，不成方圆"，一套客观公正的服务规范和质量考核标准是呼叫中心质量管理的前提，没有这些规范和标准做保证，质量管理就好比"巧妇难为无米之炊"。

在服务规范方面，应该讲大多数呼叫中心都已经制定了非常详细的规则，从服务礼仪、服务态度、服务用语、专业技能到劳动纪律等方面几乎无所不包，基本涵盖了服务的各个方面。但在服务质量考核标准方面，不同呼叫中心的差别就比较大了，有的只是单纯考核话务量，有的只考核服务态度，有的考核标准范围太大，无法细化。而作为电力行业的呼叫中心，把服务态度、业务知识、工作流

chéng jiē huà guī fàn děng fāng miàn fàng zài héng liáng tōng huà zhì liàng de
程 、接 话 规 范 等 方 面 放 在 衡 量 通 话 质 量 的

qián jǐ wèi
前 几 位 。

（2）范文二。

rú hé yǒu xiào de gǎi shàn fú wù zhì liang tí gāo kè hù mǎn yì dù yì
如 何 有 效 地 改 善 服 务 质 量 ，提 高 客 户 满 意 度 ，一

zhí yǐ lái dōu shì hū jiào zhōng xīn de zhòng tou xì jiā qiáng zhì liàng guǎn
直 以 来 都 是 呼 叫 中 心 的 重 头 戏 ，加 强 质 量 管

lǐ yě yǐ jīng chéng wéi tí shēng qǐ yè fú wù jìng zhēng néng lì de yí xiàng
理 也 已 经 成 为 提 升 企 业 服 务 竞 争 能 力 的 一 项

zhòng yào gōng zuò hé hé xīn nèi róng hū jiào zhōng xīn zuò wéi kè hù fú wù
重 要 工 作 和 核 心 内 容 ，呼 叫 中 心 作 为 客 户 服 务

de zhòng yào zài tǐ guān jiàn de yí gè wèn tí jiù shì rú hé bǎo zhàng fú wù
的 重 要 载 体 ，关 键 的 一 个 问 题 就 是 如 何 保 障 服 务

zhǐ biāo dá dào shè dìng de yāo qiú ér zhì liàng jiān kòng de shí shī duì
指 标 达 到 设 定 的 要 求 。而 质 量 监 控 的 实 施 ，对

zhěng gè hū jiào zhōng xīn tōng huà zhì liàng de jiān dū hé tí shēng qǐ dào
整 个 呼 叫 中 心 通 话 质 量 的 监 督 和 提 升 起 到

le zhòng yào zuò yòng shǐ yǐ qián wú fǎ jiān kòng dào de wèn tí dé dào kòng
了 重 要 作 用 ，使 以 前 无 法 监 控 到 的 问 题 得 到 控

zhì yǔ gǎi jìn
制 与 改 进 。

（3）范文三。

zuò wéi qǐ yè bú duàn chuàng zào yíng lì huò dé zuì dà de lì rùn shí
作 为 企 业 ，不 断 创 造 赢 利 ，获 得 最 大 的 利 润 ，实

xiàn qǐ yè jià zhí zuì dà huà shǐ zhōng shì qǐ yè de zhōng xīn gōng zuò zhǐ yǒu
现 企 业 价 值 最 大 化 ，始 终 是 企 业 的 中 心 工 作 。只 有

dá dào zhè yí mù dì qǐ yè cái jù bèi jìn yí bù shēng cún fā zhǎn de wù zhì
达 到 这 一 目 的 ，企 业 才 具 备 进 一 步 生 存 、发 展 的 物 质

jī chǔ cái néng shǐ qǐ yè de kè hù mǎn yì cái kě néng wèi qǐ yè yuán gōng
基 础 ，才 能 使 企 业 的 客 户 满 意 ，才 可 能 为 企 业 员 工

chuàng zào gèng hǎo de fā zhǎn huán jìng zài shì chǎng jīng jì xià qǐ yè yào
创　造　更　好　的　发　展　环　境。在　市　场　经　济　下,企　业　要

dá dào zhè yī mù dì　yào zuò dào zuì jī běn de liǎng diǎn　duì nèi zhuī qiú
达　到　这　一　目　的,要　做　到　最　基　本　的　两　点：对　内　追　求

yuán gōng mǎn yì duì wài zhuī qiú kè hù mǎn yì yuán gōng duì qǐ yè mǎn yì
员　工　满　意,对　外　追　求　客　户　满　意。员　工　对　企　业　满　意

le　cái huì gèng jìng yè　yòng xīn gōng zuò qù shǐ kè hù mǎn yì　kè hù mǎn
了,才　会　更　敬　业,用　心　工　作　去　使　客　户　满　意；客　户　满

yì le duì qǐ yè de zhōng chéng dù huì tí gāo huì wèi qǐ yè dài lái gèng duō
意　了,对　企　业　的　忠　诚　度　会　提　高,会　为　企　业　带　来　更　多

de lì rùn cóng ér bǎo zhèng qǐ yè jiàn kāng chí xù de fā zhǎn　fú wù lì rùn
的　利　润,从　而　保　证　企　业　健　康、持　续　地　发　展。"服　务　利　润

liàn de guī lǜ biǎo míng　qǐ yè de huò lì néng lì zhǔ yào shì yóu kè hù
链"的　规　律　表　明,企　业　的　获　利　能　力　主　要　是　由　客　户

zhōng chéng dù jué dìng de kè hù zhōng chéng dù shì yóu kè hù mǎn yì dù jué
忠　诚　度　决　定　的;客　户　忠　诚　度　是　由　客　户　满　意　度　决

dìng de　kè hù mǎn yì dù shì yóu suǒ huò dé de jià zhí dà xiǎo jué dìng de
定　的;客　户　满　意　度　是　由　所　获　得　的　价　值　大　小　决　定　的;

jià zhí dà xiǎo zuì zhōng yào kào fù yǒu gōng zuò xiào lǜ　duì gōng sī zhōng
价　值　大　小　最　终　要　靠　富　有　工　作　效　率、对　公　司　忠

chéng de yuán gōng lái chuàng zào　ér yuán gōng duì gōng sī de zhōng chéng
诚　的　员　工　来　创　造；而　员　工　对　公　司　的　忠　诚

qǔ jué yú qí duì gōng sī shì fǒu mǎn yì　suǒ yǐ　yuán gōng mǎn yì dù shì kè
取　决　于　其　对　公　司　是　否　满　意。所　以,员　工　满　意　度　是　客

hù mǎn yì dù de yuán quán suǒ zài　yě shì qǐ yè guǎn lǐ chuàng xīn shàng de
户　满　意　度　的　源　泉　所　在,也　是　企　业　管　理　创　新　上　的

dòng lì
动　力。

四、命题说话训练

（一）在无文字凭借的情况下讲普通话的特点

（1）"半即兴"方式。

（2）限定性表示。

（3）口语特点。

（4）语言规范。

（5）内容相对完整。

（二）技巧与要求

例如 3 分钟的命题说话训练，既要求语音标准、词汇语法规范，又要思维敏捷、表达流畅，以自定义命题说话前要先做好心理准备，掌握审题分类、确立中心、材料选择、结构布局等一些技巧。

（三）训练方法

1. 单项训练

（1）叙述：讲述自己熟悉的一件事的发生、发展过程，或讲述一个具体、真实的事实，作为一个论点的论据等，词语平实无华，语速较慢，语调平直、自然，内容比较完整。

（2）描述：描写自己熟悉的人物的行为特征、神态、说话的语气，或选择生活中一些特定的场景进行描述，如久别重逢、成功时刻等。语言要生动、形象，语速较慢，赋予情感；要求抓住特点。

（3）议论：摆出一个事实，即兴而发，用简明、具有理性思辨色彩的话语，从正面或反面进行分析（评述），阐明自己看法。观点要鲜明，语调要有起伏，语速、节奏要有明显的变化。

2. 综合训练

可按照话题中心有目的地进行结构布局，对不同的语言形式，采用不同的口语表达方法（语速、节奏、语调等）进行试说试讲，体会差异和表达效果。

3. 话题转化训练

可利用话题内在的相关性进行话题转化，打开思路。话题转化的好处是可以"化难为易""变被动为主动"，同时，这种比较灵活的处理办法也有利于思维能力的训练和培养。

4. 试讲训练

依照讲稿复述训练：对于普通话基础较差或不善于口语表达的应试人员来说，照讲稿复述训练是一种很有效的过渡方式。复述是按照原有材料重复述，是以熟记原始材料为基础的。它要求把握话语中心，忠实于讲稿的基本框架和表达顺序，突出重点词句。话语要吐字清楚、连贯，语速以中速为宜，保持原稿的话语基调。

依照提纲说话训练：先写出命题说话的提纲（根据个人的具体情况可详可简），再根据提纲，完成整个话题的讲述。它要求应试人员事先做好充分的准备，对整个说话的结构和材料有整体认识。

半即兴说话训练：普通话水平测试的命题说话，是半即兴的命题说话，要求应试人员抽到说话题目后，选择其一，在完全无文字依托的情况下，根据考前所做的准备，迅速构思成篇，并完成 3 分钟的说话。这项训练实际上就是普通话水平测试命题说话的实战训练和演习。

五、电力常用语训练

（一）电力常用词汇

1. 时间类

早上 zǎo shàng　　凌晨 líng chén　　下午 xià wǔ

刚才 gāng cái　　继续 jì xù　　结束 jié shù

尽快 jǐn kuài　　曾经 céng jīng　　暂时 zàn shí

四点钟 sì diǎn zhōng　　十二个小时内 shí èr gè xiǎo shí nèi

三个工作日 sān gè gōng zuò rì　　一个星期 yí gè xīng qī

六个月 liù gè yuè　　半年 bàn nián

2. 姓名类

区 ōu　　虢 guó　　句 gōu　　隗 wěi　　尹 yǐn

单 shàn　　纪 jǐ　　仇 qiú　　查 zhā　　忻 xīn

揭 jiē　　匡 kuāng　　殳 shū　　任 rén　　戚 qī

褚 chǔ　　邹 zōu　　柏 bǎi　　卜 bǔ　　鲍 bào

盖 gě　　华 huà　　哈 hǎ　　解 xiè　　仝 tóng

过 guō　　燕 yān　　炅 guì　　呙 guō　　覃 qín

角 jué　　戎 róng　　邰 tái　　鞠 jū

3. 业务类

供电 gōng diàn　　处理 chǔ lǐ　　缺相 quē xiāng

尽量 jǐn liàng　　潜动 qián dòng　　校验 jiào yàn

办理 bàn lǐ　　送电 sòng diàn　　服务 fú wù

催办 cuī bàn　　咨询 zī xún　　错误 cuò wù

抄表 chāo biǎo　　质量 zhì liàng　　混淆 hùn xiáo

上锁 shàng suǒ　　预存 yù cún　　增容 zēng róng

减容 jiǎn róng　　暂停 zàn tíng　　暂换 zàn huàn

迁址 qiān zhǐ　　移表 yí biǎo　　暂拆 zàn chāi

过户 guò hù　　分户 fēn hù　　并户 bìng hù

销户 xiāo hù　　改压 gǎi yā　　改类 gǎi lèi

起止码 qǐ zhǐ mǎ　　违约金 wéi yuē jīn

电表走字 diàn biǎo zǒu zì　　银行储蓄 yín háng chǔ xù

手机支付 shǒu jī zhī fù　　　　抄见电量 chāo jiàn diàn liàng
计量装置 jì liáng zhuāng zhì　　功率因数 gōng lǜ yīn shù
拉闸限电 lā zhá xiàn diàn　　　计划检修 jì huà jiǎn xiū
故障抢修 gù zhàng qiǎng xiū　　客户档案 kè hù dàng'àn
产权分界点 chǎn quán fēn jiè diǎn
供用电合同 gōng yòng diàn hé tóng
用电申请书 yòng diàn shēn qǐng shū

4. 其他类

符合 fú hé　　　　　应该 yīng gāi　　　　　应用 yìng yòng
积累 jī lěi　　　　　比较 bǐ jiào　　　　　自己 zì jǐ
左右 zuǒ yòu　　　　告诉 gào sù　　　　　帮助 bāng zhù
情况 qíng kuàng　　　名字 míng zi　　　　撕开 sī kāi
造成 zào chéng　　　最近 zuì jìn　　　　虽然 suī rán
结果 jié guǒ　　　　疏忽 shū hū　　　　其次 qí cì
组织 zǔ zhi　　　　　愉快 yú kuài

（二）电力常用语句

1. 基础服务类

（1）Nín hǎo, qǐng wèn yǒu shén me kě yǐ bāng zhù nín?
　　您好，请问有什么可以帮助您？

（2）Nín hǎo, wǒ néng wèi nín zuò xie shén me ma?
　　您好，我能为您做些什么吗？

（3）Qǐng nín bú yào zhāo jí, wǒ fēi chāng lǐ jiě nín de xīn qíng.
　　请您不要着急，我非常理解您的心情。

（4）Duì bu qǐ, yóu yú wǒ men gōng zuò de shū hū gěi nín zào chéng bú biàn, qǐng nín liàng jiě.
　　对不起，由于我们工作的疏忽给您造成不便，请您谅解！

（5）Xī wàng xià cì néng jìxù wèi nín fú wù, zài jiàn.
　　希望下次能继续为您服务，再见！

（6）Gāng cái diàn huà xìn hào bú shì hěn hǎo, qǐng nín zài chóng fù yí biàn hǎo ma?
　　刚才电话信号不是很好，请您再重复一遍好吗？

（7）Rú guǒ nín yǒu yòng diàn fāng miàn de wèn tí, kě yǐ suí shí bō dǎ gōng diàn fú wù rè xiàn "95598".
　　如果您有用电方面的问题，可以随时拨打供电服务热线"95598"。

（8）Xiè xie nín duì wǒ men gōng zuò de zhī chí, wǒ men jiāng jì xù wèi nín tí gōng yōu zhì de fú wù.

谢谢您对我们工作的支持，我们将继续为您提供优质的服务。

2. 业务受理类

（1）Xū yào nín tí gōng yí fèn shēn fèn zhèng fù yìn jiàn、yí fèn fáng chǎn zhèng fù yìn jiàn.

需要您提供一份身份证复印件、一份房产证复印件。

（2）Wǒ men huì zài 3 gè gōng zuò rì nèi pài gōng zuò rén yuán dào xiàn chǎng kān chá.

我们会在 3 个工作日内派工作人员到现场勘察。

（3）Fēi jū mín kè hù xiàng gōng diàn qǐ yè shēn qǐng yòng diàn, shòu diàn gōng chéng yàn shōu hé gé bìng bàn lǐ xiāng guān shǒu xù hòu, 5 gè gōng zuò rì nèi sòng diàn.

非居民客户向供电企业申请用电，受电工程验收合格并办理相关手续后，5 个工作日内送电。

（4）Fēi cháng bào qiàn, nín de diàn fèi hái méi yǒu jiāo qīng, qǐng nín jié qīng diàn fèi hòu zài jìn xíng fù diàn dēng jì.

非常抱歉，您的电费还没有交清，请您结清电费后再进行复电登记。

（5）Qǐng nín jié qīng diàn fèi hòu zài bàn lǐ gēng míng、guò hù de yè wù.

请您结清电费后再办理更名、过户的业务。

（6）Rú guǒ nín jué de měi yuè qù gōng diàn suǒ jiāo diàn fèi bù fāng biàn, kě yǐ bàn lǐ yín háng pī kòu.

如果您觉得每月去供电所交电费不方便，可以办理银行批扣。

（7）Zhā nǚ shì, nín fǎn yìng de wèn tí shì lín jū qiè diàn ma?

查女士，您反映的问题是邻居窃电吗？

3. 咨询、查询类

（1）Fēi cháng bào qiàn, gù zhàng tíng diàn zàn shí bù néng què dìng jù tǐ de huī fù shí jiān, qǐng nín děng dài yí xià.

非常抱歉，故障停电暂时不能确定具体的恢复时间，请您等待一下。

（2）Jīn tiān de tíng diàn shǔ yú jì huà jiǎn xiū, yù jì zài xià wǔ sì diǎn zuǒ yòu huī fù gōng diàn.

今天的停电属于计划检修，预计在下午四点左右恢复供电。

（3）Nín běn yuè de diàn liàng wéi 76 dù.

您本月的电量为 76 度。

（4）Yǐqián ān zhuāng de fēn shí diàn biǎo réng kě yǐ xiǎng shòu yōu huì diàn jià.

以前安装的分时电表仍可以享受优惠电价。

（5）Yòng diàn róng liàng zài 315 kVA qiān fú ān jí yǐ shàng de dà gōng yè kè hù shí xíng liǎng bù zhì diàn jià, diàn fèi yóu jī běn diàn fèi hé diàn dù diàn fèi liǎng bù fen zǔ chéng.

用电容量在 315kVA 及以上的大工业客户实行两部制电价，电费由基本电费和电度电费两部分组成。

（6）Rú guǒ nín huái yí biǎo jì zǒu zì bù zhǔn què, kě yǐ shēn qǐng jiào yàn diàn biǎo.

如果您怀疑表计走字不准确，可以申请校验电表。

（7）Diàn fèi wéi yuē jīn bù zú yī yuán àn yī yuán shōu qǔ.

电费违约金不足 1 元按 1 元收取。

（8）Nín běn yuè de diàn fèi shì 195.66 yuán.

您本月的电费是 195.66 元。

（9）Jīng chá, gāi chù què shí yǒu qiè diàn xíng wéi.

经查，该处确实有窃电行为。

（10）IC kǎ diàn biǎo chōng zhí kǎ yíshī kě yǐ zài xiá qū gōng diàn suǒ bǔ bàn.

IC 卡电表充值卡遗失可以在辖区供电所补办。

（11）Nín kě yǐ shēn qǐng diàn biǎo zàn tíng, yǐ miǎn bàn nián hòu bèi xiāo hù.

您可以申请电表暂停，以免半年后被销户。

（12）Zài yòng diàn gāo fēng qī diàn yā kě néng bù wěn dìng, qǐng nín jǐn liàng bì kāi gāo fēng shí duàn yòng diàn.

在用电高峰期电压可能不稳定，请您尽量避开高峰时段用电。

（13）Nín gōng chǎng de diàn jià jiāng àn zhào bǐ lì fēn tān lái zhí xíng.

您工厂的电价将按照比例分摊来执行。

4. 故障报修类

（1）Nóng cūn dì qū qiǎng xiū gù zhàng, yāo qiú dào dá xiàn chǎng de shí xiàn yì bān shì 90 fēnzhōng.

农村地区抢修故障，要求到达现场的时限一般是 90 分钟。

（2）Jū mín jiā yòng diàn qì shāo huài hòu, xū yào zài 7 tiān nèi xiàng gōng diàn gōng sī tí chū shēn qǐng.

居民家用电器烧坏后，需要在 7 天内向供电公司提出申请。

（3）Diàn biǎo bèi léi jī shāo huài yóu gōng diàn qǐ yè péi biǎo.

电表被雷击烧坏由供电企业赔表。

（4）Qǐng nín gào sù wǒ xiáng xì dì zhǐ, wǎ wèi nín lián xì gōng zuò rén yuán chǔ lǐ.

请您告诉我详细地址，我为您联系工作人员处理。

（5）Wǒ xiàn zài yǐ jīng shòu lǐ le nín de bào xiū, huì jǐn kuài zǔ zhi qiǎng xiū duì lái chǔ lǐ.

我现在已经受理了您的报修，会尽快组织抢修队来处理。

【思考与练习】

1. 普通话的发音训练包括哪几个方面？

2. 作品朗读训练有什么具体要求？

3. 命题说话的训练方法有哪些？

◢ 模块 3 普通话测试（Z21E1003 I）

【模块描述】本模块介绍普通话测试流程、水平等级标准以及测试应试技巧等内容。通过要点归纳，掌握普通话测试方法、环节及应试技巧。

【模块内容】

普通话水平测试是国家级的标准化考试，是对应试人运用普通话的规范程度的口语考试，全部测试内容均以口头方式进行。普通话水平测试不是口才的评定，而是对应试人掌握和运用普通话所达到的规范程度的测查和评定，是应试人的汉语标准语测试。应试人在运用普通话口语进行表达过程中所表现的语音、词汇、语法规范程度，是评定其所达到的水平等级的重要依据。

一、等级标准

国家语言文字工作委员会颁布的《普通话水平测试等级标准》是划分普通话水平等级的全国统一标准。普通话水平等级分为三级六等，即一、二、三级，每个级别再分出甲乙两个等次；一级甲等为最高，三级乙等为最低。应试人的普通话水平根据在测试中所获得的分值确定。

普通话水平测试等级标准如下：

（1）一级。一级是标准的普通话，即"标准级"，要求在朗读和交谈时，语音标准；词汇语法正确无误；语调自然，表达流畅。

甲等。朗读和自由交谈时，语音标准，语汇、语法正确无误，语调自然，表达流畅。测试总失分率在3%以内。

乙等。朗读和自由交谈时，语音标准，语汇、语法正确无误，语调自然，表达流畅。偶有字音、字调失误。测试总失分率在8%以内。

（2）二级。二级是比较标准的普通话。

甲等。朗读和自由交谈时，声韵调发音基本标准，语调自然，表达流畅。少数难点音（平翘舌音、前后鼻尾音、边鼻音等）有时出现失误。语汇、语法极少有误。测试总失分率在13%以内。

乙等。朗读和自由交谈时，个别调值不准，声韵母发音有不到位现象。难点音较多（平翘舌音、前后鼻尾音、边鼻音、fu-hu、z-zh-j、送气不送气、i-ü不分、保留浊塞音、浊塞擦音、丢介音、复韵母单音化等），失误较多。方言语调不明显，有使用方言词、方言语法的情况。测试总失分率在20%以内。

（3）三级。三级是学习和使用普通话的初级阶段。

甲等。朗读和自由交谈时，声韵母发音失误较多，难点音超出常见范围，声调调值多不准。方言语调明显。语汇、语法有失误。测试总失分率在30%以内。

乙等。朗读和自由交谈时，声韵母发音失误多，方言特征突出。方言语调明显。语汇、语法失误较多。外地人听其谈话有听不懂的情况。测试总失分率在40%以内。

二、相关规定

根据各行业的规定，有关从业人员的普通话水平达标要求如下：

中小学及幼儿园、校外教育单位的教师，报考教师资格证人员、师范类毕业生、公共服务行业的特定岗位人员普通话水平不低于二级，其中语文教师不低于二级甲等，其他科目教师不得低于二级乙等；高等学校的教师、国家公务员普通话水平不低于三级甲等，其中现代汉语教师不低于二级甲等，普通话语音教师不低于一级。

国家级和省级广播电台、电视台的播音员、节目主持人，普通话水平应达到一级甲等，其他广播电台、电视台的播音员、节目主持人的普通话达标要求按国家广播电影电视总局的规定执行。

话剧、电影、电视剧、广播剧等表演人员、配音演员，播音、主持专业和影视表演专业的教师、学生，普通话水平不低于一级。

普通话水平应达标人员的年龄上限以有关行业的文件为准。

《国家电网公司供电客户服务提供标准》中规定营业厅用电客户受理员应取得普通话水平测试三级及以上证书。

三、测试大纲

《普通话水平测试（PSC）大纲》由国家语言文字工作委员会颁布，是进行普通话水平测试的全国统一大纲。普通话水平测试试卷内容全部来自大纲。

四、测试等级划分

（1）97 分及以上，为一级甲等。

（2）92 分及以上但不足 97 分，为一级乙等。

（3）87 分及以上但不足 92 分，为二级甲等。

（4）80 分及以上但不足 87 分，为二级乙等。

（5）70 分及以上但不足 80 分，为三级甲等。

（6）60 分及以上但不足 70 分，为三级乙等。

五、试卷介绍

普通话水平测试试卷由四个测试项构成，总分为 100 分。

（1）读单音节字词 100 个，限时 3 分 50 秒，占 10 分。目的考查应试人普通话声母、韵母和声调的发音。

（2）读双音节词语 50 个，限时 2 分 50 秒，占 20 分。目的是考查应试人声、韵、调的发音外，还要考查上声变调、儿化韵和轻声的读音。

（3）400 字短文朗读，限时 4 分钟，占 30 分。目的是考查应试人使用普通话朗读书面材料的能力，重点考查语音、语流音变、语调等。

（4）说话，时间 3 分钟，占 40 分。目的是考查应试人在无文字凭借的情况下说普通话所达到的规范程度。

六、评分标准

1. 读单音节字词

排除轻声、儿化音节。

目的：考查应试人声母、韵母、声调的发音。

要求：100 个音节里，每个声母出现一般不少于 3 次，方言里缺少的或容易混淆的酌量增加 1～2 次；每个韵母的出现一般不少于 2 次，方言里缺少的或容易混淆的韵母酌量增加 1～2 次。字音声母或韵母相同的要隔开排列。不使相邻的音节出现双声或叠韵的情况。

评分：此项成绩占总分的 10%，即 10 分。读错一个字的声母、韵母或声调扣 0.1 分。读音有缺陷每个字扣 0.05 分。一个字允许读两遍，即应试人发觉第一次读音有口误时可以改读，按第二次读音评判。

限时：3 分钟。超时扣分（3～4 分钟扣 0.5 分，4 分钟以上扣 0.8 分）。

读音有缺陷只在 1 读单音节字词和 2 读双音节词语两项记评。读音有缺陷在 1 项内主要是指声母的发音部位不准确，但还不是把普通话里的某一类声母读成另一类声母，比如舌面前音 j、q、x 读得太接近 z、c、s；或者是把普通话里的某一类声母的正确发音部位用较接近的部位代替，比如把舌面前音 j、q、x 读成舌叶音；或者读翘舌音声母时舌尖接触或接近上腭的位置过于靠后或靠前，但还没有完全错读为舌尖前音等；韵母读音的缺陷多表现为合口呼、撮口呼的韵母圆唇度明显不够，语感差；或者开口呼的韵母开口度明显不够，听感性质明显不符；或者复韵母舌位动程明显不够等；声调调形、调势基本正确，但调值明显偏低或偏高，特别是四声的相对高点或低点明显不一致的，判为声调读音缺陷；这类缺陷一般是成系统的，每个声调按 5 个单音错误扣分。1 和 2 两项里都有同样问题的，两项分别扣分。

2. 读双音节词语

目的：除考查应试人声母、韵母和声调的发音外，还要考查上声变调、儿化韵和轻声的读音。

要求：50 个双音节可视为 100 个单音节，声母、韵母的出现次数大体与单音节字词相同。此外，上声和上声相连的词语不少于 2 次，上声和其他声调相连不少于 4 次；轻声不少于 3 次；儿化韵不少于 4 次（ar、ur、ier、üer），词语的排列要避免同一测试项的集中出现。

评分：此项成绩占总分的 20%，即 20 分。读错一个音节的声母、韵母或声调扣 0.2 分。读音有明显缺陷每次扣 0.1 分。

限时：3 分钟。超时扣分（3~4 分钟扣 1 分，4 分钟以上扣 1.6 分）。

读音有缺陷所指的除跟 1 项内所述相同的以外，儿化韵读音明显不合要求的应列入。

1 和 2 两项测试，其中有一项或两项分别失分在 10%的，即 1 题失分 1 分，或 2 题失分 2 分即判定应试人的普通话水平不能进入一级。

应试人有较为明显的语音缺陷的，即使总分达到一级甲等也要降等，评定为一级乙等。

3. 朗读

朗读从《测试大纲》第五部分朗读材料（1~50 号）中任选。

目的：考查应试人用普通话朗读书面材料的水平，重点考查语音、连读音变（上声、"一""不"），语调（语气）等项目。

计分：此项成绩占总分的 30%。即 30 分。对每篇材料的前 400 字（不包括标点）做累积计算，每次语音错误扣 0.1 分，漏读一个字扣 0.1 分，不同程度地存在方言语调一次性扣分（问题突出扣 3 分；比较明显，扣 2 分；略有反映，扣 1.5 分）。停顿、断句不当每次扣 1 分；语速过快或过慢一次性扣 2 分。

限时：4 分钟。超过 4 分 30 秒以上扣 1 分。

说明：朗读材料（1~50）各篇的字数略有出入，为了做到评分标准一致，测试中对应试人选读材料的前 400 个字（每篇 400 字之后均有标志）的失误做累积计算；但语调、语速的考查应贯穿全篇。从测试的要求来看，应把提供应试人做练习的 50 篇作品作为一个整体，应试前通过练习全面掌握。

4. 说话

目的：考查应试人在没有文字凭借的情况下，说普通话的能力和所能达到的规范程度。以单向说话为主，必要时辅以主试人和应试人的双向对话。单向对话：应试人根据抽签确定的话题，说 4 分钟（不得少于 3 分钟，说满 4 分钟主试人应请应试人停止）。

评分：此项成绩占总分的 30%，即 30 分。其中包括：

（1）语音面貌占 20%，即 20 分。其中档次为：

一档 20 分，语音标准；

二档 18 分，语音失误在 10 次以下，有方言不明显；

三档 16 分，语音失误在 10 次以下，但方言比较明显；或方言不明显，但语音失误大致在 10~15 次之间；

四档 14 分，语音失误在 10~15 次之间，方言比较明显；

五档 10 分，语音失误超过 15 次，方言明显；

六档 8 分，语音失误多，方言重。

语音面貌确定为二档（或二档以下）即使总积分在 96 以上，也不能入一级甲等；语音面貌确定为五档的，即使总积分在 87 分以上，也不能入二级甲等；有以上情况的，都应在等内降等评定。

（2）词汇语法规范程度占 5%。计分档次为：

一档 5 分，词汇、语法合乎规范；

二档 4 分，偶有词汇或语法不符合规范的情况；

三档 3 分，词汇、语法屡有不符合规范的情况。

（3）自然流畅程度占 5%，即 5 分。计分档次为：

一档 5 分，自然流畅；

二档 4 分，基本流畅，口语化较差（有类似背稿子的表现）；

三档 3 分，语速不当，话语不连贯；说话时间不足，必须主试人用双向谈话加以弥补。试行阶段采用以上评分办法，随着情况的变化应适当增加说话评分的比例。

5. 错误与缺陷

（1）错误：把一个声母、韵母或声调读作另一个声、韵调，或按照方言的读音去读。

例如：声母错误：如把 z、c、s 读作 zh、ch、sh 或把 zh、ch、sh 读作 z、c、s 等。韵母错误：如把 o 读作 e（播 bo-be），把 ing eng 读作 ong（影 ying-yong）等。声调错

误：普通话有四声，应试者读音如保留方言声调的调型，即为错误。

（2）缺陷：指音节读音中一个或一个以上的音节成分在方言向普通话的过渡状态（即虽未读作另外一个，但发音部位不准确）。

1）声母缺陷。例如，舌尖后音 zh、ch、sh，虽未读作舌尖前音 z、c、s，但发音部位太靠前，听感上与普通话声母的音值有较大差别。舌面音 j、q、x，读时太接近 z、c、s，舌尖出现摩擦。如蓬莱，威海，文登一带：精（神）、（有）趣、相（貌）。

2）韵母缺陷。例如：复韵母舌位动程明显不够，没有体现出滑动的过程（即元音在复合过程中舌位唇形的逐渐变动的过程不够，省掉了一部分发音变化）。如棉袄（-ao- []）要（-iao- []）。

3）声调缺陷。能基本读出普通话的四声的调型，但调型不到位，明显偏低或偏高，不能把普通高低升降的声调反差明显地读出来（根据测试规则，单字节字词总失分满 1 分，即不能进入一级）。

七、试卷类型

普通话水平测试试卷按照测试对象的不同分为 I 型和 II 型两类：

I 型卷主要供通过汉语水平考试（HSK）申请进行普通话水平测试的外籍或外族人员使用。

I 型卷的出题范围：

（1）单音节字词和双音节词语都从《测试大纲》第二部分的表一选编，其中带两个星号的字词占 60%，带一个星号的字词占 40%。测试范围只限于表一。

（2）朗读材料的投签限制在 40 个之内，依字数的多少减去字数较多的 10 篇。

由于普通话水平测试处于试行阶段，同时考虑到在校学生的学习负担，因此在 1996 年 12 月底以前，对中等师范学校和中等职业学校有关专业的学生以及小学教师进行普通话水平测试时也采用 I 型卷。

II 型卷供使用 I 型卷人员以外的应试人员使用。

II 型卷的出题范围：

（1）单音节字词和双音节词语按比例分别从《测试大纲》第二部分的表一和表二选编。选自表一的占 70%，其中带两个星号的占 40%，带一个星号的占 30%；选自表二的占 30%。

（2）朗读材料（1～50 号）全部投签。

八、注意事项

（1）注意普通话和自己方言在语音上的差异。普通话和方言在语音上的差异，大多数的情况是有规律的。这种规律又分为大的规律和小的规律，规律之中往往又包含一些例外，这些都要靠自己去总结。单是总结还不够，要多查字典和词典，要加强记忆，反复练习。在练习中，不仅要注意声韵调方面的差异，还要注意轻声词和儿化韵的学习。

（2）注意多音字的读音。一字多音是容易产生误读的重要原因之一，我们必须十分注意。多音字可以从两个方面加以注意。第一类是意义不同的多音字，要着重弄清它的各个不同的意义，从不同的意义去记住它的不同的读音。第二类是意义相同的多音字，要着重弄清它的不同的使用场合。这类多音字大多数情况是，一个音使用场合"宽"，一个音使用场合"窄"，只要记住"窄"的就行。

（3）注意由字形相近或由偏旁类推引起的误读。由于字形相近由甲字张冠李戴地读成乙字，这种误读十分常见。由偏旁本身的读音或者由偏旁组成的较常用的字读音，去类推一个生字的读音而引起的误读，也很常见。所谓"秀才认字读半边"，闹出笑语，就是指的这种误读。

（4）注意异读词的读音。普通话词汇中，有一部分词（或词中的语素）音义相同或基本相同，但在习惯上有两个或几个不同的读法，这些被称为"异读词"。为了使这些读音规范，我国于20世纪50年代就组织了"普通话审音委员会"，并对普通话异读词的读音进行了审定。历经几十年，几易其稿。1985年。国家公布了《普通话异读词审音表》，要求全国文教、出版、广播及其他部门上、行业所涉及的普通话异读词的读间、标音，均以这个新的《审音表》为准。在使用《审音表》的时候，最好是对照着工具书（如《新华字典》《现代汉语词典》等）来看。先看某个字的全部读音、义项和用例，然后再看《审音表》中的读音和用例。比较以后，如发现两者有不合之处，一律以《审音表》为准。这样就达到了读音规范的目的。

九、等级证书

应试者经过测试，即可获得《国家普通话水平测试等级证书》，这是由国家语言文字工作委员会统一制作的。证书内将记录应试者的测试成绩和相应的等级。

1997年出台的《普通话水平测试管理办法》（试行）规定，"普通话水平等级证书有效期为5年"，超过期限将重新考核认定。

2003年修订的《普通话水平测试管理办法》（正式），取消了关于普通话水平等级证书有效期的提法，这就是说，普通话水平等级证书全国通用、无有效期限制。

自2011年起，普通话证书样式进行了改版，旧版中包含出生年月，新版取消；旧版无身份证号码，新版增加；新版增加测试时间。均盖有国家语言文字工作委员会公章及测试中心的钢印。并由之前的本状改成纸状，且附有证书外壳。

十、测试流程

普通话水平测试是国家级的标准化考试。凡申请接受普通话水平测试的人员，必须按以下流程进行：

1. 报名

应试人员一般应就近在所属普通话培训测试工作站报名，或由所在单位统一报名，特殊情况也可直接到各省普通话培训测试中心报名。

2. 培训

应试人员必须经过测前培训才能参加测试。测前培训由普通话培训测试工作站统一安排。

3. 测试

（1）候考：应试人员应持准考证和有效身份证件按时到达指定地点候考。

（2）入场：应试人员由考场工作人员按考场编排顺序，提前 10 分钟进入考场。应试人员进入考场时不得携带教材、词典及相关资料，进场后首先将身份证和准考证（两证缺一不可）交测试员核对身份。

（3）抽题：第一题、第二题由测试员指定，第三题、第四题由应试人员抽签决定。在抽取考题后，应试人员有 10 分钟准备时间。

（4）测试：应试人员开始读题前应先报姓名、考号、试卷编号，测试按题号顺序逐项进行，中间不间断。测试完毕后，将试卷交还工作人员，立即离开考场。

（5）领证：普通话水平测试等级证书由国家语言文字工作部门统一印制，全国通用。应试人员应按规定时间在报名处领取普通话等级证书。

十一、应试技巧

一般可以从以下几个方面进行应对：

1. 普通话基础较差的应试人员

（1）首先要克服畏惧心理，才能保证测试顺利进行。

（2）三分钟命题说话的"语音标准程度"，主要决定于说话声调（腔调的规范程度），也就是说，"说话"的声调（腔调）是普通话声调（腔调），就算是普通话了。

（3）字音的正误——声、韵、调基本正确是关键。说话时应尽量减少声、韵、调失误，尤其是要避免出现"有代表性的方言词语读音（地方特殊读音）"，及出现方言词汇和方言语法现象。

（4）"说话"有"开头"，不一定要有"高潮和结尾"，大体有一定的顺序和层次就可以。

（5）三分钟的时间无论如何都要说足。测试员叫停，方可停止。

2. 普通话基础较好的应试人员

（1）语速适中，话语连贯，语调自然。

（2）说话紧扣话题，层次清晰，结构比较完整，体现出一定的语言表达水平。

用电客户受理员在经过训练后，可以选择参加普通话水平测试来衡量自己的普通话等级，找准差距，明确目标，不断实现等级的提升。普通话测试不仅可以测试应试人员的普通话标准程度，而且可以测试应试人员语言表达能力、语言组织能力、心理承受能力、思辨能力和应变能力等。

【思考与练习】

1. 普通话测试流程包括哪些方面？
2. 什么是普通话水平等级标准？
3. 普通话水平测试主要有哪些内容？

▲ 模块 4　语言表达技巧（Z21E1004Ⅱ）

【模块描述】本模块介绍提高语言表达能力的意义、语言表达的基本素质要求和技巧。通过要点归纳、列表比较和案例介绍，掌握提高语言表达能力和专业服务语言表达能力的技巧。

【模块内容】

语言是人类特有的沟通工具，在日常生活中，只要与人打交道，就必须借用语言。语言表达能力的高低，往往决定一个人是否能成才。美国人类行为科学研究者汤姆士指出："说话的能力是成名的捷径。它能使人显赫、鹤立鸡群。能言善辩的人，往往使人尊敬、受人爱戴、得人拥护。它使一个人的才艺充分拓展、熠熠生辉、事半功倍、业绩卓著。"

一、提高语言表达能力的意义

自古以来，我国就有重视语言表达能力的传统，并已充分认识到口头表达在安邦定国、社会交往中的作用。古人说："一人之辩，重于九鼎之宝；三寸之舌，强于百万雄狮。"语言是最普遍、最方便、最直接的传递方式。

作为供电营业窗口的用电客户受理员，肩负着受理客户需求、传递供用双方信息、沟通客户关系的神圣职责，其良好的语言表达能力对提高优质服务水平、提升窗口形象意义重大。

二、营业窗口用电客户受理员语言表达基本素质要求

1. 业务素质和心理素质要求

客户的需求包罗万象，可能涵盖电力系统的方方面面，而且最基本的是希望你能帮他解决问题，从你这里得到准确的答案。为此，用电客户受理员首先应具备较全面的电力专业知识，熟悉内部业务流程和相关规定，并将其转化成服务语言。

另外，要加强心理素质的培养。作为前台用电客户受理员，面对的是不同文化层次、不同业务需求的客户，在接待客户时，必须做到沉着冷静、不卑不亢。提高心理素质，一是要提高讲话的勇气。要多练习在大庭广众之中讲话，只有多讲多练才能从"不敢讲"到"不怕讲"，克服紧张情绪，达到良好的心理状态。二是要树立足够的信心。相信自己是最好的用电客户受理员，能很好地解决客户的问题。三是要培养自控能力。冷静是使人智慧保持高效和再生的条件，只有在头脑冷静的情况下，人才能迅速认准并抑制引起消极心理的有关因素。

2. 语言素质要求

（1）声音要求。无论在什么场合，拥有响亮悦耳的声音都是一项有价值的资本。符合以下标准，我们的声音就是清脆悦耳的：

1）所说的话明白易懂，而且措辞清楚；

2）呼吸正确，例如用横膈膜浅呼吸，才不至于说话断断续续；

3）拥有低而饱满的音调，让人觉得我们信心十足；

4）口气坚定，这可以增添我们说话的权威性；

5）说话速度适中，不疾不徐（每分钟保持在 120 个字左右），当遇到说话慢的客户时，要降低语速；当遇到说话快的客户时，可适当提高语速；

6）说话音调热诚、亲切和充满活力；

7）表达出强烈的情感，一般要求与你说话的对象有共同感；

8）说话时没有地方口音。

（2）语言规范要求。业务受理人员在接待客户时，语言应做到亲切、诚恳、谦虚，使用文明规范用语，严禁说脏话、服务忌语。同时，还要达到以下几项要求：

1）语言表达要准确简洁，逻辑、条理清楚，观点明了。话不在多而在精，用电客户受理员在领会客户意图、回答客户提问时，应尽可能简洁、明了，高效、快速地解决客户问题。如果说话啰唆、东一句西一句，没有主题，对方听了半天也不知道该怎么办，这样势必会导致客户烦躁，破坏窗口服务形象，甚至导致客户投诉。

2）上班时间要说标准的普通话，当客户听不懂普通话或客户不愿意用普通话时，可使用方言。

3）与客户交谈时，要专心致志，认真倾听，面带微笑，目光正视对方，对客户的讲话要适时做出相应的反应，如点头、做记录等。不能目光呆滞、反应冷淡，不随意打断对方的讲话。让客户感觉你的亲切、真诚和尊重。

尽量少用生僻的电力专业术语，要用通俗易懂的语言表达，以免影响与客户的交流效果。

4）当工作发生差错时，应及时更正并向客户致歉。

5）当客户投诉或提建议时，应耐心听取客户意见，虚心接受客户的批评，诚恳感谢客户提出的建议。

6）当自己受到委屈时，要冷静处理，不能感情用事，不能与客户发生争执，更不能顶撞和训斥客户。

7）对自己拿不准的问题，不回避，不否定，不急于下结论，应及时向领导汇报后再答复客户。

（3）善于倾听。古希腊哲学家苏格拉底说过："自然赋予我们人类一张嘴，两只耳朵"。这也就是俗话所说的："会说的不如会听的"。只有会听，才能真正会说；只有会听，才能更好地了解客户意图，促成有效的沟通。

聆听可以调动对方的积极性；聆听可以给予对方表现的机会；聆听是获取信息重要的方式；聆听为沟通可以获取大量资源；聆听可以给对方留下良好的印象；聆听可以化解不应有的矛盾；聆听可以把握沟通的主动权。

业务人员在倾听客户说话时，应遵循以下原则：

1）情绪适应。一般情况下要身心放松、全神贯注，随说话者情绪的变化而表达相应的感情。

2）切勿多话。

3）积极反馈。当对方讲到要点时，要点头表示赞同，或在笔记本上记录下来，有时还可以要求对方把某些要点谈详细一些，或要求补充说明。当对方说话告一个段落时，你可以将主要内容简要复述，经对方确认。

4）专心致志。与说话人交流目光，让你的眼神和表情表示出你用心、认真的态度。注视对方但不要至始至终盯着对方，应适当地发出"哦""嗯"等应答声，以表示自己在注意倾听。

【聆听小故事】

一个老大爷急匆匆地来到营业台。

客户说："小姐，刚才你算错了 50 元……"

营业员满脸不高兴："你刚才为什么不点清楚，每天交电费的人这么多，要是每个都这样，我们工作怎么做啊，离柜概不负责。"

客户说："那谢谢你多给的 50 元了。"

客户扬长而去，营业员目瞪口呆。

所以，作为营业厅人员，千万不要打断客户的话，除非你想他离你而去！

3. 营业窗口文明用语和忌语

（1）礼貌用语规范。

迎送用语：欢迎、再见、请进、请您走好……

问候用语：您好、早上好、晚上好、大家好……

致谢用语：谢谢、非常感谢、多谢合作……

拜托用语：请多关照、拜托您了……

赞赏用语：太好了、真棒、好极了……

致歉用语：对不起、抱歉、请原谅……

理解用语：深有同感、所见略同……

祝贺用语：祝您生日快乐、节日愉快、恭喜……

征询用语：请问……

请求用语：请、请稍候、请您配合、劳驾、打扰了……

（2）工作服务用语与服务忌语。在服务工作中应自觉使用礼貌用语，杜绝服务忌语，严禁使用有伤客户自尊、有损人格以及讽刺、挖苦、嘲弄、责怪、粗俗、生硬、调侃、蛮横无理的语言。

工作服务用语与服务忌语，见表 1-4-1。

表 1-4-1　　　　　　　　　　工作服务用语与服务忌语

序号	服务内容	服务用语	服务忌语
1	为客户办理业务时	请问、请稍候，我马上为您办理。	急什么！你没看见我正忙着吗？
2	客户进门打招呼时	您好！请坐！请问您需要什么帮助？	干什么？那边等着。
3	客户所办业务不属于自己职责时	对不起，您的业务请到××柜台办理，请往这边走。	不知道！自己去问
4	所办业务一时难以答复需请示领导时	请稍候，我们研究一下。 对不起，请留下您的联系电话，我在××日答复您。	我办不了，没法或找领导去！
5	客户交款时	收您××元，找您××元，请点好。	快交钱！给你！拿着！
6	与客户交谈工作时	您好、请、谢谢、打扰了、劳驾、麻烦、再见！	废话！真罗嗦！
7	客户离开时	请您走好、再见！	快走吧！
8	到客户处自我介绍时	您好！我是××供电公司的××，是来抄电表（收费、装表、换表等）的。	电力公司的！
9	告别客户时	打扰了，谢谢您的合作！再见！	走了！
10	接听客户电话时	您好！我是××供电公司的××，请问您需要什么帮助？	什么事？不知道！
11	客户打错电话时	您打错了，这里是××供电公司。	打错了！错了！
12	未听清楚，需要客户重复时	对不起，我没听清楚，请您再说一遍，谢谢您。	听不清楚！听不到！
13	接到的电话问题不属于本岗位职责时	对不起，请您拨打××电话找××（咨询）。	打错了，这事我不管！

续表

序号	服务内容	服务用语	服务忌语
14	工作出现差错时	对不起；请原谅；请多批评。	错了！你生什么气！
15	受到客户批评时	您提的意见有利于改进我们的工作，我们一定虚心接受，请多提宝贵意见。	这又不是我的错，有意见找领导去！
16	遇有个别客户蛮不讲理时	不用着急，有事好商量，如果您有意见，我可以请有关方面帮助解决。	你怎么这样不讲道理，我没法跟你谈！
17	客户道谢时	没关系，这是我应该做的。	算了！算了！
18	客人参观检查工作时	您好！我叫××，负责××工作，欢迎检查指导。	你是哪来的！要看什么？
19	当客户咨询电价结算时	我们是按物价局批准的电价政策文件执行。	这是供电部门规定！

三、服务语言的表达技巧

语言表达是一门学问。没有良好的表达力，再好的能力都会失去能见度。如何做到表达更有效呢？

（1）着急的事，慢慢地说；

（2）大事要事，想清楚说；

（3）小事琐事，幽默地说；

（4）做不到的事，不随便说；

（5）伤人的事，坚决不说；

（6）伤心的事，不要逢人就说；

（7）没有的事，不要胡说；

（8）别人的事，谨慎地说；

（9）自己的事，坦诚直说；

（10）该做的事，做好再说；

（11）将来的事，到时再说。

（一）服务语言基本表达技巧

（1）语言清楚准确。语音准确，吐字清晰，停顿得当，升降明显，节奏均匀，声情并茂。

（2）语感表述自如。结构化思维表达法，主题明确，突出重点，理性了解与感性认知相结合，复杂事情简单化，简单事情条理化，正确进行语言解码（例如，不要经常用"虽然，但是……"，要使用"虽然，不过呢……"）。

（3）思维引导表达。

一是适当插话：服务过程中不抢话，要插话；

二是合理打断：要及时打断客户的思维；

三是适时引导：要引导客户的期望。

（4）言辞礼貌、谦虚谨慎。表达中的"十六字"和"六声"：

"十六字"是"您、您好、请、谢谢、很抱歉、很高兴为您服务"。

"六声"是来有迎声（例如：您好，请问需要办理什么业务？/您好，好久不见）；去有送声（例如：再见/下雨天路滑，请慢走）；服务客户有称呼声（例如：先生/女士/老板/师傅/大姐/大爷/大妈）；接受批评有致歉声［例如：很抱歉，让您久等了/给您添麻烦了/请别介意/不好意思/对不起/感谢您提的宝贵意见（建议）］；客户表扬有致谢声（例如：谢谢/感谢您对我们工作的支持/感谢您的理解）；客户交办事宜有回复声（例如：尽快/马上/第一时间/您的心情我们非常理解/有什么用电问题我们将竭诚为您服务）。

（5）失礼的语言不能讲。语言表达礼仪很重要，失礼的语言不能讲，请对比以下说法，哪种表达是失礼的表达？

喂，找谁？（您好！××供电所，请问您找哪一位？）

等一下。（很抱歉，请您稍等。）

他不在了。（不好意思，他现在不在办公室，我能否代为转告？）

一路走好。（再见，请慢走！）

你是谁呀？（先生，您好！请问您贵姓？）

你说完了吗？（您好！请问还有什么可以帮到您？）

办完了吧？（您好！请问您还有其他业务需要办理吗？）

那样可不行！（您好！恐怕不能按照您所希望的那样办理）

什么？再说一遍！（先生不好意思，您能再复述一遍吗？）

把你的电话告诉我。（您好！方便留下您的联系方式吗？）

你的声音太小了。（您好！能否再大声一点，我这边听不太清楚，谢谢！）

我忘不了！（请您放心，我已经记下来了，一旦有消息，我会尽快通知您！）

（二）服务语言的专业表达技巧

1. 人体语言的运用技巧

人体语言是以人的动作、表情、界域和服饰等来传递信息的一种无声伴随语言。它与自然（有声）语言相辅相成，共同表达一个人的思想、情感等信息。在人际交往中，人体语言是一种广泛运用的重要沟通方式，它与有声语言一起，共同塑造个人的语言魅力。有专业机构曾认为：在面对面沟通中，人体语言在整个语言表达效果中占55%。恰到好处的运用人体语言，能有效地增进双方谈话、沟通的效果。

　　人体语言包含的内容较多，在营业窗口中常用的有：

　　（1）首语。即通过人体头部活动所表达的信息，包括点头和摇头。一般来说，点头表示首肯，有致意、同意、肯定、承认、赞同、感谢、应允、满意、认可、理解、顺从等；摇头表示否定。但首语又因文化和环境的差异而具有不同的形式和含义，要注意区别。

　　（2）手势语。是通过手和手指活动所表达的信息。包括握手、招手、摇手和手指动作等。手势作为信息传递方式，一般先于有声语言，所以在日常交往中使用频率很高，范围也很广泛。

　　（3）表情语。是指发生在颈部以上各个部位的情感体验的反应。人的六种基本面部表情，如快乐、惊讶、恐惧、愤怒、厌恶、蔑视，都是通过颈部以上部位表示的。在日常交谈中，应精神饱满，眼睛平视对方，双眉在自然平直的状态，谈话时，上下嘴唇应自然开合，尽量少努嘴和撇嘴，站立、静坐或握手时嘴可以微闭，不要露出牙齿，保持微笑状。

　　（4）姿势语。是指身体在某一场境中以静态姿势所传递的信息。一般要求坐姿良好，上身自然挺直，两肩平衡放松，后背与椅背保持一定间隙，不用手托腮，不跷二郎腿，不抖动腿。站姿端正，抬头、挺胸、收腹、双手下垂置于大腿外侧或双手交叠自然下垂；双脚并拢、脚跟相靠、脚尖微开。

　　2. 客户服务用语技巧

　　（1）多用请求式语言。在与客户沟通时，要避免用命令式的语言，多用请求式语言。命令式语言往往会让人产生"强迫去做"的想法，而请求式语言表达的是尊重对方，请求别人去做。

　　试比较：

　　"把您的联系电话留下来。"

　　"请把您的联系电话留下来。"

　　"您能把联系电话留下来吗？"

　　"您不介意我留下您的联系电话吧？"

　　一般来说，疑问句比肯定句更能打动人，尤其是否定疑问句，更能体现出对客户的尊重。

　　（2）多用肯定语言。否定句与肯定句的意思刚好相反，但如果运用巧妙，肯定句可以代替否定句，而且效果更好。例如：

　　客户："我们选择××公司的电气设备，可以吗？"

　　用电客户受理员："不行，这家公司没有电气设备生产的相关许可证明。"

　　这样直接回答，客户会因为被拒绝而很不舒服，如果换个方式回答："真抱歉，这家公司现在还不具备生产这类电气设备的相关资格证明，我想贵公司也和我们一样，肯定不放心使用没有通过质量鉴定的设备吧。我们这里有一些产品质量和商业信誉都很好的厂商资料，您不妨看一看，或许有您满意的。"这种肯定式的回答会使客户有一种贴心的感觉，从而提升我们的服务形象。

（3）说话要生动委婉。用电客户受理员在接待客户和进行内部沟通时应做到：介绍业务形象生动、语言精练；陈述观点通情达理、娓娓道来；处理投诉心平气和、言辞委婉；切忌啰嗦、急躁和言辞激烈。使用正确的语法，逻辑严谨，不要前后矛盾。不说令人厌恶或忌讳的字眼，委婉陈词。对一些特殊的客户，要把忌讳的话说的很中听，让客户觉得你是尊重和理解他的。比如：对较胖的客户，不说"胖"而说"丰满"；对胡搅蛮缠、声音亢奋的客户，不说他"吵"而说"激动"；对咬文嚼字、斤斤计较的客户，不说他"小气、儒"，而说"办事认真、作风严谨"。

【思考与练习】

1. 用电客户受理员为什么要提高语言表达能力？

2. 用电客户受理员在倾听客户说话时，应遵循哪些原则？

3. 客户服务用语有哪些技巧？

▲ 模块 5 常用英语口语（Z21E1005Ⅲ）

【模块描述】本模块介绍营业窗口接待常用英语口语、业务办理常用英语口语。通过常用英语服务用语列举和案例介绍，掌握为客户提供服务的常用专业用语知识。

【模块内容】

供电营业窗口接待外国客人时，用电客户受理员要掌握接待常用英语口语和业务办理常用英语口语，从而方便与外宾顺利沟通提供更优质的服务。

想掌握好常用英语口语，必须要做到四个字"听、说、读、写"。听：最好在早上听半个小时左右的英语听力，每天坚持听，贵在坚持、循序渐进。说：不管是在家里还是在公司，随时有说英语的准备。读：每天要抽出 20 分钟来阅读英语教材，主要是练语感。写：单词量一定要过关。

一、营业窗口接待常用英语口语

1. 称谓用语

老大娘、 老大爷、 师傅、 同志、 先生、女士、 小姐、小朋友

Grandma、Grandpa、Master、Comrade、Sir、Madam、Miss、Kid

问好：您好！   早上好！   下午好！

Hello/How do you do！Good morning！Good afternoon！

2. 客户进门

您好！请坐， 请问有什么可以帮您？

Hello！Take a seat please，what can I do for you？

您好！请坐。 请问您要办理什么业务？

Hello！Take a seat/Have a seat，please. What can I do for you？

3. 为客户办理业务时

请稍候， 我马上为您办理。

Please wait for a moment，we will do it at once.

4. 当明确客户需要办理的业务，需要引导时

您好！请往这边走/这边请！

Hello，this way please！

5. 客户所办业务不属于自己的职责时

对不起，您的事情请到××处找××同志，请往这边走。

Sorry，please come to ××，and ×× will help to solve your problem. This way，please.

请稍候，我先帮您联系一下。

Just a moment（second）please，I'll contact the person concerned for you.

6. 所办业务一时难以答复需请示领导时

（1）请稍候，我们马上研究一下。

Wait for a minute，we'll deal with the matter at once.

（2）对不起，请留下电话号码，我们改日答复您。

Sorry，Please tell me your telephone number，we'll reply you as soon as possible。

7. 前面的客户业务办理时间过长时

（1）抱歉，让您久等了，我会加紧办理的。

I am sorry to keep you waiting for a long time. I'll attend to it as soon as possible.

（2）对不起，现在业务比较忙，请您稍候。

I'm sorry. We are a bit busy now. Please wait a moment.

8. 与客户交谈工作时

您好、 请、 谢谢、 打扰了、劳驾、麻烦、再见

Hello、Please、Thanks、Faze、Excuse me、See you

9. 客户离开时

请您走好， 再见！

This way please，Bye-Bye！

感谢您的光临。

Thank you for coming。

10. 离开客户时

打扰了，再见！ 谢谢您的合作！

Sorry to trouble you，and thanks for your cooperation！See you！

11. 接客户电话时

您好！我是××电业局， 请问有什么可以帮您！

Hello，This is ××Electric Supply Bureau，what can I do for you？

12. 客户打错电话时

同志， 您打错了， 这里是供电公司。

Sorry Sir，you dialed the wrong number，this is Electric Supply Bureau.

13. 系统出现问题时

（1） 短时间可恢复。

非常抱歉，现在电脑系统出现了问题，我们正在处理，请您稍等一下。

Sorry，there is something wrong with the computer system. We are dealing with it. Please wait a moment.

（2） 较长时间才能恢复。

非常抱歉，现在电脑系统出现了问题，我们正在处理，短时间内可能无法恢复，请您留下联系电话，系统恢复后我们会及时联系您。

I regret that there is something wrong with the computers. Now we are dealing with it，but it'll take some time. Please leave your telephone number，and we'll contact you as soon as the system on.

14. 未听清楚，需要客户重复时

对不起，我没听清楚， 请您再说一遍， 谢谢您！

Sorry，I didn't catch it，could you please repeat it，Thank you！

15. 接到电话问题不属于本岗位职责时

请稍候，我先帮您联系一下。

Just a moment please. I'll contact the person concerned for you.

16. 工作出现差错时

对不起，我错了， 请原谅，请多批评。

Sorry，It's my fault，thanks for your understanding and your suggestions are highly appreciated.

17. 受到客户批评时

您提的意见我们一定慎重考虑，有利于改进我们工作的，我们一定虚心接受，欢迎多提宝贵意见。

Great thanks and care are paid to your precious advice. More suggestions are expected.

18. 客户提出建议时

谢谢您，您提出的宝贵建议我们将及时反馈给公司相关领导。再次感谢您对我们电力公司的关心和支持。

Thank you for your valuables suggestions. I will report them in time to our leaders. Thanks again for your concern and support to our Electric Power Corporation.

19. 当客户对我们有误解时

对不起，可能是我刚才没讲清楚，我们处理工作的程序是……

I'm sorry. I might not say it clearly. Our procedure is……

20. 遇有个别客户蛮不讲理时

不要着急，有话慢慢说，如果您有不同意见，可以请有关方面解决。

Don't worry. If you hold different views，please let us know，and we'll help to solve your problems.

21. 客户询问电费时

您可以通过触摸屏幕来查看，有不明白的地方，我给您解释。

You can check this through the touching screen，I can explain the problem you have.

22. 客户询问电表损坏原因时

对不起，电表损坏原因需经过检定才能确定，然后答复您。

Sorry，the damage of the breaker box will be confirmed after examination，and we will inform you.

23. 客户电表损坏丢失时

劳驾！请您介绍一下电表损坏（丢失）的情况好吗？

Could you please tell us the details？

24. 电表"自走"，经确认不属于我们的责任时

对不起，经工作人员检测，您家的电表自走属内部原因。

accond to inspection，the abnormal work of your electric meter results from itself.

25. 客户对校验结果不相信时

同志，经检定电表确定合格。如果您不放心，我们可以一起到技术监督部门复验。

Sir/Madam，The meter has been approved after it has been inspected. If you have any question about it，we can go breau of Quality and Technical superision together for sure.

26. 客户怀疑电表有误差不按时缴电费时

本月电费您还是按时缴纳，如果怀疑电表超差，可以申请验表。如确定超差，我们会在下月退还电费差额。

Please pay off your electricity bill on time，if you have any question about your meter，you have the right to check it. We'll refund the overcharged electric charge next month if we sure this problem exist.

27. 客户前来询问图纸审核情况时

您好！请坐， 您的图纸正在审核中， 请稍候。

Hello！Take a seat please，your blueprint is under review now，wait a minute，please.

28. 在审核图纸中发现问题时

您好！此处设计不符合规程要求， 请修改一下。

Hello！The design here does not qualified，please amend it.

29. 客户询问停电时

因为线路检修（或线路故障），导致您那里停电了，请谅解。大约会在×时送电。

We apologize for the outage that resulted from the power line inspection（power line failure）.It will be recovered at ××.

30. 客户向我们道谢时

别客气，这是我们应该做的。

You are welcome. It's our duty.

31. 客人参观检查工作时

欢迎光临××供电局××营业厅参观指导工作。

Welcome to …Service Branch of ××.

32. 当客户离开时

感谢指导， 再见！

Thank you very much！See you！

33. 当客户投诉，情绪激动时

请您息怒，我非常理解您的心情，我们一定会竭尽全力为您解决，好吗？

We can understand you very well. Believe us，we'll do our utmost to solve your problem.

34. 当客户无理取闹，情绪激动不能平静时

对不起，您这样的方式不利于我们交流。希望您能平静下来，说明您遇到的问题，我们会在条件允许的情况下尽快帮您解决。

Sorry，but your manner of speaking is not proper for our communication. We'll solve your problem as soon as possible. Could you please calm down and tell us the matter in details？

二、业务办理常用英语口语

（一）业务办理常用口语

1. 当客户临柜时

您好，请坐，　　　　请问您需要办理什么业务？

Hello，please sit down. What kind of business do you want to do？

2. 需要客户填写用电申请表时

请您填写用电申请表，　　这是示范样本。

Please write the application，this is a sample.

3. 当客户的资料准备不齐时

对不起，您还需要准备××资料才能办理。

Sorry，you can't handle the business until you prepare for the ××.

4. 当发现客户填写的用电申请登记表填写与实际不符时

对不起，您填写的用电申请表与××资料上的内容不一致，请您核对后再重新填写，好吗？

Sorry，the application is different from the information. Please check it again.

5. 当发现客户还有相关费用未结清时

对不起，您还有××费用尚未结清，暂时无法办理，请您结清后再来办理。

Sorry，we can not do it for you right now. The electricity bills haven't been paid off, and then apply.

6. 当客户已办理完用电申请登记表手续时

您登记××业务的手续办好了，我们的工作人员将会在××个工作日内上门勘查，相关事宜我们会及时通知您。

Your business have finished，and our workmates will be surveyed within in ×× workdays，I'll call you if necessary.

7. 向客户答复书面供电方案时

这是为您确定的供电方案，请您审核！　　同意的话，　　　　请签字！

This is your power project，check it，please！If you no objection，please signing.

8. 当现场不具备供电条件时

对不起，您的供电要求我们暂时还不能满足，原因是××，请谅解！

Sorry，we can't satisfied your requires right now. Because ××.

9. 通知客户缴纳相关费用时

根据确定的供电方案和××合同约定，您需要缴纳××费用××元，请到××柜台办理。

According to the power plan and the contract，you need to pay ×× yuan. Please check out and pay off.

10. 在受理客户交费时

您的应缴金额是××元，实收××元，这是发票和找您的××元，请您清点好。

You need to pay ×× yuan. You've given me ×× yuan. Here is your invoice and charge，please check it.

11. 客户询问什么时候能答复供电方案时

我们对社会承诺，×个工作日内给您答复。

Power company promises that the meter must be installed and the electricity be supplied within × workdays.

12. 完成客户用电申请录入后，在递给客户用电申请查询卡时

这是您的用电申请编号和查询卡，以后您可以凭这个编号，通过"95598"网站、电话或营业厅自助查询系统查询您的业务办理进度。

This is your computer application number and inquiring card，you can use this number to inquire "95598" web、telephone and parlor about your business progress by yourself.

13. 客户办理临时用电业务时

请问贵公司需要申请施工用电，需要使用多长时间？

Would you please tell me how to apply for the temporary power supply for construction？

14. 客户询问临时接电费用收取标准时

临时接电费是对申请临时用电的客户收取，这是我们的宣传资料，上面介绍了收费依据、标准和相关事项，请您阅读。

The temporary connecting fee would be charged from the applied temporary users. here are the introduction booklets of charging standards. Please read.

15. 客户询问高可靠性供电电费的收取标准时

高可靠性供电费是对申请新装或增加用电容量的两回及以上多回路供电的客户收取，这是我们的宣传资料，上面介绍了收费依据、标准和相关事项，请您阅读。

High reliability fee would be charged from the users who applied newly installation and increased to run two circuits or more than two circuits. here are the introduction booklets of charging standards. Please read.

16. 客户咨询"过户"手续如何办理时

您需要填写申请过户的报告并提供相关证明材料，结清原户电费及相关债务后，才能办理过户手续。

You need to write the application for the resident's meter transfer and provide some reference；the electricity bills have been paid off，and then apply.

17. 当客户报修故障属于自行维护的设备范围时

对不起，您内部用电设备不属于供电部门抢修范围，您可以自行检查修理，也可以委托社会电气工程队修理。

Sorry，we do not repair the electrical facilities in your home. You can examine it by yourself or you can ask local water and power maintenance engineering groups for help.

18. 客户要求校表时

请您填写这张申请表，在校表前，您需要支付电能校表费××元，如果电能表经校验确实计量不准，我们将退还以前多收的电费及您的电能表校验费。

Before checking meter，please write the application and you need to pay ×× yuan. We'll refund the overcharged electric charge and service fee if the meter runs faster than normal.

（二）情景对话

1. 用电报装咨询

A：您好，请坐，请问需要办理什么业务？

Good morning. What can I do for you？

B：您好，我是××公司的，这是我的证件。我们需要在××处新建一个厂房，想咨询下怎么办理用电手续。

We are from ×× limited company. We are going to build an office building at ××. Now we want to know how to get formal application business.

A：请问需要申请多少千瓦的容量？

What capacity do you want to apply for？

B：根据设计要求约 1000kW。

About 1000kW should be applied for in the light of the design specification.

A：请贵公司提供书面申请报告，标明用电位置的地形图、用电设备清单、公司营业执照复印件、项目立项批文、经办人身份证明、环保许可证，并填写这张申请表。

an application report in written form，the topographic map of power position，the map of the underground integrated pipelines，the copy of your company's business license，an approved document of the project，the reply to the feasibility of power supply，and finally you are required to fill in the power equipment form clearly.

B：请问用电申请需要多长时间才能答复？

When shall we get the answer to the application？

A：您将上述资料备齐后，我们将在 15 个工作日内给予答复。

We'll give you company s reply within 15 workdays.

B：请问我公司需要支付哪些费用？

What kinds of charge should our company pay？

A：如果贵公司需要双电源供电，我们将按标准收取高可靠性供电费，这是我们的宣传资料，请阅读。其他如用电勘查、设计图纸审查、中间检查、竣工验收、组织送电等我们均不收费。

We will charge high reliability fee comply with the standard if you require double power supply sources. Please read the promotional materials. We will not charge the others such as the power survey，intermediate inspection，acceptance test，transmission organization.

B：我知道了，谢谢，再见！

I see. Thank you. Bye！

A：再见，请走好！

Bye.

2. 住宅小区正式用电申请

A：上午好！请问有什么可以帮助您？

Good morning. What can I do for you？

B：上午好，我公司在××处新建多层住宅需配套供电。

Good morning. Our company needs support power supply for the newly-built multi-storey dwelling houses on ×× Road.

A：请问新建住宅中有配套商业或其他配套项目吗？

Could you tell me if it includes commercial or other supporting projects？

B：在该住宅基地内将建有完整的社区配套项目，包括商业网点、社区中心活动、医疗门诊、停车库等。

The complete community supporting items will be included in this dwelling base. It consist of a business shopping area、a community activity center，parking garages.

A：在贵公司新建住宅前，供电公司是否已为您做了正式用电的可行性方案？

Have you made pre-inquiries about the use of power for the construction?

B：做了，我是来办理正式用电手续的。

Yes. I come here for the formal application.

A：好的，有关住宅配套供电申请手续详见这份申请须知。

You can learn the details about the power supply application for dwelling houses from the application notice.

B：谢谢！请问住宅小区内的商业网点和社区活动中心等的用电是否可以与住宅一起办理？

Thank you. Could the power application for dwelling houses be handled together with the business shopping area and the primary school in the residential district?

A：可以，不过您在填写申请表时要分别填写。

Yes. But you need to write tow power application.

B：请问你们还要到现场勘察吗？

Do you need site survey?

A：是的，还要到现场制定详细的一户一表和配套商业网点、社区活动中等的详细供电方案。

Yes，we need on-site regulate the detailed power supply solution in terms of one family one meter，complied business network，community activities and so on.

B：那什么时候可以答复我们？

When shall we get the answer to the application?

A：我们在××个工作日内答复。

We'll give you company s reply within ×× workdays.

B：谢谢您的热情接待！

Thank you for your warm reception.

A：不客气。

It's my pleasure.

3. 申请校表

A：我发现我家电表越走越快，用电量明显超过正常范围，您能告诉我问题在哪里吗？

I find my meter running faster and faster，It is obvious that the volume of electricity is over the normal range，could you tell me what the problem is?

B：请问您是否单独用电能表？

Do you use a separate meter?

A：我是 2 年前单独安装的电能表。

I began to use a separate one two years ago.

B：请回家后将电能表下面的开关拿下，观察电能表是否还在继续转动。这可以检验电能表是否有空转现象。

When you go back home，you should switch off the meter to see if it is still working. This test can show whether the meter is on-load running or not.

A：可以，不过我还是不放心，你们是否可以派人上门对电能表进行校验。

I will do that，but I still worry about it. Can you send your repair workers to check it?

B：当然可以。电能表校验费××元。如果电能表确实计量不准，我们将退还以前多收的电费及您的电能表校验费。

Certainly. The service fee is ×× yuan。If the meter runs faster than normal，well refund the overcharged electric charge and service fee.

A：这很合理。

It's reasonable.

B：请写下您的住址和联系电话。

Please write down your address and telephone number.

A：在上门检验电能表前可否与我联系？

Would you please phone me before you come to check it?

B：可以。

All right.

A：现在就可以交费吗？

May I pay the bill now?

B：可以。

Yes，it is.

4. 售电

A：您好！请坐。请问您要办理什么业务？

Hello！Have a seat，please units. What can I do for you?

B：我想买电。现在多少钱一度电？

I want to buy some power units. How much does it cost per kilowatt—hour?

A：现在居民生活用电每度是××元。请问您需要买多少度？

The rate for residents is ×× yuan per kilowatt—hour. How many units do you want?

B：200 元钱能买多少度？

How many units can I buy with 200yuan？

A：您稍等，我帮您算一下，……，您可以买××度电。

Please wait a moment，let me calculate it for you。Uth……You can buy ×× kWh.

B：那我买 300 度吧。

Then，300kWh will be OK.

A：好的，300 度电是××元，请您将现金和电卡给我。

OK. It will be ×× yuan. Please give me the cash and card.

B：给你。

Here you are.

A：您这是 200 元整，请稍等。……300 度电已经充到您的电卡中，这是找您的零钱××元，请点清，请您收好电卡和发票。

Here is 200yuan. Please wait for a while. Your card has contained 300kWh，and this is your change of ×× yuan. Please check it and take your receipt.

B：谢谢，再见。

Thank you！Bye.

5. 居民申请新装

A：您好，请坐。请问您要办理什么业务？

Hello！Have a seat，please. What can I do for you？

B：我想报装用电，需要办理什么手续？

I want to apply for use of power. What should I do？

A：请问您是居民客户还是单位客户？

Could you tell me what you are a resident user or a non—resident user？

B：居民客户。

A residential user.

A：那么请您携带房产证明、身份证明或护照办理相关手续。

Well，you need to bring the following documents including your real estate certificate，Personal I. D. or passport of household here.

B：护照我没有带，怎么办？

I don't bring the passport here. What should I do？

A：没关系，请您先按要求填写登记表，护照可以以后补交。如有不明白的地方我给您解释。

It doesn't matter. Please fill in the application forms first，and you may bring your passport next time. I will explain if you are not clear about it.

B: 单子填好了,你看看行不行。

I have finished the form. Is it OK?

A: 没问题,请您先回去。我们将在××个工作日内上门为您服务。

Sure. You may wait at home for our direct access service within ×× workdays.

【思考与练习】

1. 说说营业窗口常用哪些文明礼貌用语?

2. 试模拟客户申请对计量装置进行校验时的对话。

3. 试模拟客户查询电量电费时的对话。

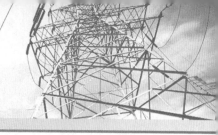

第二章

服务礼仪与沟通技巧

▲ 模块1　电话服务礼仪（Z21E2001Ⅰ）

【模块描述】本模块介绍接听电话的语言和仪态礼仪、接电话的程序和应注意的一些事项。通过要点归纳，接听电话流程介绍和案例说明，掌握电话服务的基本职业素养。

【模块内容】

在日常工作中，我们每天都要通过电话来商谈、询问、通知、解决很多事情。在电话中可以认识很多人，这些人并没有和你见过面，或见面很少，但通过你在电话里的声音、语气及业务沟通能力，形成对你、你公司的某种印象，从而影响到你个人、你公司的形象和后期合作效果。掌握和正确运用电话服务礼仪，是每个用电客户受理员应具备的基本职业素养。

一、接听电话的基本礼仪

（一）语言要求

1. 说话文明、服务热情

（1）一接来电，敬语当先，例如说："您好""请讲"等，接电话时，使用礼貌用语，应持之以恒。

（2）不论说话人是什么态度，都要始终保持语气谦逊、态度和蔼，不与通话人顶撞、发生争执。

（3）用电客户受理员应具有帮助别人排忧解难和助人为乐的精神，说话时语调应亲切、委婉，使通话人感觉到你的关心和协助。

（4）音色要柔和、悦耳，使被通话人有一种亲切感。

（5）要做到发音准确，以保证对方能听清楚。

（6）语言要简洁明了，体现职业化，切忌脱口而出粗俗的语言。

（7）内容表达要清晰。对冗长的话语应分开重点，分层次慢慢的解释，使表达更有层次感；把一点说完再说另一点，切勿说话时左穿右插。

（8）语速快慢要适中，根据不同的通话对象，恰到好处地掌握通话速度，对有急事的通话人，不能给人一种慢条斯理故意拖延时间的感觉。

2. 耐心诚恳、维护信誉

（1）当通话人有疑问求助时，用电客户受理员有责任耐心地尽力向对方解释，切不可置之不理，或先于对方挂断电话。

（2）遇客户投诉时，用电客户受理员应耐心对待，以虚心的态度仔细聆听，并仔细记录投诉内容，对属于本部门的问题应积极向客户解释或迅速调查了解实际情况；对不属于本部门的问题，应及时转交相关部门处理，并告知客户情况。切不可拒绝或中断通话。

（3）体现关怀，关怀客户的感受，关怀客户的真正需要。

（4）如果通话涉及公司或客户机密，应按照相关规定遵守保密原则。

3. 语气、语调表达方式

语气、语调表达方式对比，见表2-1-1。

表2-1-1　　　　　　　　　　　语气、语调的最佳状态

合适的表达方式	不合适的表达方式	合适的表达方式	不合适的表达方式
热情的	冷漠的	友好的	充满敌意的
有礼貌的	粗鲁的	感兴趣的	毫无兴趣的
愉快的	不耐烦的	谦逊的	傲慢的
自信的	自负的或者猥琐的	温暖的	冷酷的
容易接近的	难以相处的	简洁的	啰嗦的
冷静的	较难控制情绪的	有条理的	混乱的
明智的	盲目的	措辞得当的	词不达意的
轻松的	压抑的	能抓住重点的	事无巨细的
能适时地给对方以回应	打断对方谈话或者保持沉默		

（二）仪容要求

不要以为，电波只是传播声音，打电话时可以不注意姿势、表情，其实双方的诚实恳切，都包含于说话声中。若声调不准就不易听清楚，甚至还会听错。因此，讲话时必须抬头挺胸，伸直脊背。言为心声，态度的好坏，都会表现在语言之中。如果道歉时不低下头，歉意便不能伴随言语传达给对方。同理，表情也包含在声音中。打电话表情麻木时，其声音也冷冰冰。因此，打电话也应微笑着讲话。

二、接电话程序及注意事项

1. 接电话程序

接电话程序见图 2-1-1。

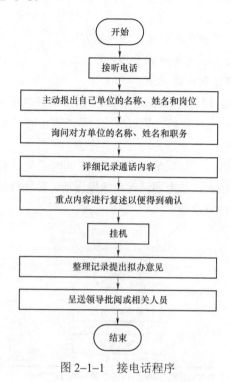

图 2-1-1　接电话程序

2. 注意事项

（1）电话铃响两次后，取下听筒。电话铃声响 1 秒，停 2 秒。如果过了 10 秒，仍无人接电话，一般情况下人们就会感到急躁："糟糕！人不在。"因此，铃响 3 次应接听电话。那么，是否铃声一响，就应立刻接听，而且越快越好呢？也不是，那样反而会让对方感到惊慌。较理想的做法是，电话铃响完第二次时，取下听筒。

（2）自报姓名的技巧。如果第一声优美动听，会令打电话或接电话的对方感到身心愉快，从而放心地讲话，因此电话中的第一声印象十分重要，切莫忽视。接电话时，第一声应说："您好。这是××供电营业厅。"打电话时则首先要说："您好，我是××公司××供电营业厅的×××"。双方都应将第一句话的声调、措词调整到最佳状态。

（3）以下信息要注意重复：

1）对方的电话号码；

2）双方约定的时间、地点；

3）双方确定的解决方案；

4）双方认同的地方，以及仍然存在分歧的地方；

5）其他重要的事项。

复述要点的好处：

1）不至于因为信息传递的不一致，导致双方误解；

2）避免因为口误或者听错而造成不必要的损失；

3）便于接听电话者整理电话记录。

（4）轻轻挂断电话。通常是打电话一方先放电话，但对于用电客户受理员来说，如果对方是领导或客户，就应让对方先放电话。待对方说完"再见"后，等待2～3秒才轻轻挂断电话。

无论通话多么完美得体，如果最后毛毛躁躁"咔嚓"一声挂断电话，则会功亏一篑，令对方很不愉快。因此，结束通话时，应慢慢地、轻轻地挂断电话。

三、打电话程序及注意事项

1. 打电话程序

打电话程序见图2-1-2。

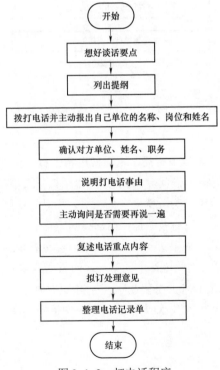

图 2-1-2 打电话程序

2. 来电电话记录

来电电话记录单，见表 2-1-2。

表 2-1-2　　　　　　　××供电公司来电电话记录单（示例）

来电单位（姓名）	刘××	电话号码	138×××2046
来电时间	2017 年 7 月 12 日 15:29	电话接听人	赵××
来电内容	客户申请本周四（7 月 13 日）下午 3 点去他家装表		
处理意见	已告知装表人员客户要求及联系电话，请提前做好相关准备工作，按时到达客户现场		

电话记录人：赵××

3. 注意事项

（1）拨打电话前的思考提纲。

1）我的电话要打给谁？

2）我打电话的目的是什么？

3）我要说明几件事情？他们之间的联系怎样？

4）我应该选择怎样的表达方式？

5）在电话沟通中可能会出现哪些障碍？面对这些障碍可能的解决方案是什么？

（2）打电话要注意时间。

1）注意时间选择。按惯例，通话的时间有两点原则：一是双方预先约定的通话时间；二是对方便利的时间。公务电话，尽量在对方上班 10 分钟以后或下班 10 分钟以前拨打。除有要事必须立即通告外，不要在他人休息时间打电话，特别是每日早晨 7 点前、晚上 10 点后以及午休时间等，另外，在用餐之时拨打电话也不合适。

2）限制通话时长。在一般通话情况下，每一次通话的具体时长应有意识地加以控制，基本原则是：以短为佳、宁短勿长。尽量坚持"3 分钟原则"，即打电话时，发话人应当自觉地、有意识地将每次通话时间控制在 3 分钟之内。

3）体谅对方。通话开始后，除了自觉地控制通话时长外，还要注意受话人的反应。比如：在通话开始时，先询问对方现在通话是否方便。感觉对方对通话内容不感兴趣或反感时，应转换说话角度或中断通话。

（3）通话时如果电话忽然中断，按礼仪需由发话人立即再拨，并说明通话中断系线路故障所致。万不可不了了之，或等受话人打来。

4. 去电电话记录

去电电话记录单，见表 2-1-3。

表 2-1-3　　　　　　　××供电公司去电电话记录单（示例）

去电单位（姓名）	××钢铁公司	电话号码	151××××1111
去电时间	2017 年 7 月 2 日 10:15	对方接听人	张××（办公室主任）
去电内容	贵公司 7 月 1 日申请的用电增容业务，我们将于 7 月 3 日上午 9 时到您现场进行勘查，请您准备好相关的用电报装证明资料、安排相关专业人员或领导参加。如果有什么变化，请在 7 月 2 日 16 时前告知		
通话结果与处理意见	客户同意我们的勘查预约；11 时已在网上发布勘查信息并已电话通知相关人员做好勘查准备。		

电话记录人：刘××

四、案例

客户申请预约装表（以江苏省为例）示例：

用电客户受理员：您好，××供电公司××营业厅，请问有什么可以帮您？

客户：我今天上午办理了用电申请业务，预约明天下午 3 点装表。今天我临时出差，请帮我重新预约到后天下午 3 点装表，可以吗？

用电客户受理员：能告诉我您办理业务的申请编号，或者您所填报的开户人名字（单位）吗？

客户：哦，我填报的名字叫×××，编号我给忘了。

用电客户受理员：没关系，请稍等，我先查询一下您的业务办理情况。您是今天上午办理了申请用电手续，户名是×××，用电地址是××，申请的用电业务是 8kW 单相零散居民生活用电。

客户：是的。

用电客户受理员：我已帮您重新预约装表时间，装表时间是后天（几月几日星期几）下午 3 点，请您配合。请问您还需要其他帮助吗？

客户：没有，谢谢。

用电客户受理员：感谢您的来电，以后您在用电方面有什么问题，可以随时拨打我们的 24 小时供电服务热线"95598"，再见！

客户：再见！

等客户挂电话后，用电客户受理员方可挂电话。

【思考与练习】

1. 接听电话的基本礼仪主要有哪些？

2. 打电话的注意事项主要有哪些？

3. 试述打电话的基本程序。

4. 模拟客户预约装表的电话情景。

模块 2　柜台服务礼仪（Z21E2002 Ⅰ）

【模块描述】本模块介绍柜台服务的语言和仪态礼仪、服务的程序和应注意的一些问题。通过要点归纳和案例说明，掌握柜台服务的基本职业素养。

【模块内容】

服务礼仪是指在客户服务的过程中，服务人员所应该严格遵循的行为规范。它包括仪容仪表、行为举止、服务语言以及各种社交场合、各个服务场景中的行为标准。特别是柜台服务人员，是第一位接待客户的用电客户受理员，会留给客户第一印象。在为客户提供服务时，注重礼仪是至关重要的，它决定了能否给客户留下一个好印象。下面主要根据国家电网公司对员工的礼仪要求，以及国际上通用的服务礼仪标准，对礼仪作简要介绍。

一、柜台服务礼仪

1. 仪容仪表

电力员工的着装打扮在一定程度上代表了企业的形象，庄重、简洁、大方的仪容仪表能够给客户留下美好的印象。

（1）男士仪容。

1）发式：前不覆额、后不触领、侧不掩耳，发无头屑、发不染色、梳理整齐；

2）面容：不留异物、不留胡须、清爽干净；

3）气味：保持口气清新，不吃有异味的食品；

4）手部：保持手部清洁，指甲不得超过 1mm。

（2）男士着装。

1）着公司统一工作服、领带、工号牌、工作鞋；

2）工号牌佩带于左胸，不得佩戴装饰性很强的装饰物、吉祥物；

3）手腕部除手表外不得佩戴其他装饰物，手指不得佩戴造型奇异的戒指，佩戴戒指的数量不超过 1 枚；

4）服装熨烫整齐，无污损；

5）领带长度为刚盖过皮带扣，系黑色皮带；

6）扣上衬衫袖口，衬衣下摆束入裤腰内；

7）西裤长度为穿鞋后距地面 1cm；

8）着深色袜子，皮鞋应保持光洁，不得穿白色袜子。

（3）女士仪容。

1）发式：勤洗梳齐、发无头屑、头发拢后；

2）面容：清洁干净、不留异物、面化淡妆；

3）气味：保持头发、口腔和体味清洁，不用香味过浓的香水；

4）双手：掌指清洁，指甲不长于指尖，不涂有色指甲油。

（4）女士着装。

1）着公司统一工作服、头花、领带、工号牌、工作鞋；

2）工号牌佩带于左胸，不得佩戴惹眼的项链、耳环等饰物；

3）项链应放在工作服内，不可外露；佩戴耳环数量不得超过一对，式样以素色耳针为主；

4）手腕部除手表外不得佩戴其他装饰物，手指不得佩戴造型奇异的戒指，佩戴戒指的数量不超过 1 枚；

5）服装熨烫整齐，无污损；

6）扣上衬衫袖口，衬衣下摆束于裙腰中；

7）着裙装时，须穿丝袜，颜色以肉色为宜，忌光脚穿鞋。

2. 形体仪态

形体仪态是指人在服务过程中各种身体姿势的总称，服务人员的仪态应做到自然、文雅、端庄、大方，在面对客户的服务过程中，优雅的仪态会给客户一种美的享受。

（1）标准站姿。

1）抬头、挺胸、收腹；

2）双眼平视前方，下颌微微内收，颈部挺直；

3）双肩平衡放松，但不显得僵硬；

4）双手下垂置于身体两侧或双手交叠自然下垂；

5）双脚并拢，脚跟相靠，脚尖微开，男士可双脚平行分开，与肩同宽，不得双手抱胸、叉腰。

（2）标准坐姿。

1）上身自然挺直，双目平视，下颌内收；

2）两肩平衡放松，后背与椅背保持一定间隙；

3）挺胸收腹，上身微微前倾；

4）采用中坐姿势，坐椅面 2/3 的面积；

5）双手自然交叠，轻放在柜台上，不用手托腮或趴在工作台上；

6）女士双腿完全并拢垂直于地面或向左倾斜；男士双腿可并拢，也可分开，但分开间距不得超过肩宽，不抖动腿和跷二郎腿。

（3）标准走姿。

1）方向明确；

2）身体协调，男士姿势稳健，女士姿势优美；

3）步伐从容，步态平衡，步幅适当，步速均匀，节奏适宜，走成直线；

4）双臂自然摆动，抬头挺胸，目视前方。

（4）标准手势。

手势语主要是指通过手指、手掌、手臂做出各种动作来向对方传达信息的一种交流方式。手势语在与客户沟通的过程中往往非常吸引对方的注意力，所以，服务人员在与客户沟通的时候应该注意自己的每一个手势，千万不要因为一个不经意的手势动作而引起客户的不满。

1）手掌自然伸直，掌心向内向上，手指并拢，拇指自然稍稍分开；

2）手腕伸直，手与小臂成直线，大小臂的弯曲以 150° 为宜；

3）出手势时动作柔美、流畅；

4）若双方并排行进时，服务人员应居于左侧；若双方单行行进时，服务人员应居于左前方 1m 左右的位置；在陪同引导客户时，服务人员行进的速度须与客户相协调；在行进中与客户交谈或答复其提问时，应将头部、上身转向客户；同客户交谈时，手势范围在腰部以上、下颌以下距身体约一尺内，五指自然并拢。

3. 表情神态

（1）表情要亲切自然。微笑面对每一位客户，是对客户无言的尊重。

（2）眼神要专注大方。与客户交流时，服务人员的眼神应亲切注视客户面部的上三角区，不要上下打量。注视的时长与交流总时长之间的比例应在 1/3～2/3 之间，以示尊重和友好。要学会通过眼睛这扇窗户来观察客户的内心想法，同时也要学会利用眼神的交流向客户传递供电企业的真诚。

（3）倾听要耐心细致。暂停其他工作，不要随意打断客户的话语。目视客户，并以眼神，笑容或点头来表示自己正在认真倾听。在倾听过程中，可适时加入一些"是""对"以示回应。

4. 语言礼仪

语言在沟通过程中起着不可忽视的作用，一声亲切的问候会给客户带来愉快的感觉，会让服务工作顺利地开展下去。统一问候语、结束语等礼貌用语都能让客户在极短的时间内感受到电力员工的服务用语是接受过专业训练的，迅速拉近与客户之间的距离，提高客户满意度，增强供电企业的美誉度。

为客户服务时，礼貌用语的适当运用，会让人觉得彬彬有礼，很有教养。

5. 服务环境

（1）供电营业厅的功能分区包括：① 业务办理区；② 收费区；③ 业务待办区；④ 展示区；⑤ 洽谈区；⑥ 引导区；⑦ 客户自助区。

（2）服务环境的设置标准。

1）供电营业厅的服务环境应具备统一的国家电网公司 VI 标识，符合《国家电网品牌推广应用手册》《国家电网公司视觉识别系统推广应用试点工作意见》的要求，整体风格应力求鲜明、统一、醒目。

2）各级供电营业厅必须具备的功能分区如下：

A、B 级营业厅：第①～⑦个功能区。

C 级营业厅：第①～④个功能区。

D 级营业厅：第②、③、④个功能区。

3）供电营业厅各功能分区的设置标准：

a. 业务办理区：一般设置在面向大厅主要入口的位置，其受理台应为半开放式。

b. 收费区：一般与业务办理区相邻，应采取相应的保安措施。收费区地面应有 1m 线，遇客流量大时应设置引导护栏，合理疏导人流。

c. 业务待办区：应配设与营业厅整体环境相协调且使用舒适的桌椅，配备客户书写台、宣传资料架、报刊架、饮水机、意见箱（簿）等。客户书写台上应有书写工具、登记表书写示范样本等；放置免费赠送的宣传资料。

d. 展示区：通过宣传手册、广告展板、电子多媒体、实物展示等多种形式，向客户宣传科学用电知识，介绍服务功能和方式，公布岗位纪律、服务承诺、服务及投诉电话，公示、公告各类服务信息，展示节能设备、用电设施等。

e. 洽谈区：一般为半封闭或全封闭的空间，应配设与营业厅整体环境相协调且使用舒适的桌椅，以及饮水机、宣传资料架等。

f. 引导区：应设置在大厅入口旁，并配设排队机。

g. 客户自助区：应配设相应的自助终端设施，包括触摸屏、多媒体查询设备、自助缴费终端等。

4）供电营业厅应整洁明亮、布局合理、舒适安全，做到"四净四无"，即"地面净、桌面净、墙面净、门面净；无灰尘、无纸屑、无杂物、无异味"。营业厅门前无垃圾、杂物，不随意张贴印刷品。

二、柜台服务注意事项

（1）营业厅工作人员必须准点上岗，做好营业前的各项准备工作。

（2）实行"首问负责制"。无论办理业务是否对口，客户首先询问的服务人员都要认真倾听，热心引导，快速衔接，并对客户提供准确的联系人、联系电话和地址。

（3）实行限时办结制。办理居民客户收费业务的时间一般每件不超过 5 分钟，办理客户用电业务的时间一般每件不超过 20 分钟。

（4）客户来到营业厅时。营业厅引导员引导客户，请客户到叫号系统选择办理业务后拿号，再引导客户到等待区域，请客户耐心休息等待。如等待时间较长，主动发放用电常识、业务办理流程等宣传资料，一方面让客户事先了解业务办理的流程，为业务办理做好准备工作；另一方面转移客户的注意力，不会其白白浪费时间。

（5）客户来到柜台前时。应主动礼貌迎接，起身微笑示坐，待客户落座后方可坐下，并使用规范用语问候。例如："您好，请问您需要什么帮助？""请问您有什么事？"

（6）如无叫号系统，客户较多，连续办理业务时。

1）向客户点头微笑示坐。

2）当等待了较长时间的客户开始办理业务时，应欠身或微笑点头打招呼，礼貌地向客户致歉。例如："对不起，让您久等了！"

（7）遵守"先外后内"原则。即当有客户来办理业务时，应立即停下内部事务，马上接待客户。

（8）遵守"先接先办"原则，在业务办理过程中，若有其他客户上前咨询时：

1）若客户需要在本柜台办理相关业务，请其稍候。例如："请稍等，我稍后为您办理。"

2）若客户需要办理的业务不在本柜台，使用标准手势热情地将其引导至相关岗位。例如："请您到××岗位办理。"，但不能因此怠慢了正在办理业务的客户。

（9）因计算机系统出现故障而影响业务办理时。

若短时间内可以恢复，应请客户稍候并致歉；若需较长时间才能恢复，除向客户说明情况并道歉外，应请客户留下联系电话，以便另约服务时间。

（10）临下班时。对于正在处理中的业务应照常办理完毕后方可下班。下班时如仍有等候办理业务的客户，应继续办理。

（11）营业厅主管应对业务受理中的疑难问题及时进行协调处理。

三、柜台服务要点归纳

1. 咨询、投诉、举报受理服务

（1）受理内容。受理客户来人、来电及意见簿中的咨询、投诉、举报。

（2）受理流程。

1）受理来人、来电及意见簿中的咨询、投诉、举报。记录客户的基本信息及咨询、投诉、举报的内容。

2）根据法律法规及各类电力规章制度对客户提出的问题加以分析。

3）对客户提出的问题给予答复，并记录。对难以答复的问题有引导和汇报责任，并做好记录。

（3）受理客户咨询时。

1）要认真倾听、确认并详细记录客户咨询的内容，不随意打断客户讲话，不做其他无关的事情。

2）在正确理解客户咨询内容后，方可按相关规定提供答复或引导客户到相关服务岗位。

3）对于大客户可引导至 VIP 专柜（或 VIP 室）。

4）对于现场无法答复的咨询可请示主管，或请客户留下联系电话，待了解情况后主动答复客户。

（4）受理客户投诉时。

1）对客户的讲话应有所反应，以同情心理解客户的心情，按先处理心情后处理事情的原则安抚客户，让客户多说，努力化解客户的不满情绪。

2）对客户反映的问题进行适当的解释或提出解决的方案。

3）如果无法处理时，应及时请示营业厅主管，避免与客户发生冲突。

4）在受理业务过程中遇到其他客户投诉时，要向正在办理业务的客户表示歉意，请其稍候，立刻报告营业厅主管或请其他营业厅人员协助处理投诉。

5）受理客户投诉后，1 个工作日内联系客户，7 个工作日内答复处理意见。

（5）受理客户举报时。

1）感谢客户的举报。例如："非常感谢您向我们反映这个问题，我们将会认真调查核实。"

2）待客户描述完毕后要与客户确认举报内容。如果客户愿意，请其在举报记录上签名确认或留下联系方式，并在 5 个工作日内答复。

2. 受理业务服务

正确受理客户及内部报办的各类申请，收取相关资料并核查客户的申请资料是否符合规定。在电力营销系统中正确选择流程，按电力营销信息系统业务操作手册要求准确、及时录入相关信息，明确表述申请事由，选择流程及信息录入正确率为 100%。

（1）受理用电业务时。应主动向客户说明该项业务客户需提供的相关资料、办理的基本流程、相关的收费项目和标准，并提供业务咨询和投诉电话号码。

（2）核查客户资料时。根据需要核查客户是否符合所申请业务的条件，若不符合，要向客户说明原因及可能的解决方法。例如，核查出客户尚有未结费用时告知客户："对不起，您还有××费用尚未结清，暂时无法办理，请您结清后再来办理。"

审核客户是否提供了相关的证件和资料，以及证件和资料的有效性，若不符合要求要向客户说明。例如："对不起，您还需要准备××资料才能办理。"

核查申请表中客户填写的内容与所提供的相关证件、资料的信息是否一致，若不一致要告知客户。例如："对不起，您填写的申请表与××资料上的内容不一致，请您核对一下再重新填写。"

（3）客户填写表单时。需要客户填写业务登记表时，要将表格双手递给客户，并提示客户参照书写示范样本正确填写。提供免填单服务时，请客户确认相关申请资料并签名。例如："这是您申请××业务的申请表，您确认一下，请注意××地方。"

（4）向客户说明业务办理流程及相关费用标准时。正确、详细地告知客户相关事项。例如："您申请××业务的手续办好了，您现在可以到××柜台缴纳××费用××元。我们的工作人员将会在××个工作日内上门服务，相关事宜我们会及时通知您。"

（5）客户到营业厅领取"同意供电通知单"时。交付同意供电方案通知单请客户签收，并提示客户："若您对答复的供电方案有异议，请在 1 个月内提出书面意见""如果您因为特殊情况需延长供电方案有效期限，请在有效期前 10 天向供电公司提出申请。"

3. 收费服务

（1）受理内容：收取各项业务费用、收取客户电费。

（2）受理流程。

1）进入电力营销信息系统客户业务收费界面，调出该客户待收费信息并核准，收取客户的现金或其他金融票据。

2）按下列要求进行收费核查：核对现金或其他金融票据的金额与系统内待收费信息是否相一致；当面检验现金的真伪；核对金融票据是否在有效期内，收款人、付款人的全称、开户银行、账号、金额等是否准确，印鉴是否齐全、清晰。

3）收取现金或金融票据。

4）在电力营销信息系统中正确录入实收金额、票据号码、收费方式等。

5）收费员根据财务规定正确开具相应票据，加盖发票专用章、收讫章和收费员私章（或签字确认）。

（3）收费服务行为规范。

1）受理客户收（退）费时：

① 业务收（退）费：确认客户信息是否正确，若不符合收（退）费条件或因流程未终结等原因暂时无法受理时要向客户说明；与客户核对应收（退）费金额。

② 收（退）电费：请客户出示缴费卡或上月电费发票，或请客户提供户名并等信息。例如："请问您的户名是不是××？"；与客户核对应收（退）电费金额。

2）收（退）费用时：

① 收（退）现金：收（退）现金时，应双手递接并唱收唱付；当金额有误应及时提醒客户，例如："对不起，您应缴的金额为××元，还差××元"；当收到假币时应要求客户更换，例如："对不起，请您换一下。"

② 收（退）金融票据：收（退）金融票据时，应检查票据是否真实有效，并请客

户留下姓名和联系电话；当金融票据不符合规定时要请客户更换，并告知原因。

3）开具票据后：将发票和找零双手递给客户并唱付，例如："这是发票和找您的××元，请您点清收好。"

4. 柜台送客服务规范

（1）客户办理完业务准备离开时，递送服务卡给客户，告知咨询热线，例如："如果您有什么需要帮助，可拨打'95598'供电服务热线"；当客户离开柜台时，应起身或微笑与客户告别，例如："××先生/女士，请您走好，再见！"

（2）客户投诉后准备离开时：投诉接待人员须礼貌地送客户至营业厅门口，并感谢客户提供的宝贵意见，例如："非常感谢您的宝贵意见，给您造成不便请谅解！""请您走好，再见！"

5. 柜台接听和拨出电话服务

见电话服务礼仪模块。

四、案例

◎ 案例一：服务形象不规范

【案情】2016年4月20日中午休息时段，某县供电公司抄催人员谭某（非营业厅工作人员）在家中接到一位欠费停电客户来电，客户告知已交清欠费，家中着急用电，请谭某尽快给予复电。此时临近下午上班时间，谭某为方便起见，在结束与客户通话后直接穿着睡衣就近到家对面的供电营业厅（D级，单一功能收费营业厅），在营业柜台内的计算机上登录业务系统，实施系统复电操作，且在此办公一直未离开。当时营业厅正常营业，客户张先生来营业厅交电费，见营业柜台内一名收费人员正在收费，而旁边工位上的谭某正在操作电脑，就向谭某咨询户号，谭某当时正忙于手头欠费停复电工作，没有理睬客户咨询，张先生连续询问三遍后，谭某不耐烦，回答客户"你没看到我有事啊"。张先生不再询问谭某，另找旁边的收费人员交纳了电费，并且在走出营业厅后立即拨打"95598"投诉谭某态度恶劣。

【解析】

违规条款：

（1）《国家电网公司供电服务规范》第二章第七条第一款：供电服务人员上岗必须统一着装，并佩戴工号牌。

（2）《国家电网公司员工服务"十个不准"》第五条：不准违反首问负责制，推诿、搪塞、怠慢客户。

暴露问题：

（1）营业厅现场管理不到位，风险意识淡薄。营业人员对非窗口人员着装不规范并擅自进入营业柜台内办公，且对客户态度差的违规行为未及时制止，营业厅现场管理缺失。

（2）抄催人员规范意识、服务意识淡薄。认为自己不是营业厅人员，客户咨询不关自己的事，服务态度差；上班时间不按要求规范着装，未经允许图方便擅自离岗到营业厅办公，行为自由散漫，严重影响供电企业形象。

建议措施：

供电营业厅是电网企业的服务窗口，工作人员的服务行为直接代表着公司的服务形象，公司员工应意识到当你出现在营业厅时，你的言谈举止就代表着供电营业厅的服务形象。试问当客户进入供电营业厅看到有一位身着睡衣的工作人员对自己冷眼相待，客户会是什么感受？所以，加强供电营业厅，特别是小型、分散乡镇供电营业厅的现场管理，显得尤为重要。此外，供电营业厅在营业时间应始终保持规范、严谨的服务状态，对发生在营业厅的不良服务行为，营业人员应及时制止，并进行服务补救。

◎ 案例二：服务语言不规范

【案情】一客户来电反映家中欠费停电，16:58 时去当地中心营业厅缴费（营业时间牌上的营业时间为 9:00—17:00），一位工作人员询问其户号，但客户是租赁户只知道户名，不知道户号，工作人员答复客户："不知道户号就没有办法交费了，而且已经到下班时间，你明天再来吧"。客户非常不满，于是拨打"95598"请求处理。

【解析】

违规条款：

（1）《国家电网公司供电服务规范》第二章第四条第二款：真心实意为客户着想，尽量满足客户的合理要求。对客户的咨询、投诉等不推诿，不拒绝，不搪塞，及时、耐心、准确地给予解答。

（2）《国家电网有限公司员工服务"十个不准"》第五条：不准违反首问负责制，推诿、搪塞、怠慢客户。

暴露问题：

（1）营业厅工作人员服务意识不强，未真心实意地为客户着想，未满足客户的合理要求，导致客户不满。

（2）营业厅工作人员业务不熟练，通过户名不能查询客户准确信息时，应该通过其他方式确定客户的客户信息。

措施建议：

（1）加强营业厅人员业务培训，提高服务技能，熟练掌握岗位业务知识，提升服务水平。

（2）增强主动服务意识，落实首问负责制，举一反三，避免类似事情发生。

（3）加强营业厅服务行为检查，定期开展明察暗访，完善监督考核机制。

【思考与练习】

1. 电力员工着装有哪些要求？

2. 当客户来到柜台前时，用电客户受理员应如何接待客户？

3. 柜台送客有哪些要求？

4. 模拟一件咨询业务，说出柜台办理该咨询业务的注意事项。

5. 模拟客户到营业柜台进行投诉的情景。

▶ 模块 3 电话服务沟通技巧（Z21E2003Ⅱ）

【模块描述】本模块介绍电话沟通的基本要求、电话沟通技巧。通过要点归纳和案例说明，掌握能与客户通过电话进行有效沟通的能力。

【模块内容】

电话沟通方便快捷，能减少面对面的压力，但看不见对方的身体语言，容易产生误解。因此，电话服务的关键在于信息的传递和充分理解。通过电话，如何准确地将信息传递给对方，并能完全被理解，在掌握电话服务的基本礼仪基础上，还要学会一定的沟通技巧。

一、电话沟通的基本要求

（一）说话内容表达要清晰

电话沟通不同于面对面说话，它受通话时间和环境的影响，在通话过程中首先把要表达的意思表述清楚，说话思路清晰。为此要求：

（1）不管是打电话还是接电话，对所要交流的内容，一定要做到心中有数，对一时没有把握的事项可以另约时间、方式交谈；

（2）对冗长的说话应分开重点去慢慢解释，否则可能导致对方不能完全理解甚至误解你的意思，对方也可能因为难于理解而忽略你的谈话或拒绝你的请求；

（3）条理层次要清楚，一条一条说，先把一点说完后再说另外一点，切勿说话时左穿右插。

（二）说话内容要简单明了

（1）只说一些简单的重要内容。电话交流主要是对信息的及时传递、沟通，对可能存在较大分歧或较复杂的问题，一般不采取电话沟通的方式交流，可以约定面谈或网上交流等。

例如某刚刚用电的高压工业客户，运行两个月后，电话咨询用电客户受理员电费电价偏高的原因。用电客户受理员是这样答复的：您好！对刚刚用电的高压客户，在运行的前几个月，在计量准确、抄表和电费计算都正确的情况下，可能存在您反映的现象，那是因为公司在生产规模、生产班次调整等方面还没达到最优化的效果，您那边到底是什么原因导致的电费电价偏高，该如何解决，我将通知相关人员在 5 天内到贵公司现场分析、解释，好吗？……

（2）经反复说明，对方仍不明白的，可以尝试举例说明。例如某客户投诉变压器和高压进线换大后，职工家用电压仍然没得到改善。用电客户受理员询问了客户的基本情况后，初步判断为客户内部低压主干线和进户线没有改造，而导致终端电压没有得到提高，但怎么解释客户都不认可他的意见，只得把电话转给值（班）长。值（班）长举了一个例子说明，客户很快就明白了，他是这样说的："您想想看，您家里水管出水小，您将外面的主水管换大了，但您楼下的水表和水管及家里的水管没换，您说家里的水能大吗？这电压改善原理也一样啊，需要进行系统改造"。

（3）尽量不要使用专业术语及俗语。在"对牛弹琴"的典故中，牛是无辜的，犯错误的是弹琴的人。

（三）换位思考，体现关怀和尊重客户

任何人在反映问题或提出需求的时候，起码的希望是得到重视和肯定。因此，我们在跟客户进行电话交流的时候，首先要设身处地地了解对方的想法和需求，站在对方的立场思考，关心对方的利益，并不断肯定和强化这种需求和利益。

二、电话服务的沟通技巧

"见什么样的人说什么样的话"有很深的智慧。在人与人的沟通中，要视谈话的对象、场合、谈话人的心情、爱好等，确定谈话内容的表述方式，同时，在谈话过程中还要善于察言观色，适时转换话题。沟通的技巧很多，需要在实际工作中不断摸索、总结。下面介绍几种基本技巧。

（一）倾听的技巧

春秋战国时期，伯牙以善于弹琴而闻名天下。起初，为生活所逼，他不得不经常为那些达官贵人弹琴。然而，那些贵人们根本就不懂他的琴声，他们只不过是凑凑热闹、附庸风雅而已。伯牙备感寂寞，终于无法忍受，发誓不再出入豪门。于是抱着心爱的琴隐居山林，每天与琴为伴。后来在高山流水间偶遇钟子期。钟子期在听伯牙弹琴时，时而引吭高歌，时而默默无语，时而热泪盈眶，时而呜呜悲泣，因为他真正听懂了伯牙琴声中的"欢快、落寞、喜悦、凄凉"的情感。一曲《高山流水》见证了他们之间深厚的友谊，伯牙在临死前深情感叹："生我者父母，知我者子期。"

这则故事，充分说明了"会听"的重要意义。但一个好的听众并不容易，一方面要具备相应的倾听和理解能力，另一方面还要掌握相应的倾听技巧，两者缺一不可。

电话倾听从理解的角度可概括为四个层次，即表层意思的理解、听明白对方的弦外之音、听出对方在谈话过程中的情绪和感受、心灵感应。从应答方面也有三方面的技巧：一是及时确认，对自己认同的观点或已经理解的意思要及时确认，并告知对方；二是恰当回应，在该表明自己观点的时候不要拖延；三是适时停顿，对不甚了解或需要探讨的问题，要示意对方停顿，提出自己的问题，待问题确认后再继续。

（二）提问的技巧

前台业务受理人员，经常性地接到客户的业务咨询、投诉，开展对客户的回访、需求调查等，在这类信息不对称的活动中，用电客户受理员作为专业人员，在沟通过程中，懂得适时提问、适当引导很重要。

从提问的方式上划分，有封闭式提问和开放式提问两种。一般来说，封闭式提问的答案是唯一的、有限制的，是在提问时给对方一个框架，让对方只能在框架里选择回答。封闭式提问往往能收窄谈话范围或控制对话的方向、取得确定的或实在的资料、澄清疑问。开放式提问的答案是多样、没有限制、没有框架的，可以让对方自由发挥。开放式提问往往可以得到更多的资料，让对方参与多说话、全面了解客户需求、各抒己见以澄清疑问。在电话沟通中，受时间和内容的限制，一般封闭式提问用得较多。

要想提问能达到预期的效果，应争取主动发问，并遵循以下原则：

（1）因人因境而异。提问应与对方的年龄、职业、社会角色、性格、文化程度等相适应，对方的特点决定了我们提问是否应当直率、简洁、含蓄、周密、幽默等。例如：对性格直率者应开门见山；对性格倔强者要迂回曲折；对心烦者要体贴谅解，问得亲切。此外，提问也要分清场合。

（2）组织语句要谨慎。要围绕自己想要的结果组织发问的语句和方式。有这样一个典型的例子，一名教士问主教："我在祈祷的时候可以抽烟吗？"主教感到这位教士对上帝极大的不敬，断然拒绝了他的请求。另一位教士也去问这位主教："我在抽烟的时候可以祈祷吗？"主教感到他念念不忘上帝，连抽烟都想着祈祷，可见其心之诚，便欣然同意了。

心理学的研究表明：人们难以接受那些对自身带有攻击性的、违背社会规则、违反伦理道德的行为或事务。如果人们感觉别人对自己说话的方式和意图是善意的、和缓的、尊重的，就愿意接受。

（3）掌握提问时机、适可而止。问答是双边活动，必须使对方乐于回答。某些问题在问话前要先将对方的情绪调适到能接受你观点的程度，交谈过程中也要根据对方的情绪反应适可而止，必要时，可转换话题或转换人员接听，也可另约时间交谈。切不可只顾个人感受，强迫对方接受或顶撞对方。

提问应注意的事项：① 每次发问一个问题；② 避免发问过长的时间；③ 给予对方时间作回应；④ 不要自问自答；⑤ 要围绕谈话内容；⑥ 把握时机。

（三）客户投诉的处理技巧

当客户对花钱购买的某种产品或服务感到不满意时，就有可能投诉。前台服务人员可能经常接到客户因为供电质量问题、故障抢修不及时、收费不合理、工作人员服务不规范等原因的投诉，如果处理不当，小则导致矛盾升级、事态扩大；大则向媒体曝光、向法院起诉，将给企业和当事的服务人员造成一系列的负面影响和不良后果。所以，我们对客户投诉不能掉以轻心，漠视客户的不满和要求。正确的态度应该是积极受理、高度重视，不管是否属实，都应给客户一个合理的解释，取得客户的谅解。对情绪激动的客户，应先稳定客户情绪，切忌针锋相对，在营业场所与客户发生争执或导致客户情绪失控。

1. 有效处理客户投诉的方法和步骤

（1）迅速受理客户投诉。

1）迅速受理，绝不拖延。即接到客户的投诉电话要实行"首接（问）负责制"，及时处理，不能将电话转来转去，让客户始终处于等待中。否则，只会增加客户的不满情绪，认为你不在乎他，在推卸问题，推卸责任，致使双方矛盾白热化。

2）避免对客户说"请您等一下"，因为你还不了解这位客户的性格和这个投诉对他生活工作带来的影响。

（2）消除客户怨气。研究表明：一个人心情不佳的时候，如果有人分享他的情感时会使其痛苦和烦恼很快得到缓解，这个时候最有利于沟通和交流。因此，在受理客户投诉时，如能充分体谅客户的烦恼和感受，可以迅速地增进与客户沟通交流的信任度。

1）要学会安抚客户，认真倾听客户的问题。接到客户投诉时，一定要抱着"我一定会为这位客户解决好投诉的问题，让客户达到满意"的决心，千万不要被客户的话所激怒。客户在愤怒时也许会说出一些不堪入耳的话，但客户本身是没有恶意的，也不是针对某个人的，业务人员要学会控制自己的情绪并安抚客户，让客户不要着急，慢慢将问题说清楚，向他表明我们很重视他的问题，而且会尽快帮他解决。在客户讲述问题时，业务人员要认真倾听，不要打断客户的话，找出其中的关键问题。

2）避免消极评价。客户的投诉肯定有一些是有道理的，而有一些是可以解释的，特别是投诉的问题本身就是由客户的原因造成的，比如说他不太了解专业知识、没有留意停电公告、忘记了及时缴纳电费等。在这种情况下，业务人员一定不要对客户产生诸如"连这个都不懂""这又不是我的责任""简直是无理取闹"等负面评价。因为这些消极的潜意识，会影响你对客户的态度和你的情绪。

（3）明确客户的问题。当客户宣泄完不满和委屈后，业务人员要及时引导客户把投诉情况带入事件中。这个时候"提问"是最好的引导方法，用开放式的问题引导客户讲述事实,提供资料。当客户讲完整个事情的过程以后,用封闭式的问题总结问题的关键。例如:"您刚才所说的情况是频繁跳闸,是这样吗?"

(4) 迅速采取行动。了解客户情况后,应该及时与客户探讨解决方案。业务人员如果直接提出解决方案,客户就没有一种被尊重、主动参与的感觉,真正优秀的业务人员一般是通过两步来做:第一步是先了解客户想要的解决方案,业务人员主动提出"您觉得这件事情怎么处理比较好呢",第二步才是提出你的解决方案。

(5) 向客户致谢。对于每一个客户投诉,在处理完毕是一定要真诚的感谢客户的致电,并真诚的希望客户以后如果有问题,也能像今天一样直言不讳,因为客户投诉也是企业生存、发展和进步的命脉,感谢客户是最关键的一步。感谢客户需要表达三方面的意思。

1) 第一是再次为给客户带来的不便表示歉意;

2) 第二是感谢客户对于企业的信任和关心;

3) 第三是向客户表决心,让客户知道我们会努力改进工作。

2. 客户的分类与处理技巧

电力服务不同于商场、酒店服务,双方都没有选择性,前台业务人员要面对各种类型的客户,不同类型的客户需要采取不同的服务策略,这样,才能更好地提升服务技能。下面介绍几种基本的客户类型及相应的服务技巧。

(1) 友善型:性格随和,对人、对事没有过分的要求,具备理解、宽容、真诚、信任等美德,一般是企业的忠诚客户。

服务策略:提供最好的服务,快速答复客户事实的真相及处理办法,尽快处理,不要因为对方的宽容和理解而降低服务标准。

(2) 独断型:异常自信,有很强的决断力,感情强烈,不善于理解别人;对自己的任何付出一定要求回报;不能容忍欺骗、被怀疑、慢待、不被尊重等行为;对自己的想法和要求一定需要被认可,不容易接受意见和建议。通常是投诉较多的客户。

服务策略:小心应对,先稳定其情绪,尽可能满足其要求,让他有被尊重的感觉。

(3) 分析型:思维缜密,情感细腻,容易被伤害,有很强的逻辑思维能力。对公正的处理和合理的解释可以接受,但绝不接受任何不公正的待遇。善于运用法律手段保护自己,但从不轻易威胁对方。这种类型的客户通常是一些文化素质较高的人,他们很精明,讲道理也懂道理,只要你的解释是合理的,他不会胡搅蛮缠;但如果是你的错误,而且又想推诿搪塞,他就会跟你斤斤计较。

服务策略:真诚对待,实事求是解释,争取对方的理解与谅解。

(4) 自我型:以自我为中心,缺乏同情,不习惯站在他人的立场考虑问题;绝不容忍自己的利益受到任何损害;有较强的报复心理;性格敏感多疑,时常以异己之心来揣测他人。这类客户最难应付，一定要学会以礼相待，以一颗宽容的心去理解他。

服务策略：首先要控制自己的情绪，以礼相待，对自己的过失要真诚道歉，并拿出具有诚意的解决方案。

3. 对难沟通客户的交流方法

（1）说话不触及个人。业务人员在自己情绪变得不稳定的时候，就会把矛头直接指向客户本人，不再是就事论事，而是互相之间的一种人身攻击。

例如：

客户："你怎么这样，我第一次碰到你这样的人！"

用电客户受理员："我也没见过你这样的人，别人什么事也没有，就你事多！"

（2）对事不对人。在处理问题的时候，要做一个问题的解决者，时时提醒自己，我的工作就是解决问题。

（3）征求对方意见。征求意见的目的是让客户感觉受到尊重和重视，了解客户的实际想法。比如说：

1）"您看我们怎么做才会让您满意呢？"

2）"您觉得怎么处理会比较好呢？"

3）"您看除了刚才您提的几点以外，还有没有我们双方都能够接受的建议呢？"

（4）礼貌的重复。当客户坚持其无理要求时，告诉客户你能做什么，而不是你不能做什么！而且要不断地重复这一点。

三、案例

◎ 案例一：

【案情】客户来电话反映当天中午12时拨打供电所对外张贴在电线杆上的服务热线询问家中停电问题，接听人员服务态度差，电话中接听人员说："中午值班这里只有我一个人在"，在客户追问具体情况时，接听人员索性将电话放置一边，将客户晾在一旁近10分钟之久，造成无人应答的状态，客户再次询问对方工号时，接听人员也不愿告知，客户对此不满，要求给予解释，请处理。

【解析】

违规条款：

（1）《国家电网公司供电服务规范》第二章第四条第二款：真心实意为客户着想，尽量满足客户的合理要求。对客户的咨询、投诉等不推诿，不拒绝，不搪塞，及时、耐心、准确地给予解答。

（2）《国家电网公司员工服务"十个不准"》第五条：不准违反首问负责制，推诿、搪塞、怠慢客户。

暴露问题：

（1）营业厅工作人员服务意识不强，未真心实意的为客户着想，未满足客户的合理要求，导致客户不满。

（2）营业厅工作人员业务不熟练，通过户名不能查询客户准确信息时，应该通过其他方式确定客户的客户信息。

措施建议：

这是一起由于停电客户在拨打电话时言语粗鲁、情绪激动，导致接听人员言语顶撞，使矛盾升级。后接听人员将电话放置一边，长时间置之不理，致使客户拨打"95598"的案例。

案例中接听人员缺乏临时应变能力，不能及时缓解客户情绪，并采用了不当的方法，导致客户投诉。在任何情况下都不能顶撞客户。

◎ **案例二：**

【案情】客户投诉没有按预约时间安装计量装置

客户：约好今天上午来安装电表的，我等了一上午，还不见来人，你们这是怎么服务的？我要投诉！

【解析】

投诉处理的正确方法和步骤如下：

（1）受理投诉，首先要道歉；

（2）对事情做出合理的解释，说明原因；

（3）需要对由此给客户带来的不便表示同情和理解；

（4）迅速告知客户的解决方案，并付诸行动；

（5）再次对客户表示歉意，表明我们改进服务的诚意和决心，感谢客户对企业提出的意见或建议。

◎ **案例三：**

【案情】客户投诉业务人员工作失误

客户：你这事怎么办的？资料都没给我传过去，我现在就要去见你们经理，把你开除！

【解析】

投诉处理的正确方法和步骤如下：

（1）受理投诉，向客户道歉。

（2）合理解释，争取客户对你的同情与理解。比如，你可以说："非常抱歉，我做这项工作时间还不长，经验不足，希望您能理解我。确实是因为我的失误给您带来了损失，我再次向您表示歉意。"然后，告诉他解决方案。

（3）客户的情绪稳定后，马上着手解决问题。

（4）再次表达歉意和改进服务的决心："我对自己的失误再次向您道歉，我今后一定努力改进我的工作，谢谢您对我个人和我们单位的关心与支持。"

这个投诉处理的关键就是要想方设法不让他见你的经理，然后争取他对你的同情和理解。

【思考与练习】

1. 电话沟通有哪些基本要求？

2. 电话沟通中提问的原则有哪些？

3. 试模拟"客户投诉电表抄错"的处理。

▲ 模块 4　柜台服务沟通技巧（Z21E2004Ⅱ）

【模块描述】本模块介绍柜台沟通的基本要求、柜台服务沟通技巧。通过要点归纳和案例说明，掌握能与客户通过面对面进行有效沟通的能力。

【模块内容】

柜台服务的沟通，实际上是面对面的沟通，面对面的沟通除了语言本身的信息外，还有沟通者整体心理状态的信息。这些信息使得沟通者与信息接受者可以发生情绪的相互感染。此外，在面对面沟通的过程中，沟通者还可以根据信息接收者的反馈及时调整自己的沟通过程，使其更适合于对方。在掌握柜台服务的基本礼仪基础上，还要学会一定的沟通技巧。

一、柜台沟通的基本要求

1. 心理判断要准确

不是说要等客户来到面前，才做服务。用电客户受理员从客户一走进供电营业厅时，就可以从客户的脚步快慢、表情、动作、言语、有无随从人员以及携带的物件等判断：这位客户是来办理什么业务的？这位客户的心情怎样？所需办理的业务是否着急？他需要我们给以什么样的帮助？比如，在临近下班时，来了一位步履匆匆、手上拿着欠费催缴单、一进门就叫："到哪交电费？"我们可以判断：该客户所欠电费当天不交，第二天可能就实施欠费停电了。对于这样的客户，我们首先安抚他的心情，请他不要着急，即使到了下班时间，我们仍然会为其办理完业务后才下班；为其推荐缴纳电费的其他途径，可以方便快捷无误地完成缴纳电费的义务。

2. 语言沟通要亲切、准确、简单明了

语言沟通是指以语言符号来实现的沟通。语言沟通是最准确、最有效的沟通方式，也是运用最广泛的一种沟通。语言沟通的两种基本方式：口语沟通和书面沟通。

（1）口语沟通要遵循亲切、易懂、明了的基本要求。口语沟通是指借助于口头语言实现的沟通。在沟通过程中，除了语言之外，其他许多非语言性的表情、动作、姿势等，都会对沟通的效果起到积极的促进作用。比如，在接待客户时，我们要求用电客户受理员面带微笑、起身示坐，并同时说出礼貌招呼语。这样，给这户的感觉就是：自己得到了尊重，为以后的沟通打好了基础。

对简单重复的服务，要有耐心，不厌其烦，口语表达上可以说：可以、好的、没关系等用语。对难处理的事件、难沟通的客户，可以先安抚其心情，可以说：请别着急，我们为您处理，这件事这样处理，您看可以吗？

（2）书面沟通要遵循准确、适时、必需的基本要求。书面沟通是借助于书面文字材料实现的信息交流。通过阅读接收信息的速度远比听和说快，因而单位时间内的沟通效率也较高，特别是权威的文件所激发的重视程度远比口头传达强。

1）对于某些规定客户无法接受时，可以拿出相关文件请客户阅读。这远比口头解释的效果要好，也简单易行。

2）对于客户反映问题，适时做一些记录，适时派发工作单，客户更能相信此问题已进入处理阶段，可以缓解矛盾，也能更好地解决问题。

3）对于某些必须由客户签字确认的信息，进行沟通后，请客户签字确认。

书面沟通由于有机会修正内容和便于保留，因而沟通不易失误，准确性和持久性也较高。

3. 非语言沟通要亲切、自然、大方

借助于非语言符号，如姿势、动作、表情，及非语言的声音和空间等实现的沟通叫作非语言沟通。非语言沟通的实现有三种方式，第一种是通过动态无声性的目光、表情动作、手势语言和身体运动等实现沟通；第二种是通过静态无声性的身体姿势、空间距离及衣着打扮等实现沟通，这两种非语言沟通统称身体语言沟通；第三种是通过非语言的声音，如重音、声调的变化、哭、笑、停顿来实现的。

比如，夏季没有更换工作服的搬运工到柜台办理业务，我们不能因为客户身上有异味而表现出厌恶、拉大距离、屏住呼吸等作派，我们仍然要亲切、自然、大方地接待客户，给予客户家人一样的关怀。

如遇客户故弄玄虚，并且还有意让人恐惧。这时，用电客户受理员更要镇定自若，不能被其吓退。运用规范的柜台服务礼仪接待客户，让其惭愧，收敛其不当意图。亲切、自然、大方地与其沟通，了解其真实意图并解决问题。如果不是运用非语言沟通，而是直接说："干吗？想吓人吗？收起你那一套！"那样只会有一个结果：激化矛盾！此时，运用非语言沟通，全当看不见，把有当无，进入正常工作状态。

4. 柜台沟通要严格执行法规及文件精神

在与客户沟通时，不能违反法规和文件精神，博取客户的欢心；更不能以损失公司或他人的利益，来换取客户对个人的感谢或谋取私利。

二、柜台服务的沟通技巧

（1）抓住客户的心。摸透客户的心理，是与客户沟通良好的前提。只有了解掌握客户心理和需求，才可以在沟通过程中有的放矢；可以适当地投其所好，客户可能会视你为他们知己，那问题可能会较好地解决或起码已成功一半。

（2）记住客户。特别是客户反映问题后，第二次来到营业柜台，记住客户的用电户名、用电地址、反映的问题，或是反映问题的时间，可以让人感到愉快且能有一种受重视的满足感，这在沟通中是一项非常有用的法宝；如记住客户的问题，比任何亲切的言语更能打动对方的心。

（3）学会倾听。在沟通中要充分重视"听"的重要性。善于表达出你的观点与看法，抓住客户的心，使客户接受你的观点与看法，这只是你沟通成功的一半，成功的另一半就是善于听客户的倾诉。会不会听是一个人会不会与人沟通，能不能与人达到真正沟通的重要标志，做一名忠实的听众，同时，让客户知道你在听，不管是赞扬还是抱怨，你都得认真对待。认真倾听后，你会发现问题的症结所在，这样才能对症下药，问题才能迎刃而解。

（4）恰当的提问。在适当的时候提出问题，让客户把意图表达更明白，同时客户也会觉得受到尊重。

（5）不要太"卖弄"专业术语。千万要记住，接待的客户可能对用电相关业务根本不懂；向客户说明专业性用语时，最好的办法就是用简单的例子来比较，让客户容易了解接受；在与客户沟通时，不要老以为自己高人一等，只不过对干的工作而言，稍微懂那么一点，不懂的地方还很多。要谦虚。太卖弄专业术语，只能拉大与客户的距离。

（6）顾全客户的面子。如遇有违约用电的客户，到供电营业柜台交纳违约使用电费时，不能显示出憎恶的态度，应该顾全客户的面子，不要一语点破，要给客人有下台阶的机会。

（7）培养良好的态度。只有具有良好的态度，才能让客户接受你，了解你；在沟通时，要投入工作热情；在沟通时，你要像对待朋友一样对待你客户。

（8）具备必要的专业知识。只有专业知识足够，才能解答客户的问题；只有掌握各项业务的工作流程，才能为客户提供正确的指导和帮助。

三、案例

【案情】某年国庆长假，中午，江苏省某市供电营业厅一下子涌入6位中年男女，营业厅用电客户受理员立即热情接待。首先安抚了客户的情绪，并主动询问是否办理同一件业务？得到肯定答复后，沉着、冷静地请6位客户推选1位讲清要办理何种业务。用电客户受理员耐心倾听并适时提问，经过分析，发现了问题症结，积极主动联系相关部门和人员，圆满完成了故障处理，挽回了公司形象。

【事情经过】6位中年男女是某小区同一幢楼同一个单元的4户住户，这个单元共8户，上午发现8户家中都没电，拨打"95598"进行了报修。抢修人员到现场后判断不属于抢修班的工作范围，要求客户自行找合格电工处理。客户再次拨打"95598"，"95598"客户代表答复客户，属于客户内部故障，请自行找合格电工处理。于是客户要求打开表箱进行换线处理，客户代表让客户带上电费发票或交费查询卡到供电营业厅申请打开表箱。

营业厅用电客户受理员经过分析后，现场实际情况可能并非如此，立即与用电检查班、装表接电班相关人员联系，要求派员到现场处理。经现场检查，原来是该单元表箱进线电缆和表下线烧坏导致全单元停电，与施工单位联系后，进行了处理，当天对8户居民恢复了供电。

8户居民派代表打电话感谢营业厅用电客户受理员工作仔细，积极为客户着想，真正做到了优质服务。

【解析】

（1）供电公司抢修班等相关部门的工作有推诿之嫌，业务水平参差不齐，服务质量有高有低。

（2）由于营业厅用电客户受理员积极处理，避免了一起客户投诉事件，挽回了供电公司的优质服务形象。

关键在于营业厅用电客户受理员善于沟通。

（1）冷静，营业厅用电客户受理员有多年的工作经验，没有因为节假日值班人员少、客户人多势众、来势汹汹而退缩。

（2）沉着，安抚客户，请客户平伏情绪，推荐一名客户作代表反映问题。

（3）耐心，倾听客户絮述，适时提问。发现问题，及时与相关部门进行了解。

（4）知识足够，了解情况后，运用掌握的知识进行分析，找出问题症结。根据各部门的工作职责，派发相应的工作单进行现场故障抢修。

（5）工作态度，认真、热忱。

（6）换位思考，急客户所急，想客户所想，积极为客户排忧解难。

【思考与练习】

1. 柜台沟通的基本要求是什么？

2. 柜台服务沟通技巧是什么？

3. 列举工作中遇到的实际问题，进行分析，你是如何做好沟通的？沟通为你解决问题起到什么作用？

▲ 模块5 突发事件应对策略及技巧（Z21E2005Ⅱ）

【模块描述】本模块介绍了营业厅突发事件的几种解决策略和处理技巧。通过方法介绍、案例分析、情景训练，掌握解决突发事件的方法和处理技巧。

【模块内容】

供电营业厅面对千家万户，为满足客户需要和应对多种突发事件，要进行细分研究，找出对策，时常演练，做好"第一时间"的应急反应，为后续处理赢得先机。

供电营业厅应急处置包含媒体应对、领导明察、神秘客户暗访、营业厅设备硬件故障、群体性事件、突发性事件以及其他应急事件等。

一、突发事件解决策略和处理技巧

（一）媒体应对

首先要礼貌对待媒体，稳住场面，及时汇报领导，让专门部门来处理，不随意接受采访，不随意回答问题。其次永远不要对任何媒体、律师说"无可奉告"，一定要在媒体、律师面前表示出对自己企业的热爱。最后切忌保持沉默、态度不温不火、漠不关心、掩盖事实、推诿他人，没有统一的信息源，甚至反唇相讥。

应对新闻媒体话术重点：先生/女士：您好！烦请您先到我们的大客户室稍等片刻，我们相关的工作人员会尽快为您解答，感谢您的支持！（我们营业厅人员不是专业的应对媒体、律师的工作人员，即使知道问题的真相也不能随意回答，一定要稳住记者、律师，尽量引导离开公共场合，到办公室或者大客户室比较隐蔽的场所，等专业人员的到来，由他们进行回答。）

（二）领导明察

1. 领导明察，需做好准备，知晓时间以及流程

注意事项：

（1）注意精气神。一线工作人员士气高涨可以反映出精神面貌。上级领导来明察，第一印象就是窗口人员的精神面貌，从仪容、仪表、肢体语言、回答问话等细小的地方都可以看出窗口人员的基本素养。做好这方面工作，主要还是靠日常养成，靠习惯形成，否则就会由于太过紧张，而发挥不出实际的水平。

（2）注意引导。现在很多供电所都有一些亮点和特色，完全可以让来视察的领导指导，视领导时间安排，积极引导到能充分反映我们做出成绩的一些地方。需要介绍解说的，可以安排工作人员进行报告解说，介绍词内容精炼，简要说明，字数不超过150字。若是随机情况，窗口工作人员发现领导来明察，主动来向我们了解情况的，

也须介绍有关我们供电所的一些基本情况，要点说清、说准、说好，切忌猜着说、胡乱说、不知道。

（3）是注意主动。有些工作须主动向领导汇报说明，显得热情大方，情况熟悉。特别是领导问话，没必要局限于一问一答，死板消极。不过所有的回答都不能违背我们的政策、制度、规定。

2. 领导临时来营业厅，窗口人员不知情时如何应对

（1）辨识领导。没有接到相关通知，领导临时到营业厅，一般不会一个人出现，至少有一名以上陪同人员，注意观察气质、举止、行为来判断是否是领导视察。

（2）注意汇报。当发现领导后礼貌问候，及时汇报给您的上级，让上级来接待。

（3）做好本位工作。领导视察时不希望营业厅窗口人员一味服务他们，而忽视客户，所以汇报给自己的上级后，也希望领导能对窗口人员的工作批评指正，可是不能忽视招待客户，反而要严格按照国家电网有限公司的要求接待客户，办理业务。

（三）神秘客户暗访

（1）明确暗访人员的特征。

（2）即使辨别出来也不要揭穿对方身份。

（3）巧妙暗示提醒营业厅同事。

（4）如果是媒体、律师等社会机构暗访要及时通知领导。

（5）一如既往提高服务品质。

（四）设备硬件出现故障

营业厅口人员设备硬件出现故障的话术演练与异常对应要点：

短时间的故障要告诉客户："不好意思/很抱歉，由于机器故障暂时无法办理，我们正在进行紧急维修，预计20分钟内可以修好，给您带来不便，请您谅解！您看您是在附近先转一下，还是在我们的休息处稍作等待，故障排除后我们会第一时间为您办理，感谢您的支持和耐心等待！"

长时间的故障要告诉客户："不好意思/很抱歉，由于机器故障暂时无法办理，我们正在进行紧急维修，预计时间较长，给您带来不便，请您见谅！您看方便留下您的联系方式吗，故障排除后我们会电话告知您再来办理，感谢您的支持和配合！"

备注：如果是叫号机之类，可以疏导客户排队等候，也可以自制号码便签；如果是自助终端出现故障，可以建议客户采用其他缴费方式。

（五）客户无理取闹

应先礼貌地请客户到接待室内，耐心、周到、细致地向客户解释并尽力解决问题。根据需要可请公司信访接待人员或保安协助处理，紧急情况可拨打110求助。

分析该客户无理取闹的原因，将该客户作为重点关注对象，其信息进行交接班。如果是因为对新政策的不理解，则在以后的工作中应加强对新政策的宣传工作，务必做到广而告之。让客户先了解政策，慢慢消化，避免极化矛盾，引发聚众闹事。

（六）群体性事件

1. 客户排队数量激增的应对重点

一是窗口实行 $n+1$ 模式，当窗口人员突增时，要协调后台人员尽快转前台至少一名工作人员，接待客户办理业务；二是引导员要进行合理的分流，如果是咨询的在引导台解决，打单、缴费、打发票简单业务可以临时安排一个窗口办理，缩短这一部分客户的等待时间，业扩报装的用户可以告知他们，不好意思，由于今天客户数量较多，虽然我们已增加窗口人员和做了相应的应对措施，不过等待时间可能还会比较长，很抱歉，让您久等了，感谢您的配合和支持！

2. 两人及以上客户来营业厅闹事的应对要点

先解决事情的主要矛盾和关键人物，辨别出关键人物或者带头闹事的，引导至大客户室或者办公室，不要在公开场合各执一词，也不要在公开场合和谈，可能性非常小，如果确实比较棘手，超出了营业厅窗口人员的处理范围，及时汇报上级领导处理，切记不要激化矛盾。

（七）突发性事件

1. 客户营业厅现场昏厥的异常应对要点

若客户感到身体不舒服时，可建议并安排客户到休息区休息。如果情况严重，应立即拨打 120 急救电话，根据实际情况采取急救措施，同时通知病人家属。若客户在营业厅意外摔伤、划伤等，应首先帮客户处理伤情，并搀扶至休息区，再根据实际情况作进一步处理。注意客户意外跌倒时，要进行观察，视情况是否扶客户起身。若客户在营业厅现场昏厥，不要破坏现场，不要随意挪动客户，更不能随意给客户吃药，首先拨打 120，然后汇报领导。

2. 醉酒客户来营业厅办理业务的应对措施

如果客户醉酒意识不清，牵扯到钱财往来的最好建议他换个时间再来办理；如果客户醉酒来营业厅闹事的或者呕吐，神志不清，紧急联系家人，联系不到家人的也可拨打 110。

3. 客户情绪失控的话术演练

先生/女士：您好！您的心情我们非常理解，如果我是您，可能也会非常生气，同样我相信，您的目的也是希望能够尽快解决问题，您先不要着急，喝杯水，坐下来慢慢讲，请您放心，有任何用电问题我们都竭诚为您服务。

（八）营业厅人员因故离岗

因特殊情况必须暂离岗位的分轻重缓急，错时离岗办理，须摆放"暂停营业"标识牌。暂离岗位必须征得当班管理同意。

营业厅禁止营业人员多人同时离岗。如发生此现象，立即启动应急预案。

（九）突然出现大量客户办理业务

因政策性引起大量客户到营业厅办理业务，应做好引导工作。在政策施行前，首先要做好营业厅用电客户受理员的业务培训，提高新业务办理的速度；政策施行当天，在营业厅营业前，公布办理该项业务的业务办理指南，印制并发放相关宣传资料。客户通过宣传资料可以了解该项业务办理的流程、所需资料以及是否必须办理该项业务，从而减轻营业柜台业务办理的压力。

非政策性引起大量客户到营业厅办理业务，如月末电费交费期，应畅通交费通道，多渠道并举，关键在于平时的宣传，完成可以避免月末大量客户到营业厅交纳电费的情况。

其他非政策性引起大量客户办理业务，应做好引导工作，营业厅主管应启动应急预案。

应急预案同"客户排队数量激增的应对重点"。

（十）其他应急及突发性事件

1. 客户的要求违背企业的制度规定或者法律规定

首先我们窗口工作人员不能违背企业制度或者法律规定，学会引导客户，例如：先生/女士：您好！您的心情我们非常理解，我们也希望能够按照您的想法办理，不够如果这样就违反了我们企业的制度（或者法律的规定），也会也收到相应的处罚，我相信您也理解我们的难处，确实没有办法按照您希望的方式办理，倒是我有几个建议，您看是否合适？（引导客户，给客户一些可操作性的建议或者解决问题的方案。）

2. 接待老弱病残、接待外宾、接待少数民族客户

针对这类型的客户除了礼貌对待外，还要根据他们的特征，风俗，语言等进行不同情况的处理，例如对待老年人，一定要人性化、耐心、细心、热心，不厌其烦，甚至在咨询业务时讲清楚后还要给他们一个类似于便签或者明细单，以防其记不住，包括要填写的表格在哪里填写签字都需要用铅笔标明。

对确实需要帮助照顾的客户，建立帮扶对象，定期上门服务。

二、案例

◎ 案例一：

【案情】某年正月初八下午临近下班时，江苏省某公司营业厅迎来了一名怒气冲天的客户李某。此人等不及自动门打开，两胳膊用力强行推开自动门，来势汹汹地进入营业厅，用电客户受理员看此情景，顿觉不妙。

果然，未等营业厅用电客户受理员开口，那位顾客立马将手中的电费单和催交单摔在柜台上，另一手抓起柜台上的"业务受理"标示牌砸向电话机，标示牌顿时四分五裂地躺在了柜台、地面上，惊动了正好前来营业厅检查工作的客服中心王主任，王主任立刻从办公室大步走出来，"不用着急，小伙子，你有事请慢慢讲！"王主任一边安抚李某，一边拿起柜台上的发票，仔细地观看。"我一月份电费，凭什么要多交一元钱，还收到停电单？"李某一边转着圈一边大叫着，随手脱下棉衣摔在柜台上，顺手拿起柜台前的椅子狠狠地往墙角砸去，"咣！"一声响，不锈钢垃圾桶倒下了，大厅里的气氛也随之更加紧张起来。"你不要激动，这样对你身体不好！"王主任一把拉住李某，"你看，你这是一月份电费单和电费催交通知单，这可不是停电单！"王主任拿起电费发票和电费催交通知单送到李某眼前，"这是电费催交单！"李某看了看，又气势汹汹问道："凭什么多交一元钱？"。"请问你有交费卡吗？"王主任从容地问道，"什么交费卡，我没有！"李某很不开心地回答着。营业厅用电客户受理员递了一张空白的交费卡，"你看，这是一张交费卡，这卡背面写得很清楚，你交费时间应该在单月16日至月底，你已经超过交费期了，按照规定必须要交纳一元滞纳金。"王主任一边指着卡，一边认真地讲着。李某接过卡，仔细地看了看说道："这卡我没有！没人发给我。""这卡应该由物业发给你，你没有拿到，应该去找物业部门，而不应该冲我们发火。我们今天先帮你补张卡，今后请您按时缴纳电费。"王主任不紧不慢地说道。李某接过卡不好意思地说，"我没卡，不知道规定。""记得穿上你的棉衣，防止着凉！"王主任笑着讲道："有事情，你慢慢说，不要过分激动，看，这不解决了嘛！以后要记牢啊！"李某边穿棉衣边向营业厅门口走去。

【解析】

客户的过激行动，损坏了公物，影响了营业厅的正常工作秩序，给其他客户一个印象：到供电公司办事只要狠就行，管它有理无理。这一点必须引起领导的注意，千万不能让客户有这样的想法。

领导亲自妥善积极处置，迅速息事宁人，化解了矛盾，也给其他顾客传递了信息，有理走天下，供电公司的服务是规范的，是严格按章办事的。

催缴电费工作如何做？如何让客户主动按期交纳电费？

【点评】

对损坏的公物是否要求照价赔偿，值得商榷。

营业厅保安人员不够敏捷，形同虚设。应加强保安人员的责任心，同时应具备必要的素质。

目前出租经营户较多，一方面由于房主和租户间就电费缴纳问题交代不清，另一方面租户没有主动按时交纳电费的意识，造成许多经营户不能按期交纳电费，从而带来一些对供电企业的不满。要改变这一现象，一是要加强广泛宣传，二是抄表人员或用电检查人员现场服务时，多与客户交流，让客户知晓按时交纳的意义，提高电费回收率，减轻抄收人员催缴电费的工作量。

◎ **案例二：**

【案情】某年计量宣传日，供电营业厅一窗口人员在没有请示公司领导的情况下，接受了新闻记者关于计量问题的采访，被写成"新闻头条"，引发社会对计量公正性的信任危机。

【事件过程】某年计量宣传日前期，一记者来到某供电营业厅，随机采访了一些电力客户对于当前供电公司计量的看法。接着，该记者采访一个年轻的用电客户受理员："您好，我是某新闻网的记者。请问您工作几年了？"

用电客户受理员："一年"

记者："你认为供电公司的电表计量准吗？"

用电客户受理员"应该是准的，都经过检定。"

这"怎么检定的？"

用电客户受理员："我们有自己的计量所啊，每个表都有经过严格检定的。"

记者："那你一年的工作中，是否有遇到过客户反映电表不准的投诉？"

用电客户受理员："我们这儿的客户总计有近百万，总会有人怀疑电表不准的，我们都及时处理，该退钱退钱，该追补就追补。"

记者："这样的投诉多吗？"

用电客户受理员："不清楚"

第二天该新闻网就发表了以"电力员工自爆常发现电表不准"为题的报道，并成为新闻头条。

造成影响：事件发生后，引发一定的社会议论，使电力计量的公正性受到客户质疑，要求第三方校检电表的客户增多，对供电公司服务形象造成较大负面影响。

【解析】

暴露问题：未建立新闻媒体接待制度。窗口现场管理不到位。

【点评】在当今信息时代，"信息共振"往往会引起"蝴蝶效应"，使企业处于非常被动的局面。因此建立媒体接待归口管理的制度就显得非常必要。此外，当窗口管理人员发现记者在采访客户和只有一年窗口工作经验的新员工时，没有及时出面接待，而是听之任之、袖手旁观，说明管理人员缺乏风险防范意识，窗口现场管理不到位。建议制定指定媒体接待制度。规范新闻媒体的接待程序；同时，要加强窗口的现场管理，建立相关的情景接待模板。

【思考与练习】

1. 如何对待新闻媒体的采访？
2. 客户在营业厅意外跌倒时，如何处理？
3. 请问在工作中遇到哪些突发事件？你是如何处理的？

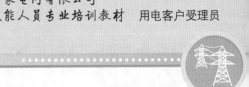

第三章

情 绪 管 理

▲ 模块1　用电客户受理员心理压力原因及分析（Z21E3001Ⅱ）

【**模块描述**】本模块介绍营业厅用电客户受理员心理压力产生的原因及对工作的影响。通过要点归纳，掌握造成心理压力的各类因素及产生的影响。

【**模块内容**】

高尔基曾说过"工作快乐，人生便是天堂；工作痛苦，人生便是地狱"。

国外调查显示，不适当的工作压力不仅损害个体，而且也破坏组织内健康。英国压力研究中心研究表明，由于工作压力造成的代价，达到其国民生产总值的 1%。据不完全统计，在我国由于压力导致的直接或间接经济损失更加严重。情绪与压力管理已成为企业管理最为迫切的课题之一。

一、情绪管理的概念及重要性

1. 什么是情绪

情绪既是主观感受，又是客观生理反应，具有目的性，也是一种社会表达。情绪是多种感觉、思想和行为综合产生的心理和生理状态。最普遍、通俗的情绪有喜、怒、哀、惧等，也有一些细腻微妙的情绪，如嫉妒、惭愧、羞耻、自豪等。无论正面还是负面的情绪，都会成为人们行动的动机。

心理学家将人类的情绪归纳为四大基本情绪：喜、怒、哀、惧，就像一年四季，不同的情绪有不同的能量。"喜"的能量是给我们的身心、生活、工作带来愉悦、健康、成长的能量；"怒"是守护的能量，愤怒是保护我们不被侵略的生物本能；"哀"是结束的能量，只有结束后才可以迎接新生活、接受新事物、焕发新能量；"惧"是保命的能量，居安思危常保平安，有恃无恐往往最危险。情绪没有好坏之分，所有的情绪本身都是中立的，由情绪引发的行为、行为的结果才有好坏之分。所以说，情绪管理并非是要消灭情绪，也没有必要消灭情绪，而是认识情绪、表达情绪、疏解情绪。

2. 情绪管理的重要性

随着电网企业服务的高速发展，通过提升服务质量来提高客户满意度尤为重要，而用电客户受理员的情绪管理能力直接关系到供电优质服务建设和优质服务水平。加强对用电客户受理员的情绪管理，提供优质服务，是促进企业和谐发展的重要手段。

新形势下，营业窗口服务已从被动服务向主动服务转变，基本服务向衍生服务转变，显性服务向隐形服务转变，硬性服务向柔性服务转变，这就要求用电客户受理员能够保持积极阳光的心态，有效管理好在营业厅工作中的情绪。客户进入营业厅时，客户受理员应热情主动；客户在咨询业务时，客户受理员应表明给客户解答问题的意愿；客户在办理业务时，客户受理员应耐心、细心、同理心，让客户感到温馨；客户的需求在遇到困难时，客户受理员应积极协助想办法解决；客户离开时，客户受理员应当做一个情绪总结。

二、心理压力的定义及症状

1. 心理压力概念

在日常工作中，经常听到有人抱怨：压力太大！那到底什么是压力，又是什么造成了压力？

所谓压力，一般包括三方面：第一方面，指那些让人感到紧张的事件或环境的刺激。比如上级领导要检查工作这件事情给下属带来紧张；第二方面，压力是一种个体主观上感觉到的内部心理状态；第三方面，压力也可能是人体对需要或者可能对他造成伤害的事物的一种生理反应，也就是说，当人感觉到压力的时候，他可能会脸红、心跳加快、手心出汗等。

心理学上把压力定义为：个体在生理和心理上感受到威胁时的一种紧张状态。

根据以上压力概念的理解，我们认为压力是一种普遍存在于人们心理上的，对于能力的需求之间感到的不平衡，是一个人心理上的感受，对待事件总感觉处理不好、能力不足、时间不够用等，从心理上有种恐惧、厌烦、不舒服等感觉。

"水能载舟，亦能覆舟"是对压力很贴切的形容。适度的压力能给人提供前进的动力，能让人保持警觉，保持一个较好的状态。而过度的压力，犹如压力不足一样，也会影响个人的表现，短期压力突然过大，能够将人击倒甚至崩溃。

2. 心理压力的症状

为了能有效地管理压力，我们还需要了解压力承受者在生理、情绪、行为、精神及心理方面出现的症状，压力的症状如下。

（1）生理方面：心悸和胸部疼痛、头痛、掌心冰冷或出汗、消化系统问题（如胃部不适、腹泻等）、恶心或呕吐、免疫力降低等；

（2）情绪方面：易怒、急躁、忧虑、紧张、冷漠、焦虑不安、崩溃等；

（3）行为方面：失眠、过度吸烟喝酒、拖延事情、迟到缺勤、停止娱乐、嗜吃或厌食、吃镇静药等；

（4）精神方面：注意力难以集中，表达能力、记忆力、判断力下降，持续性地对自己及周围环境持消极态度，优柔寡断等；

（5）心理方面：消极、厌倦、不满、生气、冷淡、认命、健忘、幻想、心不在焉等。

如果对这些症状长期视而不见的话，它们会严重地危害我们的健康甚至危及生命。另外，还会影响我们工作时高效率的发挥，从而影响到与客户、同事间的关系。如果只是其中一种症状出现，就没有必要太担心。但是如果多种症状同时出现，则说明健康已亮起了红灯，必须寻求帮助。可以找上级主管要求他们重新给我们安排工作、额外培训或多分配一些设备来帮助我们工作。另外，也可以去看一看医生。

三、用电客户受理员心理压力产生的原因

在工作环境中和工作时的感觉以及你个人的因素都会产生压力。从某种意义上讲，生活产生压力、工作中有许多因素会给人造成压力。用电客户受理员人员面临的压力主要有四个方面：客户因素、市场因素、公司因素、个人因素。

1. 客户因素

（1）客户期望值的提升。国家电网有限公司的服务理念是：真诚服务、共谋发展。要求做到：服务理念追求真诚；服务内容准求规范；服务形象追求品牌；服务品质追求一流。当前，各行各业的服务水平已经比以前有了很大的提升，都在积极地改进自己的服务水平和服务质量，客户每天都被优质服务包围着，所以，客户对服务的要求也就越来越高了，结果就是客户对于服务的期望值越来越高，以及客户的自我保护意识不断加强。

（2）服务失误导致的投诉。在客户投诉的处理上，可以通过一些技巧很好地化解客户的抱怨。但是，有些投诉是非常难解决的，像服务失误导致的投诉就属于这一类。比如客户的家用电器烧坏，尽管供电企业会按照《居民家用电器损坏处理办法》赔偿客户，但是有些客户认为烧坏修复的电器和原电器是不一样的。这个时候，对于客户的不满意，用电客户受理员就只剩下道歉这一条路了。但是，并不是所有的客户都会接受致歉。所以，如何有效处理因为服务失误而导致的投诉给用电客户受理员造成了巨大的压力。

（3）不合理的客户诉求。有时候客户提出的不合理要求也会给用电客户受理员造成很大的压力，比如，客户家中的电灯不亮了，要求抢修人员到家里处理故障。按照公司规定客户资产可提供延伸服务，但客户又不同意付费。所以，如何在遵守公司规定的前提下，让客户接受自己的合理解释，就成了用电客户受理员的一道难题。

2. 市场因素

（1）服务行业竞争加剧。这是一个鼓励竞争和允许竞争的年代，所以，没有哪个能盈利的企业会一直没有竞争对手出现。竞争导致的结果就是要做得越来越好，越来越优质，供电企业向社会发布的《供电服务十项承诺》《员工服务"十不准"》等一系列服务承诺，就是重视客户服务、重视对客户利益的保护。所以，随着企业对客户服务的重视程度提高，用电客户受理员工作压力的增大也是必然的。

（2）服务需求波动。几乎所有的行业都会有服务的高峰期，当高峰期出现的时候，由于要服务的人数众多，服务人员的服务热情就很难维持，毕竟在频繁的服务中，体力、心力、智力都大消耗。比如居民客户实行阶梯电价的政策调整，老客户要求分户，或者要求新装开户等，如果符合分户和新装条件可以按流程办理，只是增加工作量的问题。但有很多不符合条件的客户提出新装要求，就需要用电客户受理员不停地与客户解释，赢得客户的谅解，但有些客户不理解，他们要求在任何时候都能享受到优质的服务，如果享受不到，就会表示不满，向用电客户受理员施压。因此，在客户服务的特殊时期也能提供令客户满意的服务也是用电客户受理员必须承受的压力。

3. 公司因素

（1）超负荷的工作。客户需求的变动会给用电客户受理员带来超负荷的压力。客户需求的变动使企业很难按照客户的最大化的要求来安排自己的服务，有些公司用电客户受理员少，工作量大，有时还要加班加点，所以如何调整心态、提升解决难题的能力，以更好地在超负荷的工作压力下提供好的服务，是用电客户受理员面临的又一个挑战。

（2）营销调度指挥不顺畅。由于营销与生产之间、营销部门之间的沟通协调不畅，内部监督考核力度不足，造成用电客户受理员调度工作的执行力差，相关部门对客户反映的供用电问题不能及时解决，造成客户的不满，对用电客户受理员造成巨大的心理压力。

（3）时间安排不合理。欠费停电时间安排欠考虑造成客户生活不便，引发客户不满，到营业柜台办理复电手续时，拒交复电费，听不进用电客户受理员的解释，不配合业务办理，有的甚至把怨气发到用电客户受理员的身上，辱骂用电客户受理员，用电客户受理员受委屈造成心理压力。

4. 个人因素

（1）服务技能不足。营业厅柜台服务是一个充满压力的职业。它要求柜台用电客户受理员既要具有丰富的业务知识又要掌握灵活处事的技能。如果不能掌握应付各种突发问题的技巧，不能了解客户的多样性，那将给自己和客户增加不同程度的压力。比如说处理客户的投诉，对于服务技能不足的用电客户受理员就不能从工作中得到满足感，却常常有失望、沮丧感，这给用电客户受理员造成了很大的心理压力。

（2）人际关系。人不可能在工作时做到与世隔绝。由于人际关系不和谐，工作环境中的人员相互之间缺乏信任、支持和理解，常常导致精神上的压力，而由此产生的矛盾与冲突也会引发工作压力。因此，保持良好的人际关系是减轻工作压力的办法之一。

（3）身体状况。身体状况主要包括生理、心理健康。用电客户受理员身体的营养状况与其感知能力、工作精力、应变能力都有很重要的关系。用电客户受理员大多是女性，身为女儿、妻子、母亲、雇员，角色冲突长期存在，有些不仅承担着生育、养育后代的压力，而且面临职场竞争压力，比如人际关系压力、情感婚姻压力、孩子教育压力、工作竞争发展压力……对于性格内向的女性，她们报喜不报忧，即使遇到困难、麻烦都不轻易向人倾诉，最终因承受不了巨大压力而精神崩溃，患上各种疾病。

四、心理压力对用电客户受理员的影响

用电客户受理员一天要接待几十个客户，既要感同身受地为客户处理问题，同时还得第一时间平息和安抚客户的情绪。他们在面对客户投诉、情绪发泄或在电话销售过程中遇到客户拒绝时，会产生很大的心理压力，严重的甚至会产生接触客户的恐惧情绪，导致无法正常发挥应有的水平。所以窗口用电客户受理员压力都比较大，如果过大的压力得不到有效的疏导，对员工的情绪，心理状态，甚至是身体健康都会有较大的影响。

1. 工作压力的消极影响

如此多的压力，在没有得到有效调节的前提下，对客服人员会有哪些影响呢？

（1）失去工作热情。当工作压得喘不过气的时候，相信任何人都无法保持工作热情，有的时候，甚至会对工作产生厌倦感。

（2）情绪波动大。当一个人被巨大的压力笼罩时，其他的任何小事都可能会导致他发脾气。所以，压力大的人常常被形容为"火药筒"——一点就着。

（3）工作效率下降。由于不能合理地释放压力，容易形成衰弱、失眠、疲乏等心理状况，降低了身体对疾病的抵抗力，从而导致工作效率明显下降，严重的甚至连最简单的工作都无法完成。

（4）工作失误。用电客户受理员长期面临压力，会在生理和心理上造成一定的变化，从而引起工作上的变化：一是工作的错误增加，出现一些本来不应有的错误；二是工作易出事故，例如，对待客户不耐烦、与客户顶撞等。

（5）工作退缩。用电客户受理员如果频繁遭受失败的打击，会在心理上出现担心、畏惧、自信心不足等不良情绪，在行为上表现为推诿或退缩，不敢面对现实。

（6）影响人际关系。许多人都说，不应该把工作带回家，尤其是工作中的压力。但是又有几个人能真正做到呢？所以，在工作中有压力的人，他的家人、朋友通常也要跟着承受这种压力。开始，大家会给予谅解和帮助，但是时间久了，人际关系就会变差。

2. 工作压力的积极的影响

（1）引发正向的情绪。铁人王进喜同志生前有一句名言："井没压力不出油，人无压力轻飘飘。"这是他几十年工作经验的总结。的确，如果没有足够的大气压力的驱动，哪怕地下有再多的石油，也无法上升到地面，被开采利用。同样的道理，人活着也需要有压力驱动，当一个人没有压力时，他就会四肢乏力、精神萎靡，处于一种漂浮、焦躁的状态。脚底不实，"轻飘飘"的人是做不好工作的。从这个意义上来说，压力是进步的动力。要做好工作，必须不断给自己加压力。

对于用电客户受理员来说一定程度的压力对人体是有益的，它可以使人的精神处于激活状态，使用电客户受理员的精神聚焦于某个事物，可以发挥人的潜能，提高工作和学习的效率。

（2）促进注意力的集中。压力，其实都有一个相同的特质，就是突出表现在对明天和将来的焦虑和担心。而要应对压力，用电客户受理员首要做的事情不是去观望遥远的将来，而是去做手边的清晰之事，因为做好准备的最佳办法就是集中你所有的智慧、热忱，把今天的工作做得尽善尽美，这就要求作息人员在工作中注意力集中，对客户的问题做到有问必答、严谨、规范。

（3）提升工作的能力。既然压力的来源是自身对事物的不熟悉、不确定感，或是对于目标的达成感到力不从心所致，那么，疏解压力最直接有效的方法，便是了解、掌握状况，并且设法提升自身的能力。通过自学、参加培训等途径，一旦"会了""熟了""清楚了"，压力自然就会减低、消除。对于用电客户受理员来说，要把压力转化成动力，就必须通过学习提升自己的业务能力，既要具有丰富的业务知识，又要掌握灵活处事的技能。只有这样才能对客户的各类问题做到胸有成竹、心中有数。

所以，对于追求进步的人来说，压力如同弹簧，只有压得更紧，才能弹得更远，承受的压力越大，进步就可能越快。

当我们意识到压力是一把双刃剑的时候，我们就应该不再害怕任何压力，不因为自己能承受巨大压力而沾沾自喜，也不因为自己不能承受的压力而烦躁不安。于是，对你自己不能承受的压力就会泰然处之，并不放在心上；对你自己能承受的压力，就应该抓住机会，努力工作，加速提高自己的能力。这也就是古人所说的宠辱不惊的境界吧。

【思考与练习】

1. 什么是心理压力？

2. 用电客户受理员心理压力产生的原因是什么？

3. 心理压力对用电客户受理员有哪些消极的影响？

▲ 模块 2　用电客户受理员心理压力调整技巧（Z21E3002Ⅲ）

【模块描述】本模块介绍了缓解用电客户受理员心理压力的方法和技巧。通过要点归纳，掌握心理压力调整技巧，舒缓情绪，提高用电客户受理员工作绩效。

【模块内容】

李嘉诚说过："鸡蛋，从外打破是食物，从内打破是生命；人生也是如此，从外打破是压力，从内打破是成长"。当用电客户受理员面临强大的心理压力，我们更应该掌握迎难而上，掌握心理压力调整技巧，舒缓情绪，提高工作绩效。

一、缓解心理压力的方法

（一）积极心态的培养

1. 关于心态的解析

心态就是内心的想法，是一种思维习惯状态。心态不同，观察和感知事物的侧重点不同，对信息的选择就不同。比如杯子里有半杯水，有的人会说他是半空的，而有人就会说它是半满的。人们只愿意看到和听到他们想要看的听到的，因而我们所处的环境和世界就不同。人的心态只有两种，要么积极要么消极。消极心态通常的表现形式有：过分谨慎，时常延时，不敢当机立断，恐惧失败，害怕丢脸，不敢面对挑战，稍有挫折就后退。

拿破仑·希尔曾讲过这样一个故事，对我们每个人都应有启发。

塞尔玛陪伴丈夫驻扎在一个沙漠里演习，她一个人留在陆军的小铁房子里，天气热得受不了——在仙人掌的阴影下也有华氏 125 度。她没有人可谈天——身边只有墨西哥人和印第安人，而他们不会说英语。她非常难过，于是就写信给父母，说要丢开一切回家去。她父亲的回信只有两行，这两行信却永远留在她的心中，完全改变她的生活：

两个人从牢中的铁窗望出去，一个看到泥土，一个却看到了星星。

塞尔玛一再读这封信，觉得非常惭愧。她决定要在沙漠中找到星星。塞尔玛开始和当地人交朋友，他们的反应使她非常惊奇，她对他们的纺织、陶器表示兴趣，他们就把最喜欢但舍不得卖给观光客人的纺织品和陶器送给了她。赛尔玛研究那些引人入迷的仙人掌和各种沙漠植物，又学习有关土拨鼠的知识。她观看沙漠的日落，还寻找海螺壳，是几万年前这沙漠还是海洋时留下来的……原来难以忍受的环境变成了令人兴奋、流连忘返的奇景。

是什么使这位女士的内心发生了这么大的转变呢？

沙漠没有改变，印第安人也没有改变，但是这位女士的心态改变了，一念之差，使她把原先认为恶劣的情况变为一生中最有意义的冒险。她为发现新世界而兴奋不已，并为此写了一本书，以《快乐的城堡》为书名出版了。她从自己造的牢房里看出去，终于看到了星星。

生活中，失败者平庸者很多，很多都是因为心态问题。遇到困难，他们总是挑选容易的倒退之路，"我不行了，我还是退缩吧"，结果陷入失败的深渊。成功者即使遇到困难，也会拥有积极的心态，用"我要！我能！""一定有办法"等积极的意念鼓励自己，于是便能想尽办法，不断前进，直到成功。因此，一个人能否成功，关键在于他的心态。成功人士与失败人士的差别在于成功人士有积极的心态，而失败人士则习惯于用消极的心态去面对人生。

2. 如何培养积极的心态

具备一个积极的工作心态对于一个用电客户受理员人员来说是非常必要的。因为我们将要面临的工作充满了挑战。面对投诉客户的"无端指责"，一遍遍重复着相同内容，在短时间内变换不同的身份和角色……如何通过训练和培养形成一个积极的心态呢？我们可以从下面的几条建议做起。

（1）建立乐观心态。一位年轻的船员，第一次出海航行，在航行途中，不幸突遇狂风巨浪将船上的桅杆打得快要断裂了，他受命爬上去修整，免得翻船。当他往上爬的时候，由于船只摇动得很厉害，而且又很高，他一直往下看，好几次差一点摔下来。一位有经验的老水手看了，急忙对他大叫："孩子，不要往下看，抬头往上看。"年轻的船员听了便不再低头看下面，而是抬头往上看，那种天摇地动的感觉突然就消失了，他的心情也逐渐恢复了平静。

这个故事告诉我们，生活中碰到不如意的事情是很正常的，但是如果我们学会用积极的自信的充满光明的心态来看待这些不顺的话，我们就能够平安渡过难关。

（2）适当心理宣泄。当有太多的心理压力和焦虑情绪的时候，我们要及时地宣泄出去，具体做法有：选择适当场合喊叫、痛哭；在心理医生的指导下进行自我放松训练；回忆自己最成功的事；积极锻炼身体；参加各种文体活动；参加集体活动和社会活动等等。要时刻告诫自己：你是你的主人，你唯一能控制你的就是你自己。

（3）有效情绪管理。悲观的人对着桌子上的半杯水，会难过地说："还剩半杯水。"而快乐的人看到它，会乐观地说："还有半杯水。"过度的压力，有很大部分是自己造成的，尤其是自我的期望、价值观等的影响。也就是说，我们应当做自己情绪的主人，而不能被负面的想法牵着鼻子跑。

比如当客户因电力故障而埋怨时甚至责骂你时，要做到不卑不亢，调整好自己的情绪，平静的说："对不起，给您造成不便，请您谅解，我们会尽快安排抢修人员为您处理。"同时要理解客户为什么埋怨，假如我是客户，家中没电会怎样呢。实际上，处理客户投诉是一件非常有意思也很有意义的事。当你每天在清理一共接受了多少客户抱怨的时候，也要想想你同时也帮助了这么多人，那是一件多么有意义的事情。当你接起电话，面对的可能是一个暴怒的客户，但是经过你的努力，对方不但满意地挂断电话，还不断地向你表示感谢，这时你会有多么大的成就感，不是谁都有机会在一天之内接触这么多形形色色的人，这对一个人来说，是一个多么好的体验社会、了解人情世故的机会。所以，我们应该尝试对自己进行有效的情绪管理，做自己情绪的主人，维持心理平衡。

（二）发怒客户不满产生压力的缓解

1. 受理业务时如何缓解压力

（1）首先，无论客户有什么过错，用电客户受理员都没有理由把声音变大、语速变快、用通常不会用的语句来"回敬"客户，我们应当尽量让对方把话说完。

（2）当有些客户无休无止地说下去时，适当地控制语境也是一种艺术。我们可乘对方换气时说一些积极的话来接过话题，比如说"你对我们公司这么关注，真很让我们感动"或"您的时间一定很宝贵，我想…"

（3）在倾听客户时，应该非常主动认真，做一些笔记，让客户知道你的重视。回复客户最好不要用"好，好……""对，对，对……"等词语，以免让正在气头上的客户接过去说"好什么"或"不对"等。正确的表达应该是"知道了""我理解""我明白"等。

（4）即使对方出言不逊，也不要对其不良行为做任何评判，更不要让对方道歉或认错。这样做无助于你控制对话过程和解决问题。你可能会被气得呼吸变粗、说话变快变高声，这时你应先喝一口水，作一下深呼吸，把自己调整到正常状态，然后开始主动的对话。

应当注意：保持声音的优美与吐词的清晰，对方正在气头上，本来注意力就不在倾听上，让人听不清晰的表达更会加剧对立情绪。尽可能将对话朝积极、建设性的方向上引导，比如，借着问客户的回电号码，可以由区号谈到客户的所在地，接着可引出某些轻松的话题稍聊一下以缓解对方的愤怒情绪。在足够的冷静和热情下，仔细运用公司业务流程规范来尽最大可能为客户解决实际问题，在此过程中向客户不断表示"十分了解您的心情""一定尽我所能帮您解决这个问题"。无论是否有怀疑，永远假设客户在说真话，不对对方的"背后动机"试图做任何分析追究，因为这种追究过程往往会造成更多的负面影响。

2. 放下电话后如何缓解压力

（1）走到窗边看一下外面的绿色，做一下深呼吸，喝几口水。特别是你在刚上班就碰到很不客气的客户，更要离座活动一下，然后再重新开始，别让这个电话影响了一天的情绪。

（2）休息时幽默一下。试着读些、看些、听些幽默搞笑的故事。到了工作休息时间，与同事们一起分享一些你在应付客户的时候所发生的令人捧腹大笑的经历，或许还能从别人身上学到一些新的客户服务方法。

（3）学会选择性忘记。不要老是在脑海中重映不愉快的一些过程，要保持快乐和放松。微笑会有助于减轻压力，让人轻松愉快起来，不要在意别人的评价。

（4）不要和其他用电客户受理员诉苦，要说找你的值班长或管理人员，这样会使你更正面地做一个回顾。

（5）提高自信心，寻找成就感。当客户的故障得到及时处理，当你用文明规范的语言为客户查询电费、客户的一声"谢谢"能够让你拥有成就感和自信心。作为用电客户受理员，每一个电话响起，都是帮助客户解决一个问题，会让我们感觉到这是一种被需要和享受，如果我们有了这样的想法，就会有助于改善不良心态。

3. 下班回家后，如何缓解压力

（1）读书：一本好书常常可使人心胸开阔，气量豁达。

（2）学会遗忘：离开工作状态就忘掉一切不愉快的事情，不要将不良情绪带回家中、带到朋友中去，这样只会让你的情绪更坏。

（3）健身：业余时间，加强有氧活动，可以到健身房跑步、练瑜伽来缓解身心的紧张，提高身体的耐受度。哪怕是慢走都很有益，你可以嗅闻花木香、做深呼吸来缓解身体的疲劳。

（4）要有充足的睡眠。每个人所需要的睡眠量都有所不同。数年来，许多专家们都推荐人们每天至少要保证 8 个小时的充足睡眠。建立良好的作息时间表，营造良好的睡眠环境，保证充足而又优质的睡眠。

二、团队互助情绪调整技巧

1. 班组方面帮助用电客户受理员调整情绪

（1）公司创造的环境：公司要尽量给用电客户受理员提供愉快的环境，比如工作间不要过于拥挤，提供休息室、音乐、植物或漫画书等。这类方式适合的员工是：工作经验较多、自我调节能力较好，能很好区分工作和个人感受的员工，这样的员工只需要外界的一点儿帮助，就可以很快恢复到良好的工作状态。

（2）营业厅主管的帮助：对于工作经验不太长，受客户情绪干扰过大（或者说个人的情绪投入过多），并且自我调节技能不太好的员工，营业厅主管要先把员工带离工作现场，使其平静下来，表示对他的体谅，然后再开始辅导。比如了解他情绪失控的原因，引导他思考如何才能避免再次发生这种状况，让他说出具体的行为（例如，在开口说话前深呼吸等）；比如做换位思考的练习，自己扮演用电客户受理员，员工扮演不理智的客户，让他感受一下对待这样的客户用其他办法进行处理的结果，并让员工告诉你他的感受。

（3）同事的帮助：主要体现在鼓励大家对出现情绪失控的同事进行安抚，如建议他去休息等，主要是为了避免不良情绪影响到整个团队。

（4）班组活动：班组定期组织集体活动，如羽毛球、拔河比赛之类，缓解疲劳、减轻压力。定期开展班组服务研讨会，使成员之间及时沟通，保持乐观、团结、热情、开放的团队气氛。

2. 公司方面帮助员工减轻压力

健康心态是成功的基础，企业的领导者和人力资源部门应该充分关心一线服务人员的压力现状，从组织层面拟定并实施各种压力减轻措施，有效管理、减轻员工压力。

（1）企业管理者应解企业员工的心理需要，减缓心理压力。企业管理者应充分了解企业员工的心理需要，加强研究，通过一定的管理机制加以合理满足，让员工感受到领导者对员工的关心和爱护，从心理上亲近领导者，减少畏惧感和逆反心理，形成企业内部良好的人际关系和宽松的工作环境，从思想上放松自己，避免心理压力的形成。

（2）改善工作环境，减轻工作条件恶劣给服务人员带来的压力感。企业管理者应该力求创造一个高效的工作环境，如关注噪声、光线、舒适、整洁、装饰等方面，给一线服务人员一个赏心悦目的工作空间，有利于促进服务人员与环境的适应度，提高服务人员的安全感，从而减轻压力。

（3）创设心理疏泄空间，使员工心理压力合理释放。心理压力与不良情绪的舒缓不能通过堵塞来完成，往往越是不愿去想的事件越是容易出现在脑海之中。心理压力与不良情绪需要宣泄或疏导。为此，企业可通过开设心理疏导宣泄空间来缓解员工心理压力。企业还可以开设员工活动娱乐室，给员工健康娱乐场所，让员工锻炼、听音乐、上网等，也能在一定程度上减缓员工的心理压力。

【思考与练习】

1. 用电客户受理员应如何培养积极的心态？
2. 如何缓解由于不满、发怒客户而引起的压力？
3. 班组方面应如何帮助用电客户受理员调整情绪？

第二部分

营销业务受理

第四章

用电咨询与查询

▲ 模块1　低压客户业务咨询（Z21F1001 I）

【**模块描述**】本模块包含用电业务咨询的主要内容、居民客户用电业务咨询，低压电力客户用电咨询及注意事项。通过以上内容的介绍，掌握低压电力客户用电业务咨询的内容和方法。

【**模块内容**】

低压电力客户是指以 220/380V 电压等级供电的客户。一般包括低压居民客户和低压非居民客户。

一、用电业务咨询的主要内容

（1）申办用电业务的渠道和相关业务流程咨询。

（2）申办新装、增容用电的业务咨询。

（3）申请双电源、自备电源的业务咨询。

（4）供电方案制定及答复的业务咨询。

（5）用电业务收费项目及规定的咨询。

（6）电价政策及规定的业务咨询。

（7）电能计量与电费计收的咨询。

（8）受电工程委托设计和施工的业务咨询。

（9）受电工程设计审查的业务咨询

（10）受电工程设备选用的业务咨询。

（11）受电工程检查验收的业务咨询。

（12）供用电合同签订的业务咨询。

（13）供电设施产权分界点的业务咨询。

（14）违约责任及处理规定的业务咨询。

（15）供电设施上发生事故的责任划分咨询。

（16）变更用电业务咨询。

（17）电能计量装置申请校验的业务咨询。

（18）申请执行分时电价的业务咨询。

（19）停电原因及故障报修的业务咨询。

（20）迁移供用电设施的业务咨询。

（21）申办理停送电业务的咨询。

（22）无功补偿配置的业务咨询。

（23）进网作业电工管理咨询。

（24）电力设施保护的业务咨询。

（25）违章用电与窃电规定的咨询。

（26）避峰限电和安全保供电的咨询。

（27）安全用电、节约用电常识咨询。

二、居民客户业务咨询主要内容及注意事项

（1）居民新装、增容用电业务的咨询。客户应提供与申请的用电地址一致的身份证明和房屋产权有效证明材料。

（2）居民申请执行分时电价的业务咨询。

1）应向客户介绍分时电价政策及现行分时电价，以便客户根据用电情况，分析是否有必要执行分时电价。

2）对于新装客户要求执行分时电价的，应由客户在用电申请书中予以明确。

3）对于老客户应携带与电费发票客户一致的居民身份证到供电企业办理。

（3）居民客户电费交纳业务咨询。

1）向客户说明缴费方式、缴费地点、交费时间、逾期交费的违约责任。

2）根据客户不同需求，帮助客户选择合理的交费方式，以方便客户交费。

3）对于客户反映电费计算差错，应与电费结算部门认真沟通核实，必要时应派员到客户现场核查负荷情况、计量装置情况、电表示数等。

（4）居民过户用电业务咨询。

1）办理过户业务前，应当先结清电费。

2）提供双方居民身份证明。

3）提供新客户房屋产权有效证明。

（5）居民用电故障报修和家用电器损坏理赔咨询。

1）向客户介绍用电故障报修的途径和服务有关规定。

2）产权分界点以上的供电企业资产，应由供电企业负责维护；产权分界点以下的客户内部故障应由客户负责维护，如果客户确实无维修能力并向供电企业提出援助时，供电企应开展有偿服务，帮助客户解决问题。

3）居民客户7天内反映家用电器损坏，应在规定的时限内派员现场调查核实，并按照居民家用电器损坏处理办法的有关规定处理。

（6）客户申请校验电能表业务咨询。注意引导客户讲明申请校表的可能原因、告知客户申请校表程序、交纳有关业务费用、检验结果的处理、对检验结果存在异议的申诉途径。

（7）居民电表烧坏或丢失的业务咨询。如因供电企业责任或不可抗力致使计费电能表出现或发生故障的，供电企业应负责换表，不收费用；其他原因引起的，客户应负担赔偿费或修理费，并以客户正常月份的用电量为准，退补电量，退补时间按抄表记录确定。

（8）居民客户停电原因咨询。停电原因主要有检修停电、事故停电、限电停电、欠费停电等。帮助客户分析造成客户停电的可能原因，必要时通知有关人员现场调查情况，针对有关规定给予解释答复。

（9）安全用电和节约用电咨询。主要是向客户解释安全用电常识和家用电器的安全使用常识，以及防止人身触电、电气火灾的处理措施和应急处理方法；家用电器节约用电常识。

（10）居民用电业务费用项目及规定的业务咨询。居民客户相关业务费用主要有一户一表改造工程费、安装分时表的改造工程费、校表费、赔表（互感器）费。对应客户咨询的业务费用按照相关规定给予明确解释和答复。

三、低压电力客户业务咨询主要内容及注意事项

（1）申办用电业务的渠道和相关业务流程咨询。根据供电企业服务规定，告知客户受理和办理业务的渠道、相关业务流程，并提供业务服务指南材料。

（2）申办新装、增容用电的业务咨询。告知并向客户解释办理新装、增容用电、临时用电、转供电等业务所要提供的相关材料、相关政策规定、办理程序及要求、收费标准等，并提供相关业务服务指南材料。

（3）申请双电源、自备电源的业务咨询。告知并向客户解释申请办理双电源（多电源）、自备电源的条件、相关材料、办理流程，以及并网条件、收费标准等，提供相关业务服务指南材料。

（4）供电方案制定及答复的业务咨询。按照国家电网公司承诺的供电方案答复方式、时限要求给予答复，同时告知客户供电方案有效期限和办理延期的有关规定。

（5）用电业务收费项目及规定的咨询。相关业务费用主要有高可靠性供电费、临时用电定金、校表费、赔表（互感器）费、一户一表的改造工程费、安装分时表的改造工程费等。对应客户咨询的业务费用按照相关规定给予明确答复。

（6）电价政策及规定的业务咨询。按照国家电价政策和各省、市的电价政策及说

明给予相关内容的答复和解释。主要内容包括电价构成、国民经济行业分类、电力用途、用电性质与电价分类、单一制电价、两部制电价、目录电价、综合电价、分时电价、差别电价、功率因数调整电费执行标准等。

（7）电能计量与电费计收的咨询。咨询内容主要有计量点的设置、计量方式、计量装置配置、各类计量方式的电费计算的方法、故障电费（故障计量接线、电费计算差错）的计算与退补等。

（8）受电工程委托设计和施工的业务咨询。客户受电工程设计与施工，由客户委托具有相应资质的设计、施工单位承担，客户应将委托的设计、施工单位的资质证明文件和有关资料送至供电公司进行验资，资质符合者方可委托。受电工程的设计单位必须具备电力行业的相应设计资质，其他行业的资质只能根据业务范围进行客户用电侧内部配电网的设计。受电工程施工单位必须具有相应的施工资质，还必须取得承装（修、试）电力设施许可证。

（9）受电工程设计审查的业务咨询。主要告知客户如何将受电工程设计进行报审、报审应提供的设计文件及资料、审查程序及时限、审查意见的答复、意见的整改及如何报复审等内容。

（10）受电工程设备选用的业务咨询。客户受电工程设备不得使用国家明令淘汰的电力设备和技术。客户工程主设备及装置性材料生产厂家的资质均应报送供电企业审查。客户应提供生产厂家资质证明文件有：国家发改委颁发的推荐目录厂家文件及确定的相应产品的型号规范（复印件）；国家权威检定机构出具的主设备及装置性材料检测报告、相关认证和生产许可证。

（11）受电工程检查验收的业务咨询。主要包括中间检查、竣工检查的报验申请、应提供的相关资料、检查程序、检查内容、检查结果答复、意见整改、启动方案制定、装表送电程序，以及需要配合完成的其他工作等。

（12）供用电合同签订的业务咨询。主要咨询供用电合同签订应具备的条件、签约人资格、合同内容协商与约定、签字与盖章；电费结算协议和电力调度协议等补充协议的签订；合同变更、续签、终止等业务的办理。

（13）供电设施产权分界点的业务咨询。产权分界点应按照《供电营业规则》第四十七条规定，并结合各地区具体规定以及供用电合同的实际约定给予客户答复。

（14）违约责任及处理规定的业务咨询。供用电任何一方违反供用电合同，给对方造成损失的，应当依法承担违约责任。主要有电力运行事故责任、电压质量责任、频率质量责任、电费滞纳的违约责任、违约用电、窃电的违约责任等，针对以上有关责任按照相关规定给予解释。

（15）供电设施上发生事故的责任划分咨询。责任划分应按照《供电营业规则》

第五十一条规定给予客户答复。

（16）变更用电业务咨询。低压客户变更用电主要有迁址、移表、暂拆、更名或过户、分户、并户、销户、改压、改类等 9 种业务。具体按照《供电营业规则》第二十二条至第三十六条有关规定给予解释和说明。

（17）电能计量装置申请校验的业务咨询。应按照《供电营业规则》第七十九条规定给予客户答复。

（18）申请执行分时电价的业务咨询。100kW 及以上的一般工商业客户，执行蓄热式电锅炉、蓄冷式空调电价的客户，全面执行峰谷分时电价。

峰谷分时电价的具体执行办法，按照国家发展改革委关于峰谷分时电价实施办法的批复和各省市电网峰谷分时电价实施细则的有关规定执行和解释。

（19）停电原因及故障报修的业务咨询。停电原因主要有事故停电、检修停电、限电停电、欠费停电等。帮助客户分析造成客户停电的可能原因。检修停电、限电停电、欠费停电均应按规定事先告知客户，事故停电要分清是供电事故停电还是客户事故停电，必要时通知有关人员现场调查并予以解释，协助客户现场处理。供电事故停电应由供电企业负责处理，客户事故停电应由客户负责处理。

（20）迁移供用电设施的业务咨询。应注意分清需要迁移的供电设施产权属于谁，建设先后，并按照《供电营业规则》第五十条规定给予客户答复。

（21）申办理停送电业务的咨询。客户检修、维护电气设备，改建或扩建、迁移供配电设施等需要供电企业配合停电的业务，均应按照规定向供电企业提出书面申请，供电企业应予受理，并按照有关规定和程序联系停送电工作。应向客户说明办理停送电的具体要求和程序，引导客户正确办理。

（22）无功补偿配置的业务咨询。主要说明哪些用电客户应装设无功补偿装置、为什么要配置无功补偿装置，无功补偿配置的相关规定，功率因数调整电费执行标准等。

（23）进网作业电工管理咨询。主要说明进网作业电工管理办法的有关规定，电工配备、业务培训、资格取证及续注册要求等。

（24）电力设施保护的业务咨询。主要说明《电力设施保护条例》的有关规定，注意针对客户咨询的内容进行对照解释。

（25）违章用电与窃电规定的咨询。主要按照国家相关法律法规和《供电营业规则》第一百条至第一百零四条有关规定进行解释，只注重解释告知客户违章用电、窃电的行为、相关处理规定，严谨告知客户违章用电、窃电的方法。

（26）避峰限电和安全保供电的咨询。对于避峰限电，应注意解释避峰限电的原因、有关政策、方案措施、现场实施及相互支持等。对于重要活动的安全保供电工作，要向客户说明如何提出业务申请、办理程序、方案制定、现场实施及供用电双方如何进行配合工作等内容。

（27）安全用电、节约用电常识咨询。安全用电主要包括安全用电管理、设备安全运行维护、事故处理、应急方案及应急措施、防止触电的技术措施、触电急救知识、安全工器具规范使用等。节约用电主要有合理安排生产有效用电、峰谷用电合理调整、无功补偿合理配置和投运、节能降耗和提高设备利用率等知识。

【思考与练习】

1. 居民客户电能表烧坏或丢失如何处理？
2. 居民客户申请校表如何处理？
3. 停电原因及故障报修业务咨询的主要内容有哪些？

◢ 模块 2　高压客户业务咨询（Z21F1002 I）

【模块描述】本模块包含高压电力客户业务咨询的主要内容和注意事项。通过高压电力客户业务咨询的回答，掌握高压电力客户业务咨询的内容和方法。

【模块内容】

高压电力客户是指供电电压等级在 10kV 及以上的电力客户。因其电压等级高、用电容量大，所以受理高压电力客户业务咨询工作更为重要。

一、高压电力客户业务咨询的主要内容和注意事项

（1）申办用电业务的渠道和相关业务流程咨询。根据供电企业服务规定，告知客户受理和办理业务的渠道、相关业务流程，并提供业务服务指南材料。

（2）申办新装、增容用电的业务咨询。告知并向客户解释办理新装、增容用电、临时用电、转供电、趸售电等业务所要提供的相关材料、相关政策规定、办理程序及要求、收费标准等，并提供相关业务服务指南材料。

（3）申请双电源、自备电源的业务咨询。告知并向客户解释申请办理双电源（多电源）、自备电源的条件、相关材料、办理流程，以及并网条件、收费标准等，提供相关业务服务指南材料。

（4）供电方案制定及答复的业务咨询。按照国家电网公司承诺的供电方案答复方式、时限要求给予答复，同时告知客户供电方案有效期限和办理延期的有关规定。

（5）用电业务收费项目及规定的咨询。相关业务费用主要有高可靠性供电费、临时用电定金、校表费、赔表（互感器）费。对应客户咨询的业务费用按照相关规定给予明确答复。

（6）电价政策及规定的业务咨询。按照国家电价政策和各省、市的电价政策及说明给予相关内容的答复和解释。主要内容包括电价构成、国民经济行业分类、电力用途、用电性质与电价分类、单一制电价、两部制电价、目录电价、综合电价、分时电价、差别电价、功率因数调整电费执行标准等。

（7）电能计量与电费计收的咨询。咨询内容主要有计量点的设置、计量方式、计量装置配置、各类计量方式的电费计算的方法、故障电费（故障计量接线、电费计算差错）的计算与退补等。

（8）受电工程委托设计和施工的业务咨询。客户受电工程设计与施工，由客户委托具有相应资质的设计、施工单位承担，客户应将委托的设计、施工单位的资质证明文件和有关资料送至供电公司进行验资，资质符合者方可委托。受电工程的设计单位必须具备电力行业的相应设计资质，其他行业的资质只能根据业务范围进行客户用电侧内部配电网的设计。受电工程施工单位必须具有相应的施工资质，还必须取得承装（修、试）电力设施许可证。

（9）受电工程设计审查的业务咨询。主要告知客户如何将受电工程设计进行报审、报审应提供的设计文件及资料、审查程序及时限、审查意见的答复、意见的整改及如何报复审等内容。

（10）受电工程设备选用的业务咨询。客户受电工程设备不得使用国家明令淘汰的电力设备和技术。客户工程主设备及装置性材料生产厂家的资质均应报送供电企业审查。客户应提供生产厂家资质证明文件有：国家发改委颁发的推荐目录厂家文件及确定的相应产品的型号规范（复印件）；国家权威检定机构出具的主设备及装置性材料检测报告、相关认证和生产许可证。

（11）受电工程检查验收的业务咨询。主要包括中间检查、竣工检查的报验申请、应提供的相关资料、检查程序、检查内容、检查结果答复、意见整改、启动方案制定、装表送电程序，以及需要配合完成的其他工作等。

（12）供用电合同签订的业务咨询。主要咨询供用电合同签订应具备的条件、签约人资格、合同内容协商与约定、签字与盖章；电费结算协议和电力调度协议等补充协议的签订；合同变更、续签、终止等业务的办理。

（13）供电设施产权分界点的业务咨询。产权分界点应按照《供电营业规则》第四十七条规定，并结合各地区具体规定以及供用电合同的实际约定给予客户答复。

（14）违约责任及处理规定的业务咨询。供用电任何一方违反供用电合同，给对方造成损失的，应当依法承担违约责任。主要有电力运行事故责任、电压质量责任、频率质量责任、电费滞纳的违约责任、违约用电、窃电的违约责任等，针对以上有关责任按照相关规定给予解释。

（15）供电设施上发生事故的责任划分咨询。责任划分应按照《供电营业规则》

第五十一条规定给予客户答复。

（16）变更用电业务咨询。高压客户变更用电主要有减容、暂停、暂换、迁址、移表、暂拆、更名或过户、分户、并户、销户、改压、改类等 12 种业务。具体按照《供电营业规则》第二十二条至第三十六条有关规定给予解释和说明。

（17）电能计量装置申请校验的业务咨询。客户认为供电企业装设的计费电能表不准时，有权向供电企业提出校验申请，在客户交付验表费后，供电企业受理客户计费电能表校验申请后，5 个工作日内出具检测结果。供电企业将检验结果通知客户。如计费电能表的误差在允许范围内，验表费不退；如计费电能表的误差超出允许范围时，除退还验表费外，并应按《供电营业规则》第八十条规定退补电费。客户对检验结果有异议时，可向供电企业上级计量检定机构申请检定。客户在申请验表期间，其电费仍应按期交纳，验表结果确认后，再行退补电费。

（18）申请执行分时电价的业务咨询。大工业客户、100kVA 及以上的一般工商业客户、执行蓄热式电锅炉、蓄冷式空调电价的客户，全面执行峰谷分时电价。

峰谷分时电价的具体执行办法，按照国家发展改革委关于峰谷分时电价实施办法的批复和各省市电网峰谷分时电价实施细则的有关规定执行和解释。

（19）停电原因及故障报修的业务咨询。停电原因主要有事故停电、检修停电、限电停电、欠费停电等。帮助客户分析造成客户停电的可能原因。检修停电、限电停电、欠费停电均应按规定事先告知客户，事故停电要分清是供电事故停电还是客户事故停电，必要时通知有关人员现场调查并予以解释，协助客户现场处理。供电事故停电应由供电企业负责处理，客户事故停电应由客户负责处理。

（20）迁移供用电设施的业务咨询。应注意分清需要迁移的供电设施产权属于谁，建设先后，并按照《供电营业规则》第五十条规定给予客户答复。

（21）申请办理停送电业务的咨询。客户检修、维护电气设备，改建或扩建、迁移供配电设施等需要供电企业配合停电的业务，均应按照规定向供电企业提出书面申请，供电企业应予受理，并按照有关规定和程序联系停送电工作。应向客户说明办理停送电的具体要求和程序，引导客户正确办理。

（22）无功补偿配置的业务咨询。主要说明哪些用电客户应装设无功补偿装置、为什么要配置无功补偿装置，无功补偿配置的相关规定，功率因数调整电费执行标准等。

（23）进网作业电工管理咨询。主要说明进网作业电工管理办法的有关规定，电工配备、业务培训、资格取证及续注册要求等。

（24）电力设施保护的业务咨询。主要说明《电力设施保护条例》的有关规定，注意针对客户咨询的内容进行对照解释。

（25）违约用电与窃电规定的咨询。主要按照国家相关法律法规和《供电营业规则》第一百条至第一百零四条有关规定进行解释，只注重解释告知客户违约用电、窃电的行为、相关处理规定，严谨告知客户违约用电、窃电的方法。

（26）避峰限电和安全保供电的咨询。对于避峰限电，应注意解释避峰限电的原因、有关政策、方案措施、现场实施及相互支持等。对于重要活动的安全保供电工作，要向客户说明如何提出业务申请、办理程序、方案制定、现场实施及供用电双方如何进行配合工作等内容。

（27）安全用电、节约用电常识咨询。安全用电主要包括安全用电管理、设备安全运行维护、事故处理、应急方案及应急措施、防止触电的技术措施、触电急救知识、安全工器具规范使用等。节约用电主要有合理安排生产有效用电、峰谷用电合理调整、无功补偿合理配置和投运、节能降耗和提高设备利用率等知识。

二、高压电力客户业务咨询问答

1. 客户咨询办理临时用电有何规定？

答：根据《供电营业规则》有关规定：对基建工地、农田水利、市政建设等非永久性用电，可供给临时电源。临时用电期限除经供电企业准许外，一般不得超过六个月，逾期不办理延期或永久性正式用电手续的，供电企业应终止供电。使用临时电源的客户不得向外转供电，也不得转让给其他客户，供电企业也不受理其变更用电事宜。如需改为正式用电，应按新装用电办理。

因抢险救灾需要紧急供电时，供电企业应迅速组织力量，架设临时电源供电。架设临时电源所需的工程费用和应付的电费，由地方人民政府有关部门负责从救灾经费中拨付。

临时用电的客户，应安装用电计量装置。对不具备安装条件的，可按其用电容量、使用时间、规定的电价计收电费。

2. 高压客户受电工程设计报审应向供电企业提供哪些资料？

答：高压客户受电工程的设计文件和有关资料应一式二份送交供电企业审核。资料包括：① 受电工程的设计及说明书；② 用电负荷分布图；③ 负荷组成、性质及保安负荷；④ 影响电能质量的用电设备；⑤ 主要电气设备一览表；⑥ 高压受电装置一、二次接线图和平面布置图；⑦ 主要生产设备、生产工艺耗电情况及允许中断供电时间；⑧ 用电功率因数计算及无功补偿方式；⑨ 继电保护、过电压保护及电能计量装置方式；⑩ 隐蔽工程设计资料；⑪ 配电网络布置图；⑫ 自备电源及接线方式；⑬ 供电企业认为还应提供的其他资料。

【思考与练习】

1. 高压客户申请新装正式用电应提供哪些资料？

2. 高压供电设施产权分界点是如何划分的？

3. 高压客户受电工程设计报审应向供电企业提供哪些资料？

◢ 模块3　受理客户查询、咨询（Z21F1003 I ）

【模块描述】本模块介绍用电营业柜台受理查询、咨询的业务内容。通过要点归纳，掌握停电、业扩进程、电量、电费查询和电价政策及其他用电业务咨询知识。

【模块内容】

营业柜台受理客户查询、咨询主要体现在以下几方面内容：停电查询、业扩进程查询、电量电费查询、电价政策及其他用电业务咨询。受理的方式主要为柜台受理和电话受理。接收到客户的查询、咨询请求后，应及时查询电力知识库及公共信息，准确确定客户查询、咨询类型，可以直接答复的直接答复客户，不能直接答复的下发业务咨询单到相关部门或专家进行解答。

一、停电查询

1. 停电的类型

（1）计划停电。计划停电要有正式计划安排，分为检修停电和施工停电。供电部门按照工作计划对电网进行扩建、改建、迁移、对业扩报装工程进行接电或电力线路及设备进行正常的停电预试工作，这种停电工作均按周期报调度部门申请批准，事先在新闻媒体及"95598"客户服务系统等方式进行预告。

（2）临时停电。临时停电无计划安排，但临时停电前需要经过批准。临时停电主要是因为供电部门巡视过程中发现了电力线路或设备异常，但还未引起故障，必须立即停电对障碍进行紧急处理，以免发生更大的故障。

（3）故障停电。由于供电系统故障引发的停电，分为内部故障停电和外部故障停电。内部故障停电的原因是电力线路及设备在运行过程中出现异常后保护动作或设备损坏，造成后端客户无电。外部故障停电的原因很多，例如机车撞杆、建筑工地落物砸线、树木倾倒造成线路短路或断线、大风、雷电，以及洪水、泥石流等自然灾害、第三者挖掘破坏或盗窃电力设施等。故障停电事先无法预知，因此无法进行提前公告。

（4）欠缴电费停电。自用电客户欠缴电费逾期之日起计算超过 30 日，经催交仍未交付电费的，供电企业可以按照国家规定的程序停止供电。

（5）其他。

1）政府明令禁止的用电行业，供电企业配合政府实施的停电；

2）政府要求的限电停电；

3）由于客户窃电，供电企业停止供电；

4）客户违约用电情节严重的，供电企业可以按照国家规定的程序停止供电；

5）客户内部故障引起的停电。

2. 停电查询业务处理

接到用电客户停电查询请求后，受理人员通过客户提供的客户编号、客户名称等客户信息，查询系统、获取停电信息，已公布的停电信息，直接答复客户。

二、业扩进程查询

业扩进程查询是指供电企业为合法用电人提供业扩报装进程的查询服务。依据客户提供的相关报装信息，通过营销系统的业扩流程查询功能，准确解答告知客户目前该流程所在的节点。

业扩进程查询处理：

（1）接到业扩进程查询请求后，通过客户提供的客户名称、客户编号和密码信息（如果不能提供客户编号和密码，居民用户需提供身份证或其他有效证件原件，企业用户需提供签字盖章的查询介绍信和查询人的身份证或其他有效证件原件、复印件，否则不予办理），准确操作营销系统业扩进程查询功能，获取客户在办业务信息；

（2）准确告知客户其在办的用电业务的进程查询结果，引导客户配合完成后续的业扩进程；

（3）应用满意度管理，开展客户满意度调查。

三、电量、电费查询

电量、电费查询是指供电企业为合法用电人提供某个抄表周期用电量及电费的查询服务。

电量、电费查询处理过程如下：

（1）接到电量、电费查询请求后，通过客户提供的客户名称、客户编号和密码信息（如果不能提供客户编号和密码，居民用户需提供身份证或其他有效证件原件，企业用户需提供签字盖章的查询介绍信和查询人的身份证或其他有效证件原件、复印件，否则不予办理），准确操作营销系统电量、电费查询功能，获取客户电量、电费信息。

（2）告知客户所需查询抄表周期的用电量及电费。

（3）应用满意度管理，开展客户满意度调查。

四、电价政策及其他用电业务咨询

1. 常见的业务咨询类型

（1）电价的分类。各地区电价分类方法不同，目前按用电性质基本可分为居民生活电价、农业生产电价、非工业电价、普通工业电价、大工业电价、商业电价和非居民照明电价七类。

（2）功率因数调整办法。

1）功率因数标准 0.90，适用于 160kVA 以上的高压供电工业用户（包括社队工业用户）、装有带负荷调整电压装置的高压供电电力用户和 3200kVA 及以上的高压供电电力排灌站。

2）功率因数标准 0.85，适用于 100kVA（kW）及以上的其他工业用户（包括社队工业用户）、100kVA（kW）及以上的非工业用户和 100kVA（kW）及以上的电力排灌站。

3）功率因数标准 0.80，适用于 100kVA（kW）及以上的农业用户和趸售用户，但大工业用户未划由电业直接管理的趸售用户，功率因数标准应为 0.85。

（3）供电企业供电的额定电压及用户受电端供电电压允许偏差。

1）供电企业供电的额定电压：低压供电：单相为 220V，三相为 380V；高压供电：为 10、35（63）、110、220kV。

2）用户受电端供电电压允许偏差：

电力系统正常情况下：35kV 及以上电压供电的，电压正、负偏差的绝对值之和不超过额定值的 10%；10kV 及以下三相供电的，为额定值的±7%；220V 单相供电的，为额定值的+7%，−10%。

电力系统非正常情况下，用户受电端的电压最大允许偏差不应超过额定值的±10%。

用户用电功率因数达不到功率因数调整办法规定的，其受电端的电压偏差不受此限制。

（4）供电方案的有效期。供电方案的有效期是指从供电方案正式通知书发出之日起至受电工程开工之日为止。高压供电方案的有效期为一年，低压供电方案的有效期为三个月，逾期注销。

用户遇有特殊情况，需延长供电方案有效期的，应在有效期到期前十天向供电企业提出申请，供电企业应视情况予以办理延长手续。但延长时间不得超过前款规定期限。

（5）供电设施与建筑物、构筑物间的矛盾。因建设引起建筑物、构筑物与供电设施相互妨碍，需要迁移供电设施或采取防护措施时，应按建设先后的原则，确定其担负的责任。如供电设施建设在先，建筑物、构筑物建设在后，由后续建设单位负担供电设施迁移、防护所需的费用；如建筑物、构筑物的建设在先，供电设施建设在后，由供电设施建设单位负担建筑物、构筑物的迁移所需的费用；不能确定建设的先后者，由双方协商解决。供电企业需要迁移用户或其他供电企业的设施时，也按上述原则办理。

（6）在供电设施上发生事故引起的法律责任。在供电设施上发生事故引起的法律责任，按供电设施产权归属确定。产权归属于谁，谁就承担其拥有的供电设施上发生事故引起的法律责任。但产权所有者不承担受害者因违反安全或其他规章制度，擅自进入供电设施非安全区域内而发生事故引起的法律责任，以及在委托维护的供电设施上，因代理方维护不当所发生事故引起的法律责任。

（7）供电企业对用户供电可靠性的要求。供电企业应不断改善供电可靠性，减少设备检修和电力系统事故对用户的停电次数及每次停电持续时间。供用电设备计划检修应做到统一安排。供用电设备计划检修时，对 35kV 及以上电压供电的用户的停电次数，每年不应超过一次；对 10kV 供电的用户，每年不应超过三次。

（8）窃电行为包括：

1）在供电企业的供电设施上，擅自接线用电；

2）绕越供电企业用电计量装置用电；

3）伪造或者开启供电企业加封的用电计量装置封印用电；

4）故意损坏供电企业用电计量装置；

5）故意使供电企业用电计量装置不准或者失效；

6）采用其他方法窃电。

（9）两部制电价及执行范围。两部制电价就是将电价分为基本电价和电度电价两部分，计算电费时将按用电容量乘以基本电价和按电量乘以电度电价所得的电费之和作为总电费的计算办法。

两部制电价适用范围：凡以电为原动力，或以电冶炼、烘焙、熔焊、电解、电化的一切工业生产，受电变压器总容量在 315kVA 及以上者，执行两部制电价的客户还应按规定执行功率因数调整电费办法。

2. 电价政策及其他用电业务咨询处理

（1）接到咨询请求后，了解客户咨询内容，准确确定客户咨询类型。

（2）通过查询电力知识库和公共信息，准确解答客户所咨询的问题。可以直接答复的直接答复客户，不能直接答复的下发业务咨询单到相关部门或专家进行解答。

（3）填写、下发业务咨询单到相关部门或专家，并负责按照时限督办，在规定时限内答复客户。

（4）应用满意度管理，开展客户满意度调查。

【思考与练习】

1. 客户查询业扩进程时，还应提醒客户做什么？

2. 供电设施与建筑物、构筑物间相矛盾，按什么原则处理？

3. 不同类型的停电信息查询时应注意什么？

4. 客户查询电量电费时应注意什么？如客户对查询的电费产生怀疑，该如何处理？

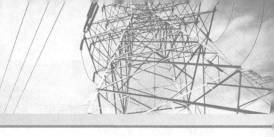

第五章

业 务 受 理

▲ 模块 1 低压客户业扩报装受理（Z21F2001 I）

【模块描述】本模块介绍低压客户业扩报装受理范围、分类，客户应提供的报装资料等内容。通过要点归纳，掌握业扩报装的基本知识和受理低压客户业扩报装的主要工作。

【模块内容】

以下内容还涉及业扩报装的基本知识及主要工作内容。本模块因政策性较强，具体运用请按照最新文件精神的相关政策执行。

业扩报装又称为业务扩充，简称业扩，是供电企业营销服务工作中的一个习惯术语。它的主要含义是：供电企业接受客户新增用电申请后，根据电网供应能力等实际情况，按照相关规定，为客户办理供电相关服务业务，以满足客户的扩充用电需求。业扩报装主要包括用电客户新装、增容用电等业务。

业扩报装工作的主要内容包括：客户业扩报装受理，收集客户用电需求的有关信息，并深入客户用电现场了解客户现场情况、用电规模、用电性质以及该区域电网的结构，进行供电可靠性和供电合理性的调查，然后根据客户的用电需求和现场调查情况以及电网运行情况制定供电方案。根据确定的供电方案，一方面组织业务扩充引起的供电设施新建、扩建工程的设计、施工、验收、启动；另一方面组织客户工程的设计、施工审查以及针对隐蔽工程进行施工的中间检查，最后组织客户工程的竣工验收。经竣工验收合格后，负责与客户签订供用电合同，组织装表接电，并立即将客户的有关资料传递相关部门建立抄表、核算等账卡。最后建立客户的户务档案，进行日常的营业管理。

客户业扩报装受理是业扩报装开始环节，该环节需要充分了解客户用电需求，明确双方后续工作职责及内容。随着通信和信息技术的发展，除采用传统的营业网点的柜台办理用电手续外，还可以用电话或网站等来受理用电报装业务，并逐步实现了同城异地受理，大大方便了用电客户报装。同时，为了便于后期报装业务办理，根据客户现供电电压等级和新增用电需求初步确定供电电压后，分为低压客户和高压客户报装业务进行正式受理。

一、低压客户业扩报装受理范围及分类

低压客户业扩报装受理范围主要包括 380V 或 220V 供电客户新装和增容业务。根据业务差异，将低压客户业扩报装分类受理，主要分为低压居民客户新装、低压居民客户增容、低压非居民客户新装、低压非居民客户增容。

二、低压客户受理时一般应提供的报装资料

1. 低压居民客户报装

（1）履约人居民身份证原件或其他有效证件及复印件；

（2）如委托他人代办，则需代办人的居民身份证原件或其他有效证原件及复印件；

（3）房产证原件及复印件；

（4）《用电报装申请表》；

（5）增容客户还应提供现有供用电合同。

2. 低压非居民客户报装

（1）工商行政管理部门签发的有效期内营业执照；

（2）属政府监管的项目应提供政府职能部门有关本项目立项的批复文件；

（3）非法人申请应提供授权委托书；

（4）法人登记证件或委托代理人居民身份证、税务登记证明原件及复印件；

（5）《用电报装登记表》；

（6）用电设备清单；

（7）增容客户还应提供现有供用电合同。

【思考与练习】

1. 低压客户业扩报装受理范围主要包括什么？分为哪几类？

2. 低压客户受理时一般应提供哪些报装资料？

3. 业扩报装工作的主要内容有哪些？

▲ 模块 2 高压客户业扩报装受理（Z21F2002Ⅰ）

【模块描述】本模块介绍高压客户业扩报装受理范围、分类，客户应提供的报装资料等内容。通过要点归纳，掌握受理高压客户业扩报装的业务技能。本模块因政策性较强，具体运用请按照最新文件精神的相关政策执行。

【模块内容】

高压客户业扩报装受理范围包括 10（6）kV 及以上电压等级供电客户新装和增容

业务。根据业务差异，可将高压客户业扩报装分类受理，主要分为高压客户新装、高压客户增容。

一、高压客户业扩受理

（1）客户第一次到供电营业厅咨询高压用电业扩报装业务时，应主动发放"高压客户申请用电告知书"，并主动讲解。方便客户准备申请资料、熟悉业扩流程，掌握工作节点、办理时限。为客户做好优质服务。

（2）高压客户申请用电一般应提供的报装资料

1）"用电报装登记表"。主要内容包括报装单位名称、申请报装项目名称、用电地点。

2）项目性质、申请容量、要求供电的时间、联系人和电话等。

3）产权证明及其复印件。

4）对高耗能等特殊行业客户，须提供环境评估报告、生产许可证等。

5）有效的营业执照复印件或非企业法人的机构代码证。

6）经办人的身份证及复印件，法定代表人出具的授权委托书。

7）政府职能部门有关本项目立项的批复文件。

8）建筑总平面图、用电设备明细表、变配电设施设计资料、近期及远期用电容量。

9）增容客户一般还应提供现有供用电合同或电费结算协议。

供电企业应对客户办理用电业务提供的资料进行审查，对资料不完整的，应一次性通知客户补齐，并登记客户已经提供的资料。

（3）供电企业在受理客户用电申请后，在一个工作日内派发新装传票。让下一环节尽快与客户沟通确认现场勘查时间，并按照约定的时间派出工作人员进行现场勘查。

（4）供电企业应通过各种渠道及时收集当地较大用电项目的信息，主动为客户提供报装前期的专业咨询服务，深入了解并逐步明确用电详细需求，指导客户提交业扩报装完整必备资料，转入正式用电受理。

供电企业应为当地重大用电项目办理业扩报装开辟绿色通道，优先办理，以最快的速度让客户用上电。

二、国民经济八大高耗能行业用电分类解释及其甄别条件

（1）钢铁。黑色金属冶炼及压延加工业（重）。

1）炼铁。指用高炉法、直接还原法、熔融还原法等，将铁从矿石等含铁化合物中还原出来的生产过程。包括高炉生铁、直接还原铁、熔融还原铁、球墨铸铁；铸铁管制造。

2）炼钢。指利用不同来源的氧（如空气、氧气）来氧化炉料（主要是生铁）所含杂质的金属提纯过程，称为炼钢活动。包括连铸坯、模铸钢锭和铸钢水。

3）钢压延加工。指通过热轧、冷加工、锻压和挤压等塑性加工使连铸坯、钢锭产生塑性变形，制成具有一定形状尺寸的钢材产品的生产活动。包括钢坯、铁道用钢材、大型钢材、中型钢材、小型钢材、冷弯型钢材、线材、特厚钢板、中厚钢板、薄钢板、硅钢片、钢带、无缝钢管、焊接钢管等。

（2）电解铝。指通过熔炼、精炼、电解或其他方法从铝金属矿、废铝金属料中提炼铝金属的生产活动。

（3）铁合金。指铁与其他一种或一种以上的金属或非金属元素组成的合金生产活动。

1）普通铁合金。锰铁、硅铁、硅锰铁。

2）特种铁合金。铬铁合金、镍铁合金、特种硅合金；钼铁、钨铁、硅钨铁、钛铁、硅钛铁、钒铁、铌铁。

（4）水泥。指以水泥熟料加入适量石膏或一定混合材，经研磨设备（水泥磨）磨制到规定的细度制成水凝水泥的生产活动。

（5）电石。即碳化钙，是生产乙炔的重要原料。

（6）烧碱。烧碱、氢氧化钾及其他金属氢氧化物；纯碱、碳酸氢钠以及其他碱类。

（7）黄磷。又称白磷，是制造次磷、磷酸、磷酸盐等以及有机磷农物的原料。

（8）锌冶炼。指通过熔炼、精炼、电解或其他方法从有色金属矿、废杂金属料等有色金属原料中提炼常用有色金属（铜、铅锌、镍钴、锡、锑、铝、镁等）的生产活动。

三、常见错误

（1）将金属制品业中的钢丝绳、不锈钢压延制造错误地选定为钢铁行业；

（2）将有色金属压延加工行业中的稀有稀土金属压延加工错误地选定为铁合金行业；

（3）将水泥制品（管桩、面板、混凝土等）、砖瓦、石材、石棉水泥制品等错误地选定为水泥行业；

（4）部分单位农村综合变以下错误地存在电石、烧碱、黄磷、电解铝等行业。

四、案例

【案情】某水泥制品制造企业，申请 2000kVA 高压新装用电，内含重要负荷，经现场勘查，确定该户为二级重要客户，请简单描述供电电源配置及自备应急电源容量配置标准。请列举出八大高耗能行业名称。如属于高耗能行业，应提供哪些资料？

答：（1）二级重要电力客户应采用双电源或双回路供电方式，供电电源可以来自同一个变电站的不同母线段。

（2）自备应急电源容量配置标准：自备应急电源容量应达到保安负荷的 120%。

（3）水泥/电解铝/锌冶炼/电石/电解铝/钢铁/黄磷/铁合金。

（4）书面申请书，新（扩）建项目批准书；工程建设规划许可材料或房产证明；宗地测量成果报告或规划红线图；用电人主体资格证明材料，如营业执照或事业单位登记证、组织机构代码证、税务登记证、社团登记证等；单位客户法人代表（负责人）身份证明，法人代表（负责人）开具的委托书及被委托人身份证明；负荷组成和用电设备清单（含空调清单）；固定资产投资项目节能评估报告书、报告表、登记表；环评报告；高耗能客户需提供安全生产许可证；客户增容业务，需提供电费交费卡或近期电费发票；以及供电企业认为需要提供的其他材料。

【思考与练习】

1. 高压客户业扩报装受理范围是什么？如何分类？
2. 高压客户受理时一般应提供的报装资料有哪些？
3. 高压客户第一次到营业厅咨询高压业扩报装业务时，你应做哪些工作？
4. 对大项目用电，应如何做好大项目正式用电的前期工作？
5. 八大高耗能行业的确认。

▶ 模块 3 变更用电受理（Z21F2003 Ⅰ）

【模块描述】本模块介绍了变更用电的分类、受理变更用电所需资料、业务受理的流程和工作内容。通过要点归纳和流程介绍，掌握变更用电流程各环节工作内容和工作要求。本模块因政策性较强，具体运用请按照最新文件精神的相关政策执行。

【模块内容】

变更用电是指电力客户在不增加用电容量和供电回路数的情况下，由于自身经营、生产、建设、生活等变化而向过大年企业申请，要求改变原供用电合同中约定用电事宜的业务。

一、变更用电的分类

根据《供电营业规则》有关规定，用电业务变更分为：减容、暂停、暂换、迁址、移表、暂拆、更名或过户、分户、并户、销户、改压、改类 12 大类。

（1）减少合同约定的用电容量，简称减容；

（2）暂时停止全部或部分受电设备的用电，简称暂停；

（3）临时更换大容量变压器，简称暂换；

（4）迁移受电装置用电地址，简称迁址；

（5）移动用电计量装置安装位置，简称移表；

（6）暂时停止用电并拆表，简称暂拆；

（7）改变客户的名称，简称更名或过户；

（8）一户分列为两户及以上的客户，简称分户；

（9）两户及以上客户合并为一户，简称并户；

（10）合同到期终止用电，简称销户；

（11）改变供电电压等级，简称改压；

（12）改变用电类别，简称改类。

以下内容以《供电营业规则》为基础，具体办理要求、收资要求等以各省网公司制定的文件、政策、规范为准。

二、申请变更用电所需资料

有上述情况之一者，为变更用电。客户需变更用电时，应提前五天提出申请，并携带有关证明文件，到供电企业用电营业场所办理手续。

（1）客户办理变更用电业务时，应填写"变更用电登记表"和相应的变更用电说明。

（2）客户办理变更用电时应提供的相关资料及要求：

1）原供用电合同、营业执照副本或相关机构代码、法人身份证原件和复印件，并出示电费已结清的单据。

2）居民申请过户、分户、并户的应携带双方有效身份证件、房产证原件和复印件，以及双方协议。

3）机关、企事业单位（破产客户以有效的法律文件为准）、社会团体、部队等申请更名或过户、分户、并户的，应出具双方协议，并提供新户的银行账号、用电性质。

4）改造。高、低压供电客户内部设备更新和改造，应提供更新和改造的设计图纸。

5）客户减容、暂停、迁址，须在五天前向供电企业提出申请。

6）临时用电户除办理销户外不得办理其他变更用电事宜。

7）客户连续六个月不用电，也不申请办理暂停用电手续者，供电企业须以销户终止其用电，客户需再用电时，按新装用电办理。

三、变更用电业务流程及工作内容

（一）减容

1. 工作要求

客户减容，须在五天前向供电企业提出申请。供电企业应按下列规定办理：

（1）减容必须是整台或整组变压器的停止更换小容量变压器用电。供电企业在受理之日起后，根据客户申请减容的日期对设备进行加封。从加封之日起，按原计费方式减收其相应容量的基本电费。但客户申明为永久性减容的或从加封之日起期满二年又不办理恢复用电手续的，其减容后的容量已达不到实施两部制电价规定容量标准时，应改为单一制电价计费。

（2）减少用电容量的期限，应根据客户所提出的申请确定，但最短期限不得少于六个月，最长期限不得超过二年。

（3）在减容期限内要求恢复用电时，应当五天前向供电企业办理恢复用电手续，基本电费从启封之日起计收。

（4）减容期满后的客户以及新装、增容客户，二年内不得申办减容或暂停。如确需继续办理减容或暂停的，减少或暂停部分容量的基本电费应按百分之五十计算收取。

2. 业务流程

减容业务流程，见图5-3-1。

3. 减容流程介绍

（1）业务受理。

1）减容分为临时性减容和永久性减容。临时减容应明确临时减容的起止日期。

2）受理时须核查该客户的电费缴费情况，如有欠费则须在结清电费后，方可受理。

3）允许同一城市内减容业务异地受理，需准确记录客户相关信息，及时移交所辖区域供电营业部门办理。

4）所辖区域供电营业部门在接到异地受理的客户减容申请信息后，应及时与客户取得联系，办理后续业务。

（2）现场勘查。应在约定日期内到现场进行核实，记录勘查内容和意见，制定相关供电变更方案。

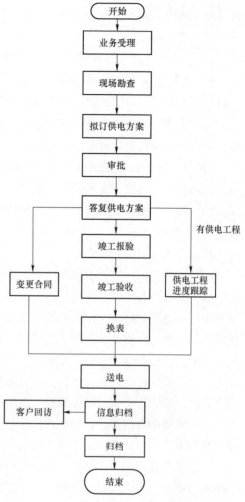

图 5-3-1　减容业务流程

（3）答复供电方案。

1）根据审批确认的供电方案，以书面的形式答复客户。

2）供电方案应在规定的时限内书面答复客户，若不能如期确定供电方案时，应主动向客户说明原因。

3）客户对供电企业答复的供电方案有不同意见时，双方可再行协商确定。

（4）竣工报验。由于减容业务发生客户内部工程的，接收客户的竣工验收申请，审核相关报送资料是否齐全有效，核查竣工报验材料的完整性，通知相关部门准备客户受电工程竣工验收工作。

（5）变更合同。

1）需在送电前完成与客户变更供用电合同的工作。

2）永久减容，减容后应重新签订供用电合同；临时减容，减容后应签订临时减容协议作为原供用电合同的附件，有效期为临时减容的起止时间。

（6）换表。由于用电客户减少用电容量后，原计量装置配置不能满足减容后要求的，应更换计量装置后再组织送电。

（7）信息归档。根据相关信息变动情况，变更客户基本档案、电源档案、计费档案、计量档案、用检档案和合同档案等。

（8）归档。核对客户待归档信息和资料。收集、整理变更资料，完成资料归档。

（二）暂停

1. 工作要求

客户暂停，须在五天前向供电企业提出申请。供电企业应按下列规定办理：

（1）客户在每一日历年内，可申请全部（含不通过受电变压器的高压电动机）或部分用电容量的暂时停止用电两次，每次不得少于十五天，一年累计暂停时间不得超过六个月。季节性用电或国家另有规定的客户，累计暂停时间可以另议。

（2）按变压器容量计收基本电费的客户，暂停用电必须是整台或整组变压器停止运行。供电企业在受理暂停申请后，根据客户申请暂停的日期对暂停设备加封。从加封之日起，按原计费方式减收其相应容量的基本电费。

（3）暂停期满或每一日历年内累计暂停用电时间超过六个月者，不论客户是否申请恢复用电，供电企业须从期满之日起，按合同的容量计收其基本电费。

（4）在暂停期限内，客户申请恢复暂停用电容量用电时，须在预定恢复日前五天向供电企业提出申请。暂停时间少于十五天者，暂停期间基本电费照收。

（5）按最大需量计收基本电费的客户，申请暂停用电必须是全部容量（含不通过受电变压器的高压电动机）的暂停，并遵守本条（1）～（4）项的有关规定。

2. 业务流程

暂停业务流程，见图5-3-2。

3. 暂停流程介绍

（1）业务受理。

1）应明确暂停的起止日期。办理减容期满后的客户以及新装、增容客户，二年内不得申办暂停。如确需继续办理暂停的，暂停部分容量的基本电费应按50%计算收取。

2）受理时须核查客户同一自然人或同一法人主体的其他用电地址的电费缴费情

况，如有欠费则须在结清电费后，方可受理。

3）允许同一城市内暂停业务异地受理，需准确记录客户相关信息，及时移交所辖区域供电营业部门办理。

4）所辖区域供电营业部门在接到异地受理的客户暂停申请信息后，应及时与客户取得联系，办理后续业务。

（2）现场勘查。应在约定日期内到现场进行核实，记录勘查内容和意见。按变压器容量计收基本电费的客户，暂停用电必须是整台或整组变压器停止运行。按最大需量计收基本电费的客户，申请暂停用电必须是全部容量（含不通过变压器的高压电动机）的暂停。

（3）装表。由于用电客户设备暂停后，原计量装置配置不满足暂停后要求的，应更换计量装置。

（4）设备封停。用电检查人员到现场加封申请暂停的受电设备。由于设备暂停涉及电费计算的，应以设备实际加封、启封时间作为暂停的起止时间。

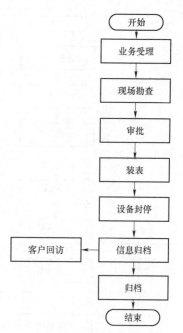

图 5-3-2 暂停业务流程

（5）信息归档。根据相关信息变动情况，变更客户计费档案、计量档案、用检档案等。

（6）归档。核对客户待归档信息和资料。收集、整理变更资料，完成资料归档。

（三）暂换

1. 工作要求

客户暂换（因受电变压器故障而无相同容量变压器替代，需要临时更换大容量变压器），须在更换前向供电企业提出申请。供电企业应按下列规定办理：

（1）必须在原受电地点内整台的暂换受电变压器；

（2）暂换变压器的使用时间，10kV 及以下的不得超过两个月，35kV 以上的不得超过三个月，逾期不办理手续的，供电企业可中止供电；

（3）暂换的变压器经检验合格后才能投入运行；

（4）暂换变压器增加的容量，对两部制电价客户须在暂换之日起，按替换后的变压器容量计收基本电费。

2. 业务流程

暂换业务流程，见图 5-3-3。

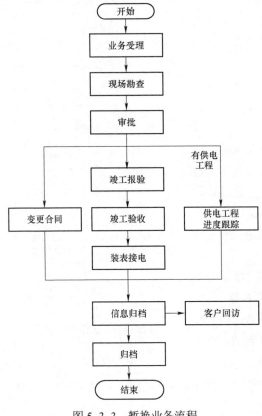

图 5-3-3 暂换业务流程

3. 暂换流程介绍

（1）业务受理。

1）检查客户的申请资料是否满足暂换的申请条件，应明确暂换的起止日期。

2）受理时须核查客户同一自然人或同一法人主体的其他用电地址的电费缴费情况，如有欠费则应给予提示。

3）允许同一城市内暂换业务异地受理，需准确记录客户相关信息，及时移交所辖区域供电营业部门办理。

4）所辖区域供电营业部门在接到异地受理的客户暂换申请信息后，应及时与客户取得联系，办理后续业务。

（2）现场勘查。应在约定日期内到现场进行核实，记录勘查内容和意见。根据暂换后的容量和用电性质，提出计费变更方案，包括用电性质、执行的电价、功率因数执行标准等信息。

（3）竣工报验。由于暂换业务发生客户内部工程的，接收客户的竣工验收申请，审核相关报送资料是否齐全有效，核查竣工报验材料的完整性，通知相关部门准备客户受电工程竣工验收工作。

（4）变更合同。

1）需在送电前完成与客户变更供用电合同的工作。

2）暂换后应签订暂换协议作为原供用电合同的附件，有效期为暂换的起止时间。

（5）装表接电。由于用电客户暂换容量变更，原计量装置配置不能满足暂换后要求的，应更换计量装置后再组织送电。

（6）信息归档。根据相关信息变动情况，变更客户计费档案、计量档案、用检档案等。

（7）归档。核对客户待归档信息和资料。收集、整理变更资料，完成资料归档。

（四）迁址

1. 工作要求

客户迁址，须在五天前向供电企业提出申请。供电企业应按下列规定办理：

（1）原址按终止用电办理，供电企业予以销户。新址用电优先受理。

（2）迁移后的新址不在原供电点供电的，新址用电按新装用电办理。

（3）新址用电引起的工程费用由客户负担。

（4）迁移后的新址仍在原供电点，但新址用电容量超过原址用电容量的，超过部分按增容办理。

（5）私自迁移用电地址而用电者，属于居民客户的，应承担每次 500 元的违约使用电费；属于其他客户的应承担每次 5000 元的违约使用电费。自迁新址不论是否引起供电点变动，一律按新装用电办理。

2. 业务流程

迁址业务流程，见图 5-3-4。

3. 迁址流程介绍

（1）业务受理。

1）客户供电点、容量、用电类别均不变的前提下迁移受电装置用电地址，原址按销户的流程进行销户处理，新址按新装流程进行新装业务处理。

2）受理时须核查客户同一自然人或同一法人主体的其他用电地址的电费缴费情况，如有欠费则须在结清电费后，方可受理。

3）允许同一城市内迁址业务异地受理，需准确记录客户相关信息，及时移交所辖区域供电营业部门办理。

4）所辖区域供电营业部门在接到异地受理的客户迁址申请信息后，应及时与客户取得联系，办理后续业务。

（2）现场勘查。应在约定日期内到现场进行核实，记录勘查内容和意见，制定相关供电变更方案。

（3）答复供电方案。

1）根据审批确认的供电方案，以书面的形式答复客户。

2）供电方案应在规定的时限内书面答复客户，若不能如期确定供电方案时，应主动向客户说明原因。

3）客户对供电企业答复的供电方案有不同意见时，双方可再行协商确定。

（4）确定费用。由客户提出迁址要求所引起的相关费用，应按照国家有关规定及物价部门批准的收费标准，确定相关费用，并通知客户缴费。

（5）业务收费。按确定的收费项目和收费金额收取费用。

（6）设计文件审核。

1）接收并审查客户工程的设计图纸及其他资料，答复审核意见。

2）将审核通过的设计图纸及其他资料存档。

（7）中间检查。

1）接收客户中间检查申请，通知相关部门进行现场检查。

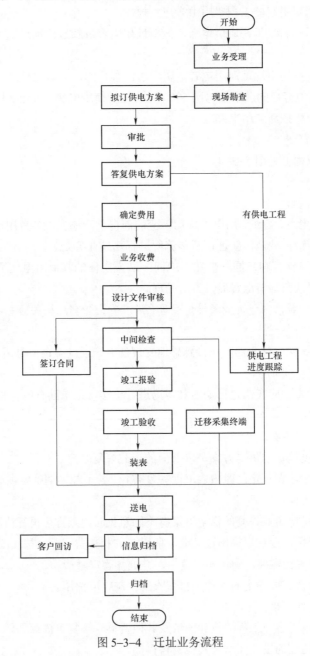

图 5-3-4 迁址业务流程

2）将中间检查记录、缺陷记录、整改通知记录存档。

（8）竣工报验。接收客户的竣工验收申请，审核相关报送资料是否齐全有效，核查竣工报验材料的完整性，通知相关部门准备客户受电工程竣工验收工作。

（9）签订合同。

1）竣工验收合格后，需在送电前完成与客户变更供用电合同的工作。

2）原址按终止用电办理，新址用电按新装用电办理签订供用电合同。

（10）装表。原址按终止用电开具拆表工单，新址用电按新装用电开具装表工单。装表工作完成后组织相关部门送电。

（11）信息归档。根据相关信息变动情况，变更客户基本档案、电源档案、计费档案、计量档案、用检档案和合同档案等。

（12）归档。核对客户待归档信息和资料。收集、整理变更资料，完成资料归档。

（五）移表

1. 工作要求

客户移表（因修缮房屋或其他原因需要移动用电计量装置安装位置）须向供电企业提出申请。供电企业应按下列规定办理：

（1）在用电地址、用电容量、用电类别、供电点等不变情况下，可办理移表手续。

（2）移表所需的费用由客户负担。

（3）客户不论何种原因，不得自行移动表位，否则，属于居民客户的，应承担每次 500 元的违约使用电费；属于其他客户的，应承担每次 5000 元的违约使用电费。

2. 业务流程

移表业务流程，见图 5-3-5。

3. 移表流程介绍

（1）业务受理。

1）在用电地址、用电容量、用电类别、供电点等不变情况下，可办理移表手续。

2）受理时须核查客户同一自然人或同一法人主体的其他用电地址的电费缴费情况，如有欠费则须在结清电费后，方可办理。

3）允许同一城市内移表业务异地受理，需准确记录客户相关信息，及时移交所辖区域供电营业部门办理。

4）所辖区域供电营业部门在接到异地受理的客户移表申请信息后，应及时与客户取得联系，办理后续业务。

（2）现场勘查。应在约定日期内到现场进行核实，记录勘查内容和意见。

（3）确定费用。由客户提出移表要求所引起的相关费用，按照国家有关规定及物价部门批准的收费标准，确定相关费用，并通知客户缴费。

（4）业务收费。按确定的收费项目和收费金额收取费用。

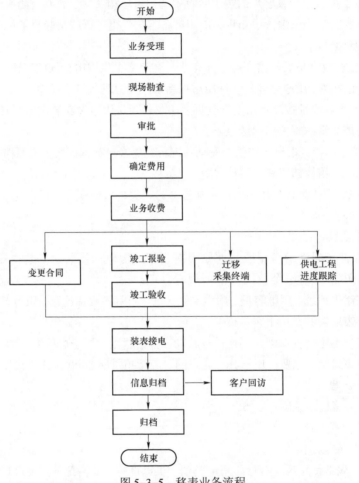

图 5-3-5　移表业务流程

（5）竣工报验。接收客户的竣工验收申请，审核相关报送资料是否齐全有效，核查竣工报验材料的完整性，通知相关部门准备客户受电工程竣工验收工作。

（6）变更合同。

1）竣工验收合格后，需在送电前完成与客户变更供用电合同的工作。

2）可将移表申请、相关合同补充条款作为原供用电合同的附件。

（7）装表接电。开具拆表及装表工单，装表工作完成后送电。

（8）信息归档。根据相关信息变动情况，变更客户基本档案、电源档案、计费档案、计量档案、用检档案和合同档案等。

（9）归档。核对客户待归档信息和资料。收集、整理变更资料，完成资料归档。

（六）暂拆

1. 工作要求

客户暂拆（因修缮房屋等原因需要暂时停止用电并拆表），应持有关证明向供电企业提出申请。供电企业应按下列规定办理：

（1）客户办理暂拆手续后，供电企业应在五天内执行暂拆。

（2）暂拆时间最长不得超过六个月。暂拆期间，供电企业保留该客户原容量的使用权。

（3）暂拆原因消除，客户要求复装接电时，须向供电企业办理复装接电手续并按规定交付费用。上述手续完成后，供电企业应在五天内为该客户复装接电。

（4）超过暂拆规定时间要求复装接电者，按新装手续办理。

2. 业务流程

暂拆业务流程，见图 5-3-6。

3. 暂拆流程介绍

（1）业务受理。

1）应明确暂拆原因及暂拆起止日期等申请信息。

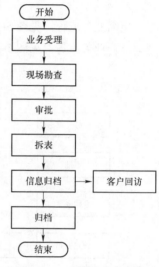

图 5-3-6 暂拆业务流程

2）受理时须核查客户同一自然人或同一法人主体的其他用电地址的电费缴费情况，如有欠费则须在缴清电费后方可办理。

3）允许同一城市内暂拆业务异地受理，需准确记录客户相关信息，及时移交所辖区域供电营业部门办理。

4）所辖区域供电营业部门在接到异地受理的客户暂拆申请信息后，应及时与客户取得联系，办理后续业务。

（2）现场勘查。应在约定日期内到现场进行核实，记录勘查内容和意见，确定拆表方案。

（3）拆表。开具拆表工单。

（4）信息归档。根据相关信息变动情况，变更客户计量档案。

（5）归档。核对客户待归档信息和资料。收集、整理变更资料，完成资料归档。

（七）更名或过户

1. 工作要求

客户更名或过户（依法变更客户名称或居民客户房屋变更户主），应持有关证明向

供电企业提出申请。供电企业应按下列规定办理:

(1) 在用电地址、用电容量、用电类别不变条件下,允许办理更名或过户。

(2) 原客户应与供电企业结清债务,才能解除原供用电关系。

(3) 不申请办理过户手续而私自过户者,新客户应承担原客户所负债务。经供电企业检查发现客户私自过户时,供电企业应通知该户补办手续,必要时可中止供电。

2. 业务流程

更名业务流程,见图 5-3-7。

过户业务流程,见图 5-3-8。

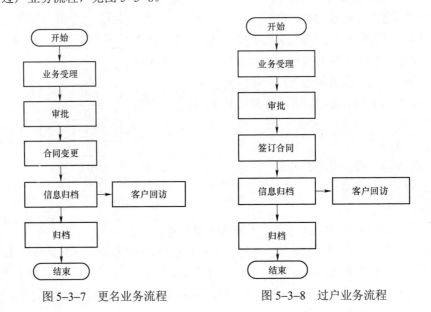

图 5-3-7　更名业务流程　　　　图 5-3-8　过户业务流程

3. 更名或过户流程介绍

(1) 业务受理。

1) 对客户的更名或过户,要严格审查证明文件,做到其合法性,防止侵权和民事纠纷,防止电费损失,必要时派人员核实。经办人要提供经办人的身份证及复印件,法定代表人出具的授权委托书。

2) 需过户的,原客户应与供电企业结清债务,才能解除原供用电关系。不申请办理过户手续而私自过户者,新客户应承担原客户所负债务。

3) 过户后如果用电类别发生变化,新户必须办理改类业务。

4) 受理时须核查客户同一自然人或同一法人主体的其他用电地址的电费缴费情况,如有欠费则须在缴清电费后方可办理。

5）允许同一城市内更名或过户业务异地受理，需准确记录客户相关信息，及时移交所辖区域供电营业部门办理。

6）所辖区域供电营业部门在接到异地受理的客户更名或过户申请信息后，应及时与客户取得联系，办理后续业务。

（2）合同的签订或变更。

1）需在归档前完成与客户变更供用电合同的工作。

2）过户或更名可重新签订供用电合同，同时原合同废止。

（3）信息归档。根据相关信息变动情况，变更客户基本档案等。

（4）归档。收集、整理并核对客户变更资料，变更客户档案。过户需注销原客户档案，建立新客户档案。

（八）分户

1. 工作要求

客户分户，应持有关证明向供电企业提出申请。供电企业应按下列规定办理：

（1）在用电地址、供电点、用电容量不变，且其受电装置具备分装的条件时，允许办理分户；

（2）在原客户与供电企业结清债务的情况下，再办理分户手续；

（3）分立后的新客户应与供电企业重新建立供用电关系；

（4）原客户的用电容量由分户者自行协商分割，需要增容者，分户后另行向供电企业办理增容手续；

（5）分户引起的工程费用由分户者负担；

（6）分户后受电装置应经供电企业检验合格，由供电企业分别装表计费。

2. 业务流程

分户业务流程，见图5-3-9。

3. 分户流程介绍

（1）业务受理。

1）检查客户资料的完备性，经办人要提供经办人的身份证及复印件，法定代表人出具的授权委托书。

2）受理时须核查客户同一自然人或同一法人主体的其他用电地址的电费缴费情况，如有欠费则须在缴清电费后方可办理。

3）允许同一城市内分户业务异地受理，需准确记录客户相关信息，及时移交所辖区域供电营业部门办理。

4）所辖区域供电营业部门在接到异地受理的客户分户申请信息后，应及时与客户取得联系，办理后续业务。

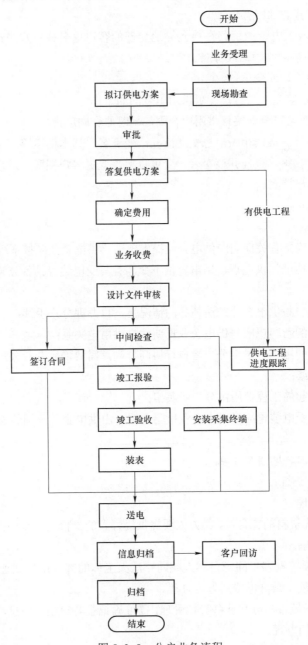

图 5-3-9 分户业务流程

（2）现场勘查。应在约定日期内到现场进行核实，记录勘查内容和意见，制定相关供电变更方案。

（3）答复供电方案。

1）根据审批确认的供电方案，以书面的形式答复客户。

2）供电方案应在规定的时限内书面答复客户，若不能如期确定供电方案时，应主动向客户说明原因。

3）客户对供电企业答复的供电方案有不同意见时，双方可再行协商确定。

（4）确定费用。由客户提出分户要求所引起的相关费用，按照国家有关规定及物价部门批准的收费标准，确定相关费用，并通知客户缴费。

（5）业务收费。按确定的收费项目和收费金额收取费用。

（6）设计文件审核。

1）接收并审查客户工程的设计图纸及其他资料，答复审核意见。

2）将审核通过的设计图纸及其他资料存档。

（7）中间检查。

1）接收客户中间检查申请，通知相关部门进行现场检查。

2）将中间检查记录、缺陷记录、整改通知记录存档。

（8）竣工报验。接收客户的竣工验收申请，审核相关报送资料是否齐全有效，核查竣工报验材料的完整性，通知相关部门准备客户受电工程竣工验收工作。

（9）签订合同。

1）需在送电前完成与分户客户变更和签订供用电合同的工作。

2）与分户客户应重新签订供用电合同，分出户按新装用电签订供用电合同。

（10）装表。原户用电开具拆、换表工单，新户用电按新装用电开具装表工单。装表工作完成后组织相关部门送电。

（11）信息归档。根据原客户及分出户的相关信息变动情况，变更原客户基本档案、电源档案、计费档案、计量档案、用检档案和合同档案等，建立分出户的基本档案、电源档案，计费档案、计量档案、用检档案和合同档案等。

（12）归档。核对原客户及分出户的待归档信息和资料。收集、整理原客户及分出户变更资料，逐户完成资料归档。

（九）并户

1. 工作要求

客户并户，应持有关证明向供电企业提出申请，供电企业应按下列规定办理：

（1）在同一供电点，同一用电地址的相邻两个及以上客户允许办理并户；

（2）原客户应在并户前向供电企业结清债务；

（3）新客户用电容量不得超过并户前各户容量之总和；

（4）并户引起的工程费用由并户者负担；

（5）并户的受电装置应经检验合格，由供电企业重新装表计费。

2. 业务流程

并户业务流程，见图 5-3-10。

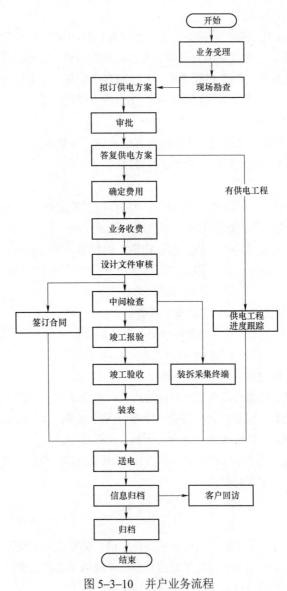

图 5-3-10 并户业务流程

3. 并户流程介绍

（1）业务受理。

1）检查客户资料的完备性，经办人要提供经办人的身份证及复印件，法定代表人出具的授权委托书。

2）受理时须核查客户同一自然人或同一法人主体的其他用电地址的电费缴费情况，如有欠费则须在缴清电费后方可办理。

3）允许同一城市内并户业务异地受理，需准确记录客户相关信息，及时移交所辖区域供电营业部门办理。

4）所辖区域供电营业部门在接到异地受理的客户并户申请信息后，应及时与客户取得联系，办理后续业务。

（2）现场勘查。应在约定日期内到现场进行核实，记录勘查内容和意见，制定相关供电变更方案。

（3）答复供电方案。

1）根据审批确认的供电方案，以书面的形式答复客户。

2）供电方案应在规定的时限内书面答复客户，若不能如期确定供电方案时，应主动向客户说明原因。

3）客户对供电企业答复的供电方案有不同意见时，双方可再行协商确定。

（4）确定费用。由客户提出并户要求所引起的相关费用，按照国家有关规定及物价部门批准的收费标准，确定相关费用，并通知客户缴费。

（5）业务收费。按确定的收费项目和收费金额收取费用。

（6）设计文件审核。

1）接收并审查客户工程的设计图纸及其他资料，答复审核意见。

2）将审核通过的设计图纸及其他资料存档。

（7）中间检查。

1）接收客户中间检查申请，通知相关部门进行现场检查。

2）将中间检查记录、缺陷记录、整改通知记录存档。

（8）竣工报验。接收客户的竣工验收申请，审核相关报送资料是否齐全有效，核查竣工报验材料的完整性，通知相关部门准备客户受电工程竣工验收工作。

（9）签订合同。

1）需在送电前完成与并户客户变更和终止供用电合同的工作。

2）应与合并户重新签订供用电合同，被合并户按终止用电办理。

（10）装表。对合并户用电开具拆、换表工单，被合并户视同销户开具拆表工单。装表工作完成后组织相关部门送电。

（11）信息归档。根据合并户和被合并户相关信息变动情况，变更合并户基本档案、电源档案、计费档案、计量档案、用检档案和合同档案等，终止被合并户的基本档案、电源档案、计费档案、计量档案、用检档案和合同档案等。

（12）归档。收集、整理合并户和被合并户的客户变更资料，完成合并户的资料归档，被合并户的资料视同销户。

（十）销户

1. 工作要求

（1）客户申请销户，须向供电企业提出申请，供电企业应按下列规定办理：

1）销户必须停止全部用电容量的使用；

2）客户已向供电企业结清相关费用；

3）查验用电计量装置完好性后，拆除接户线和用电计量装置。

办完上述事宜，即解除供用电关系。

（2）客户连续六个月不用电，也不申请办理暂停用电手续者，供电企业须以销户终止其用电。客户需再用电时，按新装用电办理。

（3）客户依法破产时，供电企业应予销户，终止供电；在破产用户原址上用电的，按新装用电办理；从破产用户分离出去的新用户，必须在偿清原破产用户电费和其他债务后，方可办理变更用电手续，否则，供电企业可按违约用电处理。

（4）由于政府政策性调整，客户被工商行政管理部门依法注销工商登记的，供电企业可配合政府相关部门以销户终止其用电。

2. 业务流程

销户业务流程，见图 5-3-11。

3. 销户流程介绍

（1）业务受理。

1）检查客户资料的完备性，经办人要提供经办人的身份证及复印件，法定代表人出具的授权委托书。

2）受理时须核查客户同一自然人或同一法人主体的其他用电地址的电费缴费情况，如有欠费则须在缴清电费后方可办理。

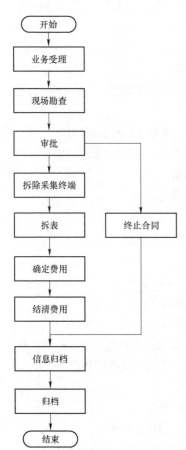

图 5-3-11 销户业务流程

3）允许同一城市内销户业务异地受理，需准确记录客户相关信息，及时移交所辖区域供电营业部门办理。

4）所辖区域供电营业部门在接到异地受理的客户销户申请信息后，应及时与客户取得联系，办理后续业务。

（2）现场勘查。应在约定日期内到现场进行核实，核实计量装置是否运行正常等，记录勘查内容和意见。

（3）拆表。对申请用电销户的客户开具拆表工单。

（4）确定费用。按照客户电费缴费信息确定客户结清电费费用，按照有关规定确定相关的收、退费费用，并通知客户结算费用。

（5）结清费用。按确定的收、退费项目和金额结算费用。

（6）终止合同。需在拆表前完成与申请销户客户终止供用电合同的工作。

（7）信息归档。根据销户要求，注销客户基本档案、电源档案、计费档案、计量档案、用检档案和合同档案等。

（8）归档。核对客户的相关注销信息和资料，收集、整理、注销客户档案。

（十一）改压

1. 工作要求

客户改压（因客户原因需要在原址改变供电电压等级），应向供电企业提出申请。供电企业应按下列规定办理：

（1）改压后超过原容量者，超过部分按增容手续办理；

（2）因客户原因改压引起的工程费用由客户负担；

（3）由于供电企业的原因引起客户供电电压等级变化的，改压引起的客户外部工程费用由供电企业负担。

2. 业务流程

改压业务流程，见图5-3-12。

3. 改压流程介绍

（1）业务受理。

1）检查客户资料的完备性，经办人要提供经办人的身份证及复印件，法定代表人出具的授权委托书。

2）受理时须核查客户同一自然人或同一法人主体的其他用电地址的电费缴费情况，如有欠费则须在缴清电费后方可办理。

3）允许同一城市内改压业务异地受理，需准确记录客户相关信息，及时移交所辖区域供电营业部门办理。

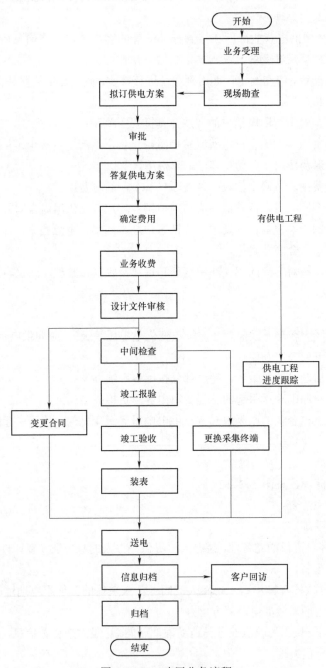

图 5-3-12 改压业务流程

4）所辖区域供电营业部门在接到异地受理的客户改压申请信息后，应及时与客户取得联系，办理后续业务。

（2）现场勘查。应在约定日期内到现场进行核实，记录勘查内容和意见，制定相关供电变更方案。

（3）答复供电方案。

1）根据审批确认的供电方案，以书面的形式答复客户。

2）供电方案应在规定的时限内书面答复客户，若不能如期确定供电方案时，应主动向客户说明原因。

3）客户对供电企业答复的供电方案有不同意见时，双方可再行协商确定。

（4）确定费用。由客户提出改压要求所引起的相关费用，按照国家有关规定及物价部门批准的收费标准，确定相关费用，并通知客户缴费。

（5）业务收费。按确定的收费项目和收费金额收取费用。

（6）设计文件审核。

1）接收并审查客户工程的设计图纸及其他资料，答复审核意见。

2）将审核通过的设计图纸及其他资料存档。

（7）中间检查。

1）接收客户中间检查申请，通知相关部门进行现场检查。

2）将中间检查记录、缺陷记录、整改通知记录存档。

（8）竣工报验。接收客户的竣工验收申请，审核相关报送资料是否齐全有效，核查竣工报验材料的完整性，通知相关部门准备客户受电工程竣工验收工作。

（9）变更合同。需在送电前完成与改压客户变更供用电合同的工作。改压客户应重新签订供用电合同。

（10）装表。由于用电客户改压后，发生计量方式变化的，应更换计量装置后再组织送电。

（11）信息归档。根据相关信息变动情况，变更客户基本档案、电源档案、计费档案、计量档案、用检档案和合同档案等。

（12）归档。核对客户待归档信息和资料。收集、整理客户变更资料，完成资料归档。

（十二）改类

1. 工作要求

客户改类，须向供电企业提出申请，供电企业应按下列规定办理：

（1）在同一受电装置内，电力用途发生变化而引起用电电价类别改变时，允许办

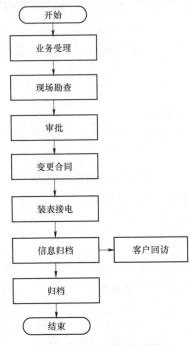

图 5-3-13 改类业务流程

理改类手续。

（2）擅自改变用电类别，应按实际使用日期补交其差额电费，并承担二倍差额电费的违约使用电费。使用起讫日期难以确定的，实际使用时间按三个月计算。

2. 业务流程

改类业务流程，见图 5-3-13。

3. 改类流程介绍

（1）业务受理。

1）检查客户资料的完备性，经办人要提供经办人的身份证及复印件，法定代表人出具的授权委托书。

2）受理时须核查客户同一自然人或同一法人主体的其他用电地址的电费缴费情况，如有欠费则须在缴清电费后方可办理。

3）允许同一城市内改类业务异地受理，需准确记录客户相关信息，及时移交所辖区域供电营业部门办理。

4）所辖区域供电营业部门在接到异地受理的客户改类申请信息后，应及时与客户取得联系，办理后续业务。

（2）现场勘查。应在约定日期内到现场进行核实，记录勘查内容和意见。

（3）变更合同。可将改类申请、相关合同补充条款作为原供用电合同的附件。

（4）装表接电。如果需要变更计量装置，应开具拆、换表工单。装表工作完成后即完成接电。

（5）信息归档。根据相关信息变动情况，包括计费信息（特别是电价类别）、计量信息等，变更客户计费档案、计量档案、合同档案等。

（6）归档。核对客户待归档信息和资料。收集、整理客户变更资料，完成资料归档。

【思考与练习】

1. 变更用电分哪十二大类？

2. 哪些变更用电业务完成后，须重新签订供用电合同？

3. 客户办理变更用电时应提供哪些相关资料？

▲ 模块 4　低压客户服务过程跟踪（Z21F2004Ⅲ）

【模块描述】本模块介绍低压客户业扩报装工作流程、服务过程跟踪的关键节点。通过流程介绍和要点归纳，掌握受理低压客户业扩报装的业务技能及跟踪服务业务知识。本模块因政策性较强，具体运用请按照最新文件精神的相关政策执行。

【模块内容】

低压客户涉及千家万户，用电客户受理员必须熟练掌握低压客户业扩报装工作流程以及服务过程跟踪的关键节点，才能为其提供更为优质的服务。

一、低压客户业扩报装工作流程

（一）低压居民客户报装工作流程

低压居民客户报装工作流程，见图 5-4-1。

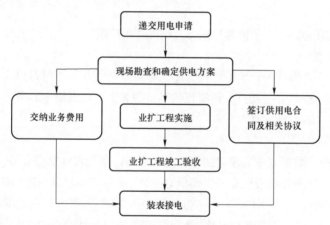

图 5-4-1　低压居民客户报装工作流程

（二）低压居民客户报装工作流程说明

1. 业务受理

接收并审查客户资料，了解客户用电情况及关联欠费信息。

（1）工作内容。为客户提供信息宣传与咨询服务，协助客户填写"用电报装申请表"。

查询客户以往的服务记录，核查客户同一自然人或同一法人主体的其他用电地址以往用电历史、欠费情况、信用情况并形成申请附加信息，如有欠费则向客户说明需缴清欠费后再予受理。

查验客户材料是否齐全、申请单信息是否完整、判断证件是否有效，详细记录客户的客户名称、用电地址、身份证号码、联系方式、用电类别、用电容量等申请信息。

生成对应的报装工作单转入后续流程处理，向客户提供"客户联系卡"。

（2）工作要求。根据《供电营业规则》第十八条规定：用户申请新装或增加用电时，应向供电企业提供用电工程项目批准的文件及有关的用电资料，包括用电地点、电力用途、用电性质、用电设备清单、用电负荷、保安电力、用电规划等，并依照供电企业规定的格式如实填写用电报装登记表及办理所需手续。

按照客户报装申请资料要求，检查资料是否齐备，填写内容是否完善。

2015年实行电力业务全省联网联办，异地受理后，由属地供电公司主动对接服务。全省范围内居民报装业务异地受理，异地受理客户的用电报装，需准确记录客户联系方式。

辖区接到异地受理的客户报装申请后，应及时与客户取得联系，办理后续工作。

须核查客户关联用电点的电费缴纳情况，如有欠费则须在缴清电费后方可办理。

须了解客户相关的历史服务信息、是否被列入失信客户等信用情况，形成客户报装附加信息。

必须生成报装编号并预留客户编号，编码规则应统一。

2. 现场勘查

根据派工结果或事先确定的工作分配原则接受勘查任务，与客户沟通确认现场勘查时间，携带勘查单前往勘查，核实报装资料的真实性以及用电容量、用电类别等客户申请信息，确定供电方案。

（1）工作内容。

1）根据派工结果或事先确定的工作分配原则，接受现场勘查任务；

2）预先了解所要勘查地点的现场供电条件，提前与客户预约现场勘查的时间，携带"业扩现场勘查工作单（低压）"，准备好相应作业资料，准时到达现场进行勘查；

3）勘查时，仔细核对客户名称、地址等相关资料与勘查单的内容是否一致，审定客户用电类别、用电容量；

4）现场勘查基本结束时，应形成供电方案意见，包括线路杆号、配变编号、表箱编号、计量方案等内容，并准确填入"业扩现场勘查工作单（低压）"；

5）如发现客户现场情况不具备供电条件时，应列入勘查意见并向客户做好解释、提出合理的整改措施或建议，取得客户的理解。

（2）工作要求。

1）接到勘查工作任务单后，应在规定的时限内到现场进行勘查。

2）现场勘查应核对客户名称、地址、容量、用电类别等信息与勘查单上的资料是否一致。

3）现场勘查记录应完整详实准确。

3. 审批

根据管理规定,对现场勘查结果进行审批。

(1) 工作内容。

1) 对供电方案进行审批,签署审批意见,对于审批不通过的,则要求重新勘查;

2) 对勘查意见认为不具备供电条件的进行判定,如认定合理则通过审批,否则要求重新勘查。

(2) 工作要求。

审批部门审核或组织审核供电方案应尽可能一次性提出供电方案修改意见,供电方案修改完善后,尽快批复供电方案。

4. 答复供电方案

根据现场勘查的结果及审批结论,向客户书面答复供电方案。

(1) 工作内容。在规定的时限内答复客户供电方案情况,提供"供电方案答复单"供客户签字确认,登记通知客户及客户确认的时间。

(2) 工作要求。供电方案应在规定时限内书面答复客户,若不能如期确定供电方案时,应主动向客户说明原因。

5. 确定费用

按照国家有关规定及物价部门批准的收费标准,确定低压居民报装的相关费用,并通知客户缴费。

(1) 工作内容。

1) 根据收费标准和客户申请报装的容量,计算客户的应收费用,经审批之后生成"业务缴费通知单",通知客户缴纳费用;

2) 根据业务需要,对需要退补客户的费用,确定应退金额。

(2) 工作要求。

1) 根据《供电营业规则》第十六条规定:供电企业应在用电营业场所公告办理各项用电业务的程序、制度和收费标准;

2) 根据《国家电网公司业扩报装管理规则》(国家电网营销〔2014〕378 号)第二十四条规定:严格按照价格主管部门批准的项目、标准计算业务费用,经审核后书面通知客户交费。收费时应向客户提供相应的票据,严禁自立收费项目或擅自调整收费标准。

6. 业务收费

按确定的收费项目和应收业务费信息,收取业务费。

(1) 工作内容。

1) 按确定的应收金额收取费用,建立客户的实收信息;

2) 对缓收的费用,需经审批同意,同时记录操作人员、审批人员、时间以及减免

的费用信息等;

3) 对需要退补客户的费用,按确定的金额退还。

(2) 工作要求。

1) 根据财务规定正确开具相应票据;

2) 遵守收费业务办理时限规定;

3) 严格执行财务纪律,当天款项在规定时间解交银行,保险柜存放的现金符合财务、保卫部门的规定,应对当天的收取情况进行日结,并报送财务部门;

4) 应对收取的支票进行登记,对退票进行及时处理;

5) 业务费用应严格按照相关收费政策的规定收取。

7. 签订合同

(1) 工作内容。依据相关法律法规,按照供用电合同管理要求,签订或变更供用电合同。

(2) 工作要求。供电单位需在送电前完成与客户签订供用电合同的工作。完成合同签订后,应反馈签订时间等信息。

8. 装表接电

办理完相关手续后,现场具备装表条件的,应及时进行计量装置安装工作,并尽快组织相关部门送电。

(1) 工作内容。按照计量装置安装的相关工作要求,完成计量装置配、领、装、拆、移、换、验等工作。

送电前,应检查各项电气检验项目是否有遗漏、资料是否齐全,并对全部电气设备做外观检查。

送电后,应检查电能表运转情况是否正常,相序是否正确。对计量装置进行验收试验并实施封印。记录送电人员、送电时间及相关情况,并会同客户现场抄录电能表指示数作为计费起始依据。

(2) 工作要求。电能计量装置的安装应严格按照通过审查的计量方案进行,严格遵守电力工程安装规程的有关规定。应及时完成计量装置的安装工作。计量装置安装完成后应反馈现场安装信息。

送电前应认真核查送电条件是否具备。按照规定期限要求,完成送电工作。

9. 信息审核归档

(1) 工作内容。通过信息系统,审核客户基本信息、电源信息、计费信息、计量信息、用检信息和合同信息等,并建立电子档案。

(2) 工作要求。信息归档由系统自动处理。应保证用电检查、电费核算等相关部门能及时获取客户的最新档案信息。

10. 客户回访

（1）工作内容。在完成现场装表接电后向客户征询对供电企业服务态度、流程时间、装表质量等的意见。

（2）工作要求。在规定回访时限内按比例完成客户回访工作，并准确、规范记录回访结果。

11. 资料归档

整理、核对客户待归档信息和报装资料，建立客户档案。

（1）工作内容。检查客户档案信息的完整性，根据业务规则审核档案信息的正确性，档案信息主要包括客户申请信息、基本信息、计费信息、计量信息等。为客户档案设置物理存放位置，形成并记录档案存放号。

（2）工作要求。应核对客户档案资料的完整性。低压居民的客户档案资料一般应包括："用电报装登记表"及相关申请资料；"业扩现场勘查工作单（低压）"；"装拆表工作单"；"供用电合同"和其他需要存档的资料。

（三）案例

江苏省居民业扩报装"1+1"业务流程为例，见图5-4-2。

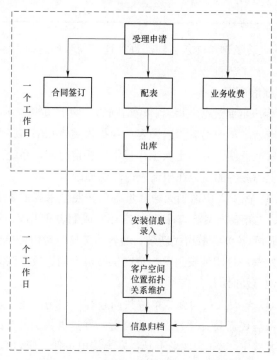

图 5-4-2　居民业扩报装"1+1"业务流程

接收并审查客户资料。

（1）工作内容。

1）为客户提供信息宣传与咨询服务。

2）查验客户材料是否齐全、判断证件是否有效，详细记录客户的客户名称、用电地址、身份证号码、联系方式、用电类别、用电容量等申请信息。

3）与客户沟通，并请客户填写"装表接电联系单"；见表 5-4-1。

表 5-4-1 装 表 接 电 联 系 单

户名		联系电话	
地址			
确定接电时间	□根据《零散居民业扩报装"1+1"服务业务规范》，我们将在下一个工作日内上门为您接电。 □如您有其他需求，我们可另行预约其他工作日内接电，预约接电时间为　年　月　日。 客户签字：　　　　　　　　　　　　　　日期：		
延期原因	□客户约期　　□雨天顺延		
	□其他（　　　）		
现场客户确认	现场实际接电时间为　年　月　日。 以上信息属实，特此确认。 客户签字：　　　　　　　　　　　　　　日期：		

4）生成对应的报装工作单转入后续流程处理，向客户提供"客户联系卡"。

（2）工作要求。

1）16kW 以下零散居民：

a. 业务受理。客户可通过营业柜台、电话预约、网上预约等方式申请用电。用电客户受理员在受理申请时，应出具"居民客户业扩报装告知书"并做详细说明。客户应提交身份证明、房产证明，并约定次工作日上门接电时间，系统流程提交至配表环节（客户提出延后上门服务的，应在申请表内注明原因）。

b. 接电准备。① 在受理申请当天，计量部门按照技术规范要求录入初步供电方案（包含电源方案、电能表方案等），计量资产班完成配表和出库，装接班完成安装派工，确定现场装表人员。② 零散居民新装、增容施工材料费由各单位先行垫付。现场装表人员留存收费发票；打印装表工单，空白供用电合同、接电联系单；告知施工单位客户信息、施工地点及时间。

c. 装表接电。① 装表人员与施工单位共同赴客户现场，完成现场施工及装表接电；向客户收取零散居民新装、增容施工材料费，并提供收费发票；填写供用电合同内容，请客户确认并签字。② 如现场不具备安全接电条件，应向客户做出解释说明，并与客户另行约定接电时间，填写装表接电联系单，请客户签字确认。

d. 信息维护。装表结束后，装表人员利用"客户空间位置及拓扑关系维护"模块，对系统客户档案信息进行维护，确保系统档案与现场一致。

e. 流程归档。① 装表接电人员将供用电合同移交档案室，完成系统内流程处理，录入电源、线路等现场接电信息。② 如未完成装表接电，在系统内录入改期原因，可凭发票、装表接电联系单退还零散居民新装、增容施工材料费。

f. 施工单位确定。地市供电公司采用招标（邀标，比质比价）等方式按年度确定，采用施工单位"包工包料"方式实施；费用收支两条线。按照每户施工工程验收清单列表方式进行汇总结算，包含线杆、导线规格、铁件、辅料、人工费、项目验收人等具体信息及费用，安排专人填制并报营销部和财务部审批，每半年或一年结算一次。

g. 回访及考核。针对在规定"1+1"时限内完成的业务流程，按照一定比例进行抽查式回访。对未在规定"1+1"时限内完成的业务流程，由营销部门进行100%全覆盖回访。

2）三相或16kW及以上零散居民：

参照低压非居民业扩模式办理，由居民客户自行选择委托施工单位、自行采购物资，主业不收取任何费用。受理申请后一个工作日内答复供电方案，取消设计文件审查和中间检查环节，竣工验收通过后当日装表接电。

（四）低压非居民客户报装工作流程

低压非居民客户报装工作流程见图5-4-3。

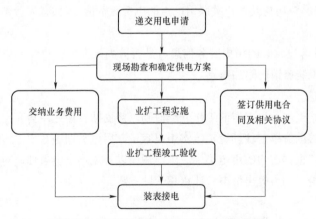

图5-4-3　低压非居民客户报装工作流程

（五）低压非居民客户报装工作流程说明

1. 业务受理

接收并审核客户材料，了解客户用电情况及关联欠费信息。

（1）工作内容。

1）为客户提供信息宣传与咨询服务，引导并协助客户填写"用电报装登记表"；

2）查询客户以往的服务记录，核查客户及客户关联用电点的用电历史、欠费情况、信用情况并形成申请附加信息，如有欠费则向客户说明需缴清欠费后再予受理；

3）查验客户材料是否齐全、申请单信息是否完整、判断证件是否有效；

4）详细记录客户申请新增用电容量等信息；

5）生成对应的工作单转入后续流程处理。

对于客服热线或客服网站受理的低压非居民申请，应与客户确认报装需求，请客户备妥资料到营业厅办理相关手续或提供主动上门服务。

（2）工作要求。

1）根据《供电营业规则》第十八条规定：用户申请新装或增加用电时，应向供电企业提供用电工程项目批准的文件及有关的用电资料，包括用电地点、电力用途、用电性质、用电设备清单、用电负荷、保安电力、用电规划等，并依照供电企业规定格式如实填写用电报装登记表及办理所需手续。

2）按非居民客户报装申请资料要求，检查资料是否齐备，填写内容是否完善。

3）2015年实行电力业务全省联网联办，异地受理后，由属地供电公司主动对接服务。全省范围内异地受理客户的用电申请，需准确记录客户联系方式。

4）辖区接到异地受理的客户报装申请后，应及时与客户取得联系，办理后续工作。

5）须核查客户历史及客户关联用电点的电费缴费情况，如有欠费则须在缴清电费后方可办理。

6）须了解客户相关的历史服务信息、是否被列入失信客户及历史用电的信用情况，形成客户报装申请的附加信息。

2. 现场勘查

根据派工结果或事先确定的工作分配原则，接受勘查任务，与客户沟通确认现场勘查时间，携带勘查单前往勘查，核实用电容量、用电类别等客户申请信息，核对原电能计量装置，根据客户的用电类别、用电规模以及现场供电条件，对供电可能性和合理性进行调查，初步提出供电、计费和计量方案。

（1）工作内容。

1）根据派工结果或事先确定的工作分配原则，接受现场勘查任务；

2）预先了解所要勘查地点的现场供电条件，提前与客户预约现场勘查的时间，携带"业扩现场勘查工作单（低压）"，准备好相应作业资料，组织相关人员准时到达现场进行勘查；

3）现场审核客户的用电需求、核对客户原用电容量、原电能计量装置等信息，确定客户新增用电容量、用电性质及负荷特性，初步确定供电电源、上一电压等级的电源位置、供电电压、供电线路、计量方案、计费方案等，现场勘查意见应在勘查工作单上记录；

4）如发现客户现场情况不具备供电条件时，应列入勘查意见，并向客户做好解释、提出合理的整改措施或建议，取得客户的理解；

5）现场勘查结束应根据勘查结果和客户所在区域配网结构形成供电方案和计费方案意见，包括电源接入方案、计量方案和计费方案，其中电源接入方案包括供电电压等级、供电容量、供电电源位置、供电电源数（单电源或多电源）、供电回路数、路径、出线方式，供电线路敷设、进线方式、受电装置容量、主接线、运行方式、继电保护方式、电能计量装置参数及接线方式、安装位置、产权及维护责任分界点、主要电气设备技术参数、电量采集终端安装方案、用电类别、电价分类、功率因数执行标准等信息。

（2）工作要求。

1）接到勘查工作任务单后，应在规定的时限内到现场进行勘查；

2）现场勘查记录应完整详实准确。

3. 审批

供电方案拟定后，根据审批条件（用电设备容量大小等）提交相关级别部门审批，签署审批意见。

（1）工作内容。对接入系统方案、受电系统方案、计量方案、计费方案进行审批，签署审批意见，对于审批不通过的，重新拟定供电方案，并重新审批。

（2）工作要求。审批部门审核或组织审核供电方案应尽可能一次性提出供电方案修改意见，供电方案修改完善后，尽快批复供电方案。

4. 答复供电方案

（1）工作内容。根据审批确认后的供电方案，答复客户。答复客户供电方案情况，提供《供电方案答复单》供客户签字确认，登记通知客户及客户确认反馈的时间点。

（2）工作要求。供电方案应在规定时限内书面答复客户，若不能如期确定供电方案时，应主动向客户说明原因。

5. 确定费用

按照国家有关规定及物价部门批准的收费标准，确定相关费用，并通知客户缴费。

（1）工作内容。

1）根据容量、供电方式及收费标准，计算客户的应收费用，经审批之后生成"业务缴费通知单"，通知客户缴纳费用；

2）根据业务需要，对需要退补客户的费用，确定应退金额。

（2）工作要求。

1）根据《供电营业规则》第十六条规定：供电企业应在用电营业场所公告办理各项用电业务的程序、制度和收费标准。

2）根据《国家电网公司业扩报装管理规则》（国家电网营销〔2014〕378 号）第二十四条规定：严格按照价格主管部门批准的项目、标准计算业务费用，经审核后书面通知客户交费。收费时应向客户提供相应的票据，严禁自立收费项目或擅自调整收费标准。

6. 业务收费

按确定的收费项目和应收业务费信息，收取业务费。

（1）工作内容。

1）按确定的应收金额收取费用，建立客户的实收信息。

2）对缓收的费用，需经审批同意，可分多次缴纳打印收费凭证，更新客户的欠费信息，费用结清后打印正式发票；同时记录操作人员、审批人员、时间以及减免的费用信息等。

3）对需要退补客户的费用，按确定的金额退还。

（2）工作要求。

1）根据财务规定正确开具相应票据；

2）遵守收费业务办理时限规定；

3）严格执行财务纪律，应对当天的收取情况进行日结，并报送财务部门；

4）应对收取的支票进行登记，对退票进行及时处理；

5）业务费用应严格按照相关收费政策的规定收取；

6）支持同城异地缴费，支持银行联网收费。

7. 供电工程进度跟踪

根据工程进度，依次登记工程立项、费用收取、设备供应及工程施工、竣工验收信息。

（1）工作内容。

具体登记的信息有：工程立项、设计信息、费用收取信息、工程施工信息，包括开工时间、完工时间等，工程竣工验收信息。

（2）工作要求。

1）应根据国家规定，审核设计单位和施工单位的资质；

2）应及时准确登记供电工程的相关内容。

8. 竣工报验

接收并检查竣工报验的资料，通知相关部门准备客户受电工程的竣工验收工作。

（1）工作内容。

1）接收客户的竣工验收要求，审核相关报送材料是否齐全有效，通知相关部门准备客户受电工程的竣工验收工作。

2）工程竣工后，客户应在施工单位自检自验合格的基础上，提交竣工报告和有关竣工资料，并向供电企业申请验收，供电企业接收客户的竣工验收要求，审核相关报送材料是否齐全有效，通知相关部门准备客户受电工程的竣工验收工作，形成"受电工程竣工验收登记表"。

（2）工作要求。受理竣工报验时需核查竣工报验材料的完整性，报验材料一般包括：

1）客户竣工验收申请书；

2）工程竣工图；

3）变更设计说明；

4）隐蔽工程的施工及试验记录；

5）电气试验及保护整定调试记录；

6）安全用具的试验报告；

7）供电企业认为必要的其他资料或记录。

9. 竣工验收

按照国家和电力行业颁发的技术规范、规程和标准，根据客户提供的竣工报告和资料，组织有关单位按设计图、设计规程、运行规程、验收规范和各种防范措施等要求，对受电工程的工程质量进行全面检查、验收。

（1）工作内容。

1）接受客户竣工验收申请，组织相关部门进行现场检查验收，如发现缺陷，应出具"受电工程缺陷整改通知单"，要求工程建设单位予以整改，并记录缺陷及整改情况，最终出具"受电工程竣工验收单"；

2）工程验收包括架空线路、电缆线路、开闭所配电室等专业工程的资料与现场验收，工程中的杆塔基础、设备基础、电缆管沟及线路、接地系统等隐蔽工程及配电站房等土建工程应作中间验收；

3）工程验收应符合《电气装置安装工程施工及验收规范》《架空绝缘配电线路施工及验收规程》《架空配电线路设计技术规程》《电能计量装置检验规程》相关的国家标准及电力行业规范等；

4）根据现场实际调整计量方案和计费方案；

5）记录资产的产权归属信息。

（2）工作要求。

1）按照规定时限要求进行竣工验收。

2）依据客户提交的报验资料,按照国家和电力行业颁发的技术规范、规程和标准,在约定时间内组织相关部门对受电工程的建设情况进行全面检验。

3）工程验收应按照国家、行业有关标准、规程进行,具体验收项目为:资质审核;资料验收;安装质量验收;安全设施规范化验收。

4）对工程不符合规程、规范和相关技术标准要求的,应以书面形式通知客户整改,整改后予以再次验收,直至合格。

5）验收合格后供电企业应及时向客户提交验收合格报告。

6）受电工程经验收合格后方可送电。

10. 签订合同

（1）工作内容。依据相关法律法规,按照供用电合同管理要求,签订或变更供用电合同。

（2）工作要求。供电单位需在送电前完成与客户签订或变更供用电合同的工作。完成合同签订或变更后应反馈签订时间等信息。

11. 装表接电

竣工验收无问题,办理完相关手续后,应及时进行计量装置安装工作,并尽快组织相关部门送电。

（1）工作内容。

1）按照计量装置相关工作要求,完成计量装置配、领、装、拆、移、换、验等工作。

2）送电前,应检查各项电气检验项目是否有遗漏、资料是否齐全,并对全部电气设备做外观检查。

3）送电后,应检查电能表运转情况是否正常,相序是否正确。对计量装置进行验收试验并实施封印。记录送电人员、送电时间及相关情况,并会同客户现场抄录电能表指示数作为计费起始依据。

（2）工作要求。

1）电能计量装置的安装应严格按照通过审查的计量方案进行,严格遵守电力工程安装规程的有关规定。应及时完成计量装置的安装工作。计量装置完成后应反馈现场安装信息。

2）送电前应认真核查送电条件是否具备。

3）按照规定期限要求,完成高压电力客户送电工作。

12. 信息归档

（1）工作内容。通过信息系统,建立客户基本信息档案、电源信息档案、计费信息档案、计量信息档案、用检信息档案和合同信息档案等。

（2）工作要求。信息归档由系统自动处理。应保证用电检查、电费核算等相关部门能及时获取客户的最新档案信息。

13. 客户回访

（1）工作内容。在完成现场装表接电后向客户征询对供电企业服务态度、流程时间、装表质量等的意见。

（2）工作要求。在规定回访时限内按比例完成申请低压非居民报装客户的回访工作，并准确、规范记录回访结果。

14. 资料归档

核对客户待归档信息和资料。收集并整理报装资料，完成资料归档。

（1）工作内容。

1）检查客户档案信息的完整性，根据业务规则审核档案信息的正确性，档案信息主要包括客户申请信息、设备信息、基本信息、供电方案信息、计费信息、计量信息（包括采集装置）等。如果存在档案信息错误或信息不完整，则发起相关流程纠错。

2）为客户档案设置物理存放位置，形成并记录档案存放号。

（2）工作要求。应核对客户档案资料的完整性。低压非居民的客户档案资料一般应包括："用电报装登记表"及相关申请资料；"用户用电设备清单""业扩报装现场勘查工作单""装拆表工作单""受电工程竣工验收单"供用电合同及其附件。

二、低压客户业扩报装服务过程跟踪

1. 关键环节服务时限要求

国家电力主管部门、电力监管部门以及国家电网有限公司对服务时限的规定略有不同，请按照最新要求执行。

（1）《供电营业规则》中规定：供电企业对已受理的用电申请，应尽快确定供电方案，在以下期限内正式书面通知用电客户，低压居民客户最长不超过 5 天；低压非居民客户最长不超过 10 天。供电企业对低压客户送审的受电工程设计文件和有关资料进行审核，审核时间最长不超过 10 天。

（2）《供电监管办法》（电监会第 27 号令）中规定：电力监管机构对供电企业办理用电业务的情况实施监管。供电企业办理用电业务的期限应当符合下列规定：向用户提供供电方案的期限，自受理用户用电申请之日起，居民用户不超过 3 个工作日，其他低压电力用户不超过 8 个工作日；对用户受电工程设计文件和有关资料审核的期限，自受理之日起，低压电力用户不超过 8 个工作日；对用户受电工程启动中间检查的期限，自接到用户申请之日起，低压供电用户不超过 3 个工作日；对用户受电工程启动竣工检验的期限，自接到用户受电装置竣工报告和检验申请之日起，低压供电用户不超过 5 个工作日；给用户装表接电的期限，自受电装置检验合格并办结相关手续

之日起，居民用户不超过 3 个工作日，其他低压供电用户不超过 5 个工作日。同时规
定：电力监管机构对供电企业处理用电投诉的情况实施监管。供电企业应当建立用电
投诉处理制度，公开投诉电话。对用户的投诉，供电企业应当自接到投诉之日起 10 个
工作日内提出处理意见并答复用户。

（3）《国家电网公司供电服务"十项承诺"》中规定：供电方案答复期限：居民客
户不超过 3 个工作日，低压电力客户不超过 7 个工作日。城乡居民客户向供电企业申
请用电，受电装置检验合格并办理相关手续后，3 个工作日内送电。非居民客户向供
电企业申请用电，受电工程验收合格并办理相关手续后，5 个工作日内送电。

（4）《国家电网公司业扩报装管理规则》（国家电网营销〔2014〕378 号）中规定：
在受理申请后，低压客户在次工作日完成现场勘查并答复供电方案；10～35kV（可开
放容量范围内）单电源客户不超过 15 个工作日，双电源客户不超过 20 个工作日；10～
35kV（超出可开放容量）单电源客户不超过 15 个工作日，双电源客户不超过 25 个工
作日；110kV 及以上单电源客户不超过 15 个工作日，双电源客户不超过 30 个工作日。

（5）江苏省居民"1+1"业扩直通车，按"1+1"规定执行。居民"1+1"服务内
容：在城镇、农村集镇等具备直接装表条件的区域，实施居民业扩报装"1+1"服务，
对 16kW 以下零散单相居民新装、增容项目，一次临柜受理业扩报装申请，并约定次
工作日上门接电时间，如客户提出延后上门服务的，应在申请表内注明原因，根据客
户预约时间一次上门完成工程施工及装表接电。

（6）苏电营〔2015〕710 号《江苏省电力公司关于进一步优化业扩报装管理的通
知》中规定：进一步简化业扩报装业务流程。简化业务收资要求。实行非居民客户"一
证受理"，在收到客户用电主体资格证明并签署"承诺书"后，正式受理用电申请，
现场勘查或后续环节收齐相关资料。全面施行居民客户免填单、异地业务受理等服务，
推行网上、电话受理服务，根据预约时间完成现场勘查并收资。已有客户资料或资质
证件尚在有效期内，则无需客户再次提供。

2. 低压客户报装服务过程跟踪与监管

客户报装服务过程跟踪与监管工作应以市场为导向，以客户需求为核心，以客户
满意为目标，通过客户意见反馈、供电服务外部监管、供电服务内部管控、客户满意度跟
踪等方式，持续提升客户服务品质，为客户提供"优质、便捷、高效"的报装服务。

（1）在供电营业场所、网站等处公开服务程序、工作时限、收费标准、依据。

（2）在营业厅设立自助服务工作台、触摸屏、电子大屏等信息公告与服务设施，
业务受理柜台配置双屏显示器。主动为客户提供书面须知或报装指南，向客户公开服
务信息及业务办理进程，规范信息查询、咨询服务，切实方便客户报装用电。

（3）业扩报装收费要依法依规，严格按照政府部门批准的项目、标准进行收费，

任何单位及个人不得额外收取任何费用。

（4）供电企业应通过加强报装服务全过程监管，严格把控报装服务关键环节，确保报装服务进度和服务质量，实现闭环管理，持续提升服务品质，提高客户满意度。对于低压客户业扩报装，应尽可能简化报装服务流程，强化内部服务工作，重点跟踪和监管报装受理、供电方案答复、装表接电等关键环节，监督检查是否按照报装规定要求规范开展报装服务工作。对于随意增加受理条件，未按规定期限答复供电方案、装表接电的，以及其他违规行为，应按相应责任追究制度进行追查、整改，确保服务工作规范、优质、高效。

要保持信息反馈渠道畅通，充分了解客户需求、市场信息、监督评价信息，并进行深度分析，为客户服务质量改进提供辅助决策依据。通过"95598"热线电话、网站、信件、营业场所意见簿、现场工作意见反馈单等多种方式收集客户举报、投诉、意见、建议等信息；通过电话回访、现场调查等方式，主动了解客户需求和满意度情况；通过邀请政府主管部门、电力监管部门、行风监督员、媒体、第三方专业评价机构等方式，主动引入报装服务监督和评价。对于所收集的信息应及时汇总分类，分析原因，正确、快速处理，尽量减小服务风险。

【思考与练习】

1.《国家电网公司供电服务"十项承诺"》对低压客户供电方案答复期限是如何规定的？

2.《国家电网公司供电服务"十项承诺"》对低压客户送电期限是如何规定的？

3. 低压客户报装服务过程如何跟踪与监管？

▲ 模块5　高压客户服务过程跟踪（Z21F2005Ⅲ）

【模块描述】本模块介绍高压客户报装工作流程、服务过程跟踪的关键节点。通过流程介绍和要点归纳，掌握受理高压客户业扩报装的业务技能及跟踪服务的要求。本模块因政策性较强，具体运用请按照最新文件精神的相关政策执行。

【模块内容】

高压电力客户涉及国计民生，用电客户受理员同样必须熟练掌握高压客户报装工作流程和服务过程跟踪的关键节点，才能为高压客户提供优质服务。

一、高压客户业扩报装工作流程

（一）工作流程

高压客户业扩报装业务流程，见图5-5-1。

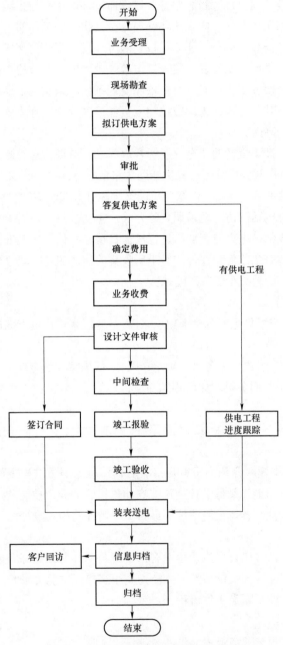

图 5-5-1 高压客户业扩报装业务流程

江苏省高压客户业务办理流程将串形结构改为并形结构,见图5-5-2。

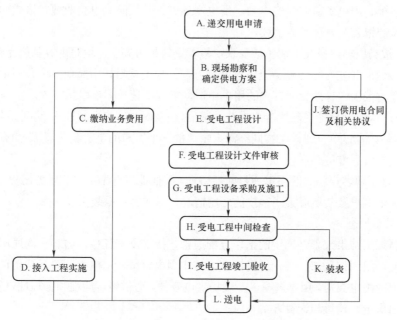

图5-5-2 江苏省高压客户业务办理流程

(二)工作流程说明

1. 业务受理

作为高压报装业务的入口,接收并审查客户资料,了解客户及客户同一自然人或同一法人主体的其他用电地址的用电情况、客户用电大项目前期咨询、服务历史信息,接受客户的报装申请。

(1)工作内容。

1)为客户提供信息宣传与咨询服务,引导并协助客户填写"用电报装登记表"。

2)查询客户以往的用电项目前期咨询及咨询服务记录,审核客户历史用电情况、欠费情况、信用情况、是否列入失信客户,如客户或单位法人所代表的其他单位欠费则须缴清欠费后方可办理。

3)查验客户资料是否齐全、申请单信息是否完整、判断证件是否有效。

4)详细记录客户申请新增用电容量等信息。

5)生成对应的工作单并转入后续流程处理。

(2)工作要求。

1)按照《供电营业规则》第十八条规定:用户申请用电时,应向供电企业提供用电工程项目批准的文件及有关的用电资料，包括用电地点、电力用途、用电性质、用电设备清单、用电负荷、保安电力、用电规划等，并依照供电企业规定格式如实填写用电报装登记表及办理所需手续。

2）按高压客户报装申请资料要求，检查资料是否齐备，填写内容是否完善。

3）2015 年实行电力业务全省联网联办，异地受理后，由属地供电公司主动对接服务。全省范围内异地受理客户的用电申请，需准确记录客户联系方式。

4）辖区接到异地受理的客户报装申请后，应及时与客户取得联系，办理后续工作。

5）须核查该单位或该单位同一法人主体的其他客户的电费缴费情况，如有欠费则须在缴清电费后方可办理。

6）须了解客户相关的用电项目前期咨询、其他地点有无用电等服务历史信息，是否列入失信客户及其所属集团客户的信用情况，形成客户报装附加信息。

2. 现场勘查

根据派工结果或事先确定的工作分配原则，接受勘查任务，与客户沟通确认现场勘查时间，组织相关部门进行现场勘查，核实用电容量、用电类别等客户申请信息，根据客户的用电类别、用电规模以及现场供电条件，对供电可能性和合理性进行调查，初步提出供电、计量和计费方案。

（1）工作内容。根据派工结果或事先确定的工作分配原则，接受现场勘查任务。

预先了解所要勘查地点的现场供电条件，提前与客户预约现场勘查的时间，携带《业扩现场勘查工作单（高压）》，准备好相应作业资料，组织相关人员准时到达现场进行勘查。

现场勘查的主要内容包括：审核客户的用电需求、核对客户原用电容量、原电能计量装置等信息，确定客户新增用电容量、用电性质及负荷特性，初步确定是否需要新增供电电源、是否需要更换计量装置。若需要，则初步拟定电源位置、供电电压、供电线路、计量方案、计费方案等，勘查结果应在勘查工作单上记录。

如发现客户现场情况不具备供电条件，应列入勘查意见并向客户做好解释、提出合理的整改措施或建议，取得客户的理解。

（2）工作要求。

1）现场勘查应携带《业扩现场勘查工作单（高压）》。

2）接到勘查工作任务单后，应在规定的时限内到现场进行勘查。

3）现场勘查记录应完整详实准确。

3. 拟定供电方案

根据现场勘查结果，拟定初步电源接入方案、计量方案以及计费方案等，并组织相关部门审查，形成最终供电方案。

（1）工作内容。

1）根据现场勘查结果、配网结构及客户供电需求，确定供电方案和计费方案，拟定供电方案意见书，包括客户接入系统方案、客户受电系统方案、计量方案、计费方案等。

其中客户接入系统方案包括：供电电压等级、供电容量、供电电源位置、供电电源数（单电源或多电源）、供电回路数、路径、出线方式，供电线路敷设等。

客户受电系统方案包括：进线方式、受电装置容量、主接线、运行方式、继电保护方式、调度通信、保安措施、电能计量装置及接线方式、安装位置、产权及维护责任分界点、主要电气设备技术参数等。

计量方案包括计量点与采集点设置，电能计量装置配置类别及接线方式、安装位置、计量方式、电量采集终端安装方案等。计费方案包括用电类别、电价分类及功率因数执行标准等信息。

2）召集相关部门对供电方案进行会审，根据会审意见对方案进行修改完善、重新会审并形成最终供电方案意见书。

（2）工作要求。按照《供电营业规则》第七条规定：供电企业对申请用电的用户提供的供电方式，应从供用电的安全、经济、合理和便于管理出发，依据国家的有关政策和规定、电网的规划、用电需求以及当地供电条件等因素，进行技术经济比较，与用户协商确定。

电能计量装置的配置应符合《电能计量装置技术管理规程》（DL/T 448—2000）及相关技术规程的要求。

计费方案的制定应符合国家规定的电价政策。

4. 审批

（1）工作内容。方案拟定后，根据审批条件（按电压等级、变压器容量大小等）提交相关级别部门审批，签署审批意见。主要对接入系统方案、受电系统方案、计量计费方案进行审批，签署审批意见，对于审批不通过的，重新拟定供电方案，并重新审批。

（2）工作要求。审批部门审核或组织审核供电方案，应尽可能一次性提出供电方案修改意见，供电方案修改完善后，尽快批复供电方案。

5. 答复供电方案

（1）工作内容。根据审批确认后的供电方案，答复客户。答复客户供电方案情况，提供《供电方案答复单》供客户签字确认，登记通知客户及客户确认反馈的时间点。

（2）工作要求。供电方案应在规定时限内书面答复客户，若不能如期确定供电方案时，应主动向客户说明原因。

6. 确定费用

按照国家有关规定及物价部门批准的收费标准，确定相关费用，并通知客户缴费。

（1）工作内容。根据收费标准和容量，计算客户的应收费用，经审批之后生成《业务缴费通知单》，并通知客户缴纳费用。

按照《国家发展改革委关于停止收取供配电贴费有关问题的补充通知》（发改价格〔2003〕2279 号）规定：为了节约电力建设投入，合理配置电力资源，对申请新装及增加用电容量的两路及以上多回路供电（含备用电源、保安电源）用电客户，在国家没有统一出台高可靠性电价政策前，除供电容量最大的供电回路外，对其余供电回路可适当收取高可靠性供电费用。

根据业务需要，对需要退补客户的费用，确定应退金额。

（2）工作要求。

1）按照《供电营业规则》第十六条规定：供电企业应在用电营业场所公告办理各项用电业务的程序、制度和收费标准。

2）按照《国家电网公司业扩报装管理规则》（国家电网营销〔2014〕378 号）第八十六条规定：按照价格主管部门批准的项目、标准计算业务费用，经审核后书面通知客户交费。收费时应向客户提供相应的票据，严禁自立收费项目或擅自调整收费标准。

7. 业务收费

按确定的收费项目和收费金额收取费用，建立客户的实收信息，更新欠费信息。

（1）工作内容。

1）按确定的应收金额收取费用，建立客户的实收信息。

2）对减免缓收的费用，需经审批同意，可分多次缴纳打印收费凭证，更新客户的欠费信息，费用结清后打印正式发票；同时记录操作人员、审批人员、收费时间以及费用减免的信息等。

3）对需要退补客户的费用，按确定的金额退还。

（2）工作要求。

1）根据财务规定正确开具相应票据。

2）遵守收费业务办理时限规定。

3）严格执行财务纪律，应对当天的收取情况进行日结，并报送财务部门。

4）应对收取的支票进行登记，对退票进行及时处理。

5）按照已确定的费用标准收取，对于不能一次性交付的，要说明原因，制订还款计划，并有相应的审批手续。

6）支持同城异地缴费，支持银行联网收费。

8. 供电工程进度跟踪

根据工程进度，依次登记工程立项、工程设计、图纸审查、费用收取、设备供应及工程施工、中间检查、竣工验收信息。

（1）工作内容。

1）工程立项、设计信息；

2）工程图纸审查信息；

3）费用收取信息；

4）设备供应信息；

5）工程施工信息，包括开工时间、完工时间等；

6）工程监理信息，包括监理单位、工程监理情况等；

7）工程中间检查信息；

8）工程竣工验收信息；

9）记录设计/施工/设备供应三大市场合作单位的资质档案。

（2）工作要求。

1）应根据国家规定，审核设计单位和施工单位的资质。

2）应及时准确登记供电工程的相关内容。

9. 设计文件审核

（1）工作内容。受电工程设计完成后，用电客户及设计单位需填写"受电工程图纸审核登记表"，并将图纸资料送供电企业审核。供电企业设计审核部门根据国家相关设计标准，审查客户受电工程设计图纸及其他设计资料，在规定时限内答复审核意见。

（2）工作要求。受电工程设计的审核应依照国家标准、行业标准进行，并在规定时限内以书面形式向客户反馈意见。要积极推行典型设计，倡导采用节能环保的先进技术和产品，禁止使用国家明令淘汰的产品。

10. 中间检查

客户受电工程在施工期间，供电企业应根据审核同意的设计和有关施工标准，对用户受电工程中的隐蔽工程进行中间检查。

（1）工作内容。现场检查时，携带"受电工程中间检查登记表"，记录检查情况；如发现缺陷，应出具"受电工程缺陷整改通知单"，要求施工方整改，并记录缺陷及整改情况；中间检查结束形成"受电工程中间检查结果通知单"。

将中间检查记录、缺陷记录、整改通知记录存档。

1）检查范围：工程建设是否符合设计要求；工程施工工艺、建设用材、设备选型是否符合规范，技术文件是否齐全；安全措施是否符合规范及现行的安全技术规程的规定。

2）检查项目：线路架设情况或电缆敷设检查；电缆通道开挖许可及开挖情况检查；封闭母线及计量箱（柜）安装检查；高、低压盘（柜）装设检查；配电室接地检查；设备到货验收及安装前的特性校验资料检查；设备基础建设检查；安全措施检查等。

（2）工作要求。

1）对于有隐蔽工程的项目，应在隐蔽工程完工前去现场检查，合格后方能封闭，再进行下道工序。

2）对现场施工未实施中间检查的隐蔽工程，供电企业有权对竣工的隐蔽工程提出返工暴露，并按要求督促整改。

3）中间检查应及时发现不符合设计要求与验收规范的问题并提出整改意见，以便在完工前进行处理，避免返工。

11. 竣工报验

（1）工作内容。接收客户的竣工验收要求，审核相关报送材料是否齐全有效，通知相关部门准备客户受电工程的竣工验收工作。

（2）工作要求。受电工程竣工后，客户需向供电企业提供竣工报验材料。供电企业受理并核查竣工报验材料的完整性，核查无问题后，通知相关部门准备客户受电工程的竣工验收工作。

12. 竣工验收

（1）工作内容。按照国家和电力行业颁发的设计规程、运行规程、验收规范和各种防范措施等要求，根据客户提供的竣工报告和资料，组织相关部门对受电工程的工程质量进行全面检查、验收。

（2）工作要求。依据客户提交的报验资料，按照国家和电力行业颁发的技术规范、规程和标准，在约定时间内组织相关部门对受电工程的建设情况进行全面检验。

对工程不符合规程、规范和相关技术标准要求的，应以书面形式通知客户改正，改正后予以再次验收，直至合格。

经多次验收合格的受电工程，客户须按相关政策交纳重复验收费用。

受电工程经验收合格后方可送电。

13. 签订合同

（1）工作内容。依据相关法律法规，按照供用电合同管理要求，签订或变更供用电合同。

（2）工作要求。供电单位需在送电前完成与客户变更供用电合同的工作。完成合同变更后应反馈签订时间等信息。

14. 装表送电

竣工验收合格，并办理完相关手续后，应及时进行计量装置现场工作，并尽快组织相关部门送电。

（1）工作内容。按照计量装置相关工作要求，完成计量装置配、领、装、拆、移、换、验等工作。

送电前，应对全部电气设备做外观检查，拆除所有临时电源，对二次回路进行联动试验。

应再次根据变压器容量核对电能计量用互感器的变比和极性是否正确。

新增一次设备还应核对相位、相序。

送电后，应检查电能表运转情况是否正常，相序是否正确。对计量装置进行验收试验并实施封印。并会同客户现场抄录电能表指示数作为计费起始依据。

送电完成后，应按照"送电任务现场工作单"格式记录送电人员、送电时间、变压器启用时间及相关情况。

将填写好的"送电任务现场工作单"交给客户签字确认，并存档以供查阅。

（2）工作要求。电能计量装置的安装应严格按照通过审查的施工设计和确定的供电方案进行，严格遵守电力工程安装规程的有关规定。应及时完成计量装置的安装工作。计量装置完成后应反馈计量装置资产编号、安装时间、安装人员等现场安装信息。

实施送电前应具备的条件：新建的供电工程已验收合格；客户受电工程已竣工验收合格；供用电合同及有关协议均已签订；业务相关费用已结清；电能计量装置已安装检验合格；客户电气工作人员具备相关资质；客户安全措施已齐备。

按照规定期限要求，完成高压电力客户送电工作。

15. 信息归档

（1）工作内容。通过信息系统，建立客户基本信息档案、电源信息档案，计费信息档案，计量信息档案，用检信息档案和合同信息档案等。

（2）工作要求。信息归档由系统自动处理。应保证其他相关部门能及时获取客户最新档案信息。

16. 客户回访

（1）工作内容。在完成现场装表接电后向客户征询对供电企业服务态度、流程时间、装表质量等的意见。

（2）工作要求。在规定回访时限内按比例完成申请高压报装客户的回访工作，并准确、规范记录回访结果。回访内容参见"95598"业务处理业务类的客户回访业务项。

17. 资料归档

核对客户待归档信息和资料。收集并整理报装资料，完成资料归档。

（1）工作内容。检查客户档案信息的完整性，根据业务规则审核档案信息的正确性，档案信息主要包括客户申请信息、设备信息、基本信息、供电方案信息、计费信息、计量信息（包括采集装置）等。如果存在档案信息错误或信息不完整，则发起相关流程纠错。

为客户档案设置物理存放位置，形成并记录档案存放号。

（2）工作要求。应核对客户档案资料的完整性。高压报装完整的客户档案资料一般应包括："用电报装登记表"及相关申请资料、"用户用电设备清单""业扩现场勘查工作单（高压）""供电方案答复单"审定的客户电气设计资料及图纸（含竣工图纸）、"受电工程中间检查登记表""受电工程缺陷整改通知单""受电工程中间检查结果通知单""受电工程竣工验收登记表""受电工程竣工验收单""装拆表工作单"供用电合同及其附件。

二、高压客户业扩报装服务过程跟踪

1. 关键环节服务时限要求

国家电力主管部门、电力监管部门以及国家电网公司对服务时限的规定略有不同。请按照最新要求执行。

《供电营业规则》中规定：供电企业对已受理的用电申请，应尽速确定供电方案，在以下期限内正式书面通知用户，高压单电源用户最长不超过 1 个月；高压双电源用户最长不超过 2 个月。供电企业对高压客户送审的受电工程设计文件和有关资料进行审核，审核时间最长不超过 1 个月。

2009 年发布的《供电监管办法》（电监会第 27 号令）中规定：电力监管机构对供电企业办理用电业务的情况实施监管。供电企业办理用电业务的期限应当符合下列规定：向用户提供供电方案的期限，自受理用户用电申请之日起，高压单电源用户不超过 20 个工作日，高压双电源用户不超过 45 个工作日；对用户受电工程设计文件和有关资料审核的期限，自受理之日起，高压电力用户不超过 20 个工作日；对用户受电工程启动中间检查的期限，自接到用户申请之日起，高压供电用户不超过 5 个工作日；对用户受电工程启动竣工检验的期限，自接到用户受电装置竣工报告和检验申请之日起，高压供电用户不超过 7 个工作日；给用户装表接电的期限，自受电装置检验合格并办结相关手续之日起，高压供电用户不超过 7 个工作日。同时规定：电力监管机构对供电企业处理用电投诉的情况实施监管。供电企业应当建立用电投诉处理制度，公开投诉电话。对用户的投诉，供电企业应当自接到投诉之日起 10 个工作日内提出处理意见并答复用户。供电企业不得对用户受电工程指定设计单位、施工单位和设备材料供应单位。

《国家电网公司供电服务"十项承诺"》中规定：供电方案答复期限：高压单电源客户不超过 15 个工作日，高压双电源客户不超过 30 个工作日。非居民客户向供电企业申请用电，受电工程验收合格并办理相关手续后，5 个工作日内送电。

按照《国家电网公司业扩报装管理规则》(国家电网营销〔2014〕378 号)中规定:供电方案答复期限:在受理申请后,低压客户在次工作日完成现场勘查并答复供电方案;10~35kV(可开放容量范围内)单电源客户不超过 15 个工作日,双电源客户不超过 20 个工作日;10~35kV(超出可开放容量)单电源客户不超过 15 个工作日,双电源客户不超过 25 个工作日;110kV 及以上单电源客户不超过 15 个工作日,双电源客户不超过 30 个工作日。

2. 高压客户业扩报装服务过程跟踪与监管

在供电营业场所、网站等处公开服务程序、工作时限、收费标准、依据。

在营业厅设立自助服务工作台、触摸屏、电子大屏等信息公告与服务设施,业务受理柜台配置双屏显示器。主动为客户提供书面须知或报装指南,向客户公开服务信息及业务办理进程,规范信息查询、咨询服务,切实方便客户报装用电。

业扩报装收费要依法依规,严格按照政府部门批准的项目、标准进行收费,任何单位及个人不得额外收取任何费用。

供电企业应通过加强报装服务全过程监管,严格把控报装服务关键环节,确保报装服务进度和服务质量,实现闭环管理,持续提升服务品质,提高客户满意度。对于高压客户业扩报装,应尽可能规范报装服务流程,强化内部服务工作,重点跟踪和监管报装受理、供电方案答复、设计单位选择、设计图纸审核、施工单位选择、设备材料供应单位选择、中间检查、竣工验收、装表接电等关键环节,监督检查是否按照报装规定要求规范开展报装服务工作。对于随意增加受理条件,未按规定期限答复供电方案、审核设计图纸、检验客户工程、装表接电的,以及其他违规行为,应按相应责任追究制度进行追查、整改,确保服务工作规范、优质、高效。对于受电工程,应由客户自愿选择或招标确定有相应有效资质的设计、施工、设备材料供应单位实施,供电企业不得指定工程设计、施工、设备材料供应单位,维护市场秩序。供电企业可公布具备有效资质的客户工程设计、承装(修、试)、设备材料供应单位名录,供客户自主选择。

《国家电网公司员工服务“十个不准”》中规定:不准违反规定停电、无故拖延送电。不准违反政府部门批准的收费项目和标准向客户收费。不准为客户指定设计、施工、供货单位。不准违反业务办理告知要求,造成客户重复往返。不准违反首问负责制,推诿、搪塞、怠慢客户。不准对外泄露客户个人信息及商业秘密。不准工作时间饮酒及酒后上岗。不准营业窗口擅自离岗或做与工作无关的事。不准接受客户吃请和收受客户礼品、礼金、有价证券等。不准利用岗位与工作之便谋取不正当利益。

畅通信息反馈渠道,充分了解客户需求、市场信息、监督评价信息,并进行深度分析,为客户服务质量改进提供辅助决策依据。通过“95598”热线电话、网站、信件、营业场所意见簿、现场工作意见反馈单等多种方式收集客户举报、投诉、意见、建议等信息；通过电话回访、现场调查等方式，主动了解客户需求和满意度情况；通过邀请政府主管部门、电力监管部门、行风监督员、媒体、第三方专业评价机构等方式，主动引入报装服务监督和评价。对于所收集的信息应及时汇总分类，分析原因，正确、快速处理，尽量减小服务风险。

【思考与练习】

1.《国家电网公司供电服务"十项承诺"》对高压客户供电方案答复期限是如何规定的？

2.《国家电网公司供电服务"十项承诺"》对高压客户送电期限是如何规定的？

3.《国家电网公司供电服务"十项承诺"》对高压客户图纸审核期限是如何规定的？

第六章

收　费

▲ 模块 1　业务费用收费（Z21F3001 Ⅰ）

【模块描述】本模块包含业务费用收（退）费及其相关知识；通过对业务费用收费分类、收费标准、交费方式及退费规定，发票和人民币真伪辨别常识的介绍，掌握业务费用收（退）费技能。本模块因政策性较强，请按照最新文件精神的相关政策执行。

【模块内容】

供电企业在生产经营过程中，除电费及随电费收取的基金和附加费以外，依据政府价格管理部门批准的收费项目或双方合同约定的收费项目向客户收取的费用，统称为业务费用。

一、业务费用分类、收费标准及退费规定

（一）业务费用分类

业务费用大致可分为三大类：

1. 国家规定的收费项目

例如：《电力供应与使用条例》《供电营业规则》规定的违约使用电费、高可靠性供电费用、临时接电费用。

2. 地方价格主管部门批准收费项目

例如：客户产权设备的预防性试验、继电保护调试、仪器仪表校验等收费项目。

3. 双方合同约定的收费项目

例如：客户出资委托供电企业的电力工程建设、客户产权设备代维护等费用。

（二）业务费用收费标准

国家规定或法定的收费项目，部分收费标准全国统一，但大部分收费项目各省、市、自治区的收费标准存在差异。各地方价格主管部门批准的收费项目及标准也存在较大差异。

1. 违约使用电费

违约使用电费是指因客户有违约用电或窃电行为应承担的违约责任,按照《电力供应与使用条例》《供电营业规则》的规定向供电企业缴纳的费用。

2. 高可靠性供电费用及临时接电费用

高可靠性供电费用及临时接电费用按照《国家发展改革委关于停止收取供配电贴费有关问题的补充通知》(发改价格〔2003〕2279 号)文件规定执行。

(1)高可靠性供电费用。为了节约电力建设投入,合理配置电力资源,对申请新装及增加用电容量的两路及以上多回路供电(含备用电源、保安电源)用电户,在国家没有统一出台高可靠性电价政策前,除供电容量最大的供电回路外,对其余供电回路可适当收取高可靠性供电费用。

(2)临时接电费用。临时用电的电力用户应与供电企业以合同方式约定临时用电期限并预交相应容量的临时接电费用。按照《国家发展改革委关于停止收取供配电贴费有关问题的补充通知》(发改价格〔2003〕2279 号)文件规定临时用电期限一般不超过 3 年。在合同约定期限内结束临时用电的,预交的临时接电费用全部退还用户;确需超过合同约定期限的,由双方另行约定。

(3)高可靠性供电费用和临时接电费用收费标准,由各省(自治区、直辖市)价格主管部门会同电力行政主管部门,在《国家计委、国家经贸委关于调整供电贴费标准等问题的通知》(计价格〔2000〕744 号)规定的收费标准范围内,根据本地区实际情况确定,并报国家发展改革委备案。某地区高可靠性供电费用,见表 6-1-1。

表 6-1-1 　　　　　　　　　某地区高可靠性供电费用

用户受电电压等级(kV)	用户交纳的费用(元/kVA)	自建本级电压外部工程应交纳的费用(元/kVA)
0.38/0.22	260	210
10	210	155
35	160	80
110	80	

(三)退费规定

在营业过程中,对多收、重收等错收情况以及退预收款、因政策性规定退还款等,须向用电客户退还款项,应按规定经过申请、审批把款项退给用电客户。

(1)因政策性规定退还业务费,应由相应业务部门提出退费申请,经分级审批同意后,确定应退费金额,业务人员须严格按照退费金额退款。

(2)错收业务费的处理。

1）当日解款前发现的错收业务费可进行冲正处理，并记录冲正原因，如果发票已打印，应收回并作废。冲正只能全额冲正，不允许部分冲正。解款前发现的错收不经过"退业务费管理"流程处理。

2）解款后发现的错收不允许进行冲正处理，应通过"退业务费管理"流程处理。业务流程对于解款后的错收业务费，由收费员提出退款申请，按额度实行分级审批，审批同意后，给客户退款。

（3）退费工作要求。

1）一般情况下，退费应采用与缴费相同的结算方式。客户用支票缴费的情况，为防范支票套现，在未到账的情况下不予退款。确认到账后，用转账支票退款。

2）退款时，应确认客户身份证明，要求客户在退款凭证上签字。

3）对于收费柜台退款情况，收费人员的收费日报中需要如实反映退款情况。

二、业务费用的收（退）费管理

（一）业务费用收费管理

业务费用收费，是指供电企业按政府价格管理部门批准的电力相关费用标准或双方签订的其他合同约定的条款，以现金、POS刷卡、支票、汇票、网上银行支付等结算方式，完成客户办理用电业务费用的收取，并出具收费凭证的过程。业务费用收费要严格按政策规定及有管理权限的物价部门批准的收费标准核定收费项目和收费金额，不准自立收费项目、擅自更改收费标准；各项费用只能在营业窗口或委托代收的金融机构收取，其他任何部门或个人不得向客户收取。

业务费用收费方式有营业柜台坐收和金融机构代收两类。

1. 营业柜台坐收业务费用

营业柜台坐收业务费用一般情况下应专设业务费收费柜台。营业柜台收费人员应熟练掌握各种业务费用收费标准及依据，及时、准确、足额收取业务费用；在收费过程中，解答客户咨询的各项业务收费标准时，应做到耐心、详细，当客户对业务收费标准提出异议时，应做到诚恳、耐心和准确解释，不得与客户争吵。

（1）营业指标坐收业务费用工作流程和内容，见图6-1-1。

（2）营业指标坐收业务费用工作注意事项。

1）遵循服务行为规范。实行限时办结制，办理居民客户收费业务的时间一般不超过5分钟；接到客户缴费通知单，注意保持微笑和双手接单的良好接待行为，行注目礼并主动向客户问候；接收客户付款和找零款，应做到唱收唱付，轻拿轻放，不抛不弃；递送发票时应告知客户将发票妥善保管，以备日后查对。

2）受理收费时，认真核对客户缴费项目与缴费通知书是否一致，若发现收费项目、标准、金额不准确时，应安抚客户并立即通知相关业务人员核对。

3）收费核查时，如发现假钞，应立即向客户说明，待客户确认并补缺；如客户交纳的金融票据有误，应当向客户解释清楚，待客户确认并重新更换金融票据后，继续办理收费业务。对客户采用支票缴费的，应核对支票的收款人、付款人的全称、开户银行、账号、金额等是否准确，印鉴是否齐全、清晰，并记录该笔业务费所对应的支票编号，一张支票可以对应多笔业务费用或多张支票对应一笔业务费。

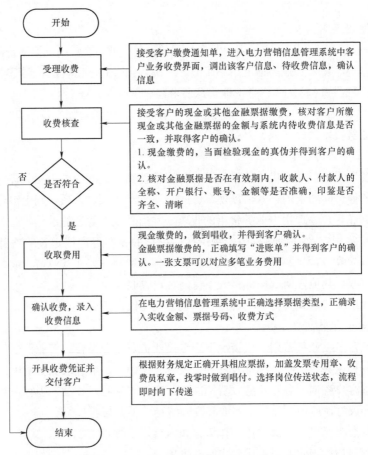

图 6-1-1　营业指标坐收业务费用工作流程

4）客户缴费后，应为客户出具相应的收据或业务费发票，向客户开具的发票应当按照规定的时限、顺序，逐栏、全部联次一次性如实开具，签署开具人的姓名或加盖私章，并加盖财务专用章或发票专用章；项目填写齐全，内容真实完整，字迹清楚；开具的发票不得涂改、挖补、撕毁；各联填开的内容、金额等都保持一致，金额大写必须规范（"零"不得用"符号"代替，增值税专用发票开具另有规定的除外），严禁开具"大头小尾"发票；开具发票发生差错，应当在全部联次上注明"作废"字样，将全部联次粘贴在存根联后面，重新开具发票。

一般采用收妥入账方式，对于收取支票、本票等票据的，也仅开具收据，待款项到账时再凭收据换取发票。需要增值税发票的应按国家有关增值税发票的规定开具。

2. 金融机构代收业务费用

金融机构代收是指金融机构代为收取用电客户业务费的一种收费方式。

（1）金融机构代收业务费用工作流程和内容，见图6-1-2。

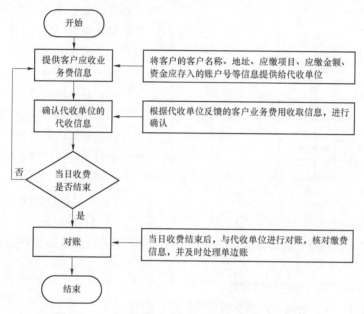

图6-1-2　金融机构代收业务费用工作流程和内容

（2）代收业务费用工作注意事项。

1）供电单位必须与代收单位签订代收协议，明确双方在业务费代收工作中的责任。

2）代收单位未给缴费客户出具业务费发票的，可凭缴费凭证换取业务费发票，需要增值税发票的应按国家有关增值税发票的规定开具。

3）应及时与代收单位进行对账，核对缴费信息，对账务进行处理。

"账有银无"是银行对账单上有进账记录，但是没有银行回单；"银有账无"是有银行回单，而银行对账单上没有进账记录。这两种情况一旦发生，应及时填写查账通知，写明出账发生日期、金额等事由，并加盖单位财务专用章，及时送交银行，请开户银行查账；当银行的查账通知返回，并证明资金确实到账，收费人员可以凭银行的查账证明销账，做回收处理。

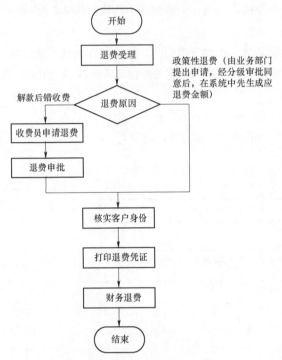

图 6-1-3 退业务费用工作流程

（二）退业务费用管理

1. 退业务费用工作流程

退业务费用有政策性退费和错收业务费退费。政策性退费由业务部门提前提出退费申请，经分级审批后退费；而错收业务费退费在解款前由收费员当日进行冲正处理，在解款后由收费员当日提出申请，经分级审批后退费。退业务费用工作流程，见图 6-1-3。

2. 退业务费用工作内容

（1）政策性退费。

1）退费受理。根据政策变化确定需要退费客户的退费信息（客户名称、退费项目、退费金额等）。

2）核实客户身份。

3）交付客户退款凭证。

4）财务退费。

财务部门根据客户的退款凭证支付现金或支票给客户，并收回客户签字确认的退款凭证。

（2）退回解款后发现的错收费。

1）退费受理。根据客户缴费凭证受理客户退费。

2）收费员提出退费申请，应说明退费项目、金额，错收原因。

3）根据金额分级审批。

4）核实客户身份。

5）交付客户退款凭证。

6）财务退费。

财务部门根据客户的退款凭证支付现金或支票给客户，并收回客户签字确认的退款凭证。

3. 退业务费用考核指标

收费撤还率=撤还金额/实收总金额×100%。

撤还金额=当日冲正金额+隔日因收费错误造成的退款金额。

收费撤还率指标考核值由各网省公司自行确定。

三、业务费用收费相关知识

1. 客户常用交费方式

（1）现金交费。

现金交费是指客户持现金到电力企业营业缴费窗口或委托代收的金融机构营业窗口交费。

（2）汇兑。汇兑是汇款人委托银行将款项汇往异地收款人的一种结算方式。按照凭证传递方式的不同可以分为信汇和电汇两种，由汇款人自行选择。

（3）委托收款。委托收款是收款人委托银行向付款人收取款项的结算方式。收款人、付款人、银行三方须签订委托收款协议。常见的委托收款方式有同城特约委托收款，一般采用托收无承付结算方式。

（4）POS 机刷卡交费。在与银行联网的各种营业网点或安装有银行交费 POS 机的场所，客户刷卡完成缴费。

（5）支票。支票是出票人签发，委托办理支票存款业务的银行或者其他金融机构在见票时无条件支付确定的金额给收款人或持票人的票据。支票分为普通支票、现金支票、转账支票 3 种。

（6）商业汇票。商业汇票是由收款人或付款人签发，由承兑人承兑，并于到期日向收款人或背书人支付款项的票据。按承兑人不同，分为商业承兑汇票和银行承兑汇票。

（7）银行汇票。银行汇票是指由出票银行签发的，由其在见票时按照实际结算金额无条件付给收款人或者持票人的票据。

（8）常见的票据风险。客户采用票据方式缴费时，存在票据风险，如：伪造票据、签发远期支票、签发空头支票、变造票据、使用作废或他人的票据、故意造成退票、利用节假日出票等。造成票据风险的原因很复杂，由于票据风险造成的应收账款拖欠现象也很多，因此收费人员应严格遵守财务管理制度，加强防范因票据不正确使用而造成的收费风险。

2. 发票常识

在业务收费办理过程中，收费人员需要向客户开具发票，因此掌握好发票的有关知识并管理好发票，是营业收费人员应具备的一项基本技能。下面介绍普通发票和增值税发票的一些基本知识。

（1）发票的概念。发票是指在购销商品，提供或者接受服务以及从事其他经营活动中，开具、收取的收付款凭证。

增值税专用发票，是增值税一般纳税人（以下简称一般纳税人）销售货物或者提供应税劳务开具的发票，是购买方支付增值税额并可按照增值税有关规定据以抵扣增值税进项税额的凭证。

（2）发票的主管机关。税务机关是发票的主管机关，负责发票印制、领购、开具、取得、保管、缴销的管理和监督。

（3）发票的式样。发票的式样包括发票所属的种类、各联用途、具体内容、版面排列、规格、使用范围等。

（4）发票基本联次及用途。发票的基本联次为三联，第一联为存根联，开票方留存备查；第二联为发票联，收执方作为付款或收款原始凭证；第三联为记账联，开票方作为记账原始凭证。

专用发票由基本联次或者基本联次附加其他联次构成，其他联次用途，由一般纳税人自行确定。

除增值税专用发票外，县（市）以上税务机关根据需要可适当增减联次并确定其用途。

（5）发票基本内容。发票的基本内容包括发票的名称、字轨号码、联次及用途、客户名称、开户银行及账号、商品名称或经营项目、计量单位、数量、单价、大小写金额、开票人、开票日期、开票单位（个人）名称（章）等。

增值税专用发票还应当包括购货人地址、购货人税务登记号、增值税税率、税额、供货方名称、地址及其税务登记号。

（6）发票印制。发票由省、自治区、直辖市税务机关指定的企业印制；增值税专用发票由国家税务总局指定的企业统一印制。禁止私印、伪造、变造发票。

（7）发票领购。依法办理税务登记的单位和个人，在领取税务登记证件后，向主管税务机关申请领购发票。

（8）发票开具。销售商品、提供服务以及从事其他经营活动的单位和个人，对外发生经营业务收取款项，收款方应向付款方开具发票；开具发票应当按照规定的时限、顺序，逐栏、全部联次一次性如实开具，并加盖单位财务印章或者发票专用章。

除按普通发票要求开具增值税用发票外，开具增值税专用发票还要根据《增值税专用发票使用规定》要求进行开具，一般纳税人应通过增值税防伪税控系统（以下简称防伪税控系统）使用专用发票（包括领购、开具、缴销、认证纸质专用发票及其相应的数据电文）。

（9）发票保管。开具发票的单位和个人应当按照税务机关的规定保管发票，不得擅自损毁。已经开具的发票存根联和发票登记簿，应当保存五年，保存期满，报经税务机关查验后销毁。

单位和个人在领购和启用整本发票时，应当检查发票是否缺号、重号等，发现问题，应当及时报告主管税务机关处理。

填错的发票，全部联次应当完整保存。

发票丢失，应于丢失当日书面报告主管税务机关，并在报刊、电视等传播媒介上公告声明作废。纳税人丢失增值税专用发票，还必须按规定程序向公安机关报失。

单位领购发票后，在使用过程中一般要建立五项制度：① 专人保管制度；② 专库或专柜保管制度；③ 专账登记制度；④ 保管交接制度；⑤ 定期盘点制度。

（10）增值税专用发票与普通发票的共同点和区别。

1）共同点。两者都是发货票，都必须套印发票监制章，都是商事凭证，都是经济责任证书、法律责任证书、会计核算凭证。

2）区别。增值税专用发票除具有普通发票的功能与作用外，还是纳税人计算应纳税额的重要凭证，与普通发票相比，它的区别是：① 使用范围不同。增值税专用发票只限于一般纳税人之间从事生产经营增值税应税项目使用；而普通发票则可以用于所有纳税人的所有经营活动，当然也包括一般纳税人生产经营增值税应税项目。② 作用不同。普通发票只是一种商事凭证；而增值税专用发票不仅是一种商事凭证，还是一种扣税凭证。③ 票面反映内容不同。增值税专用发票不但要包括普通发票所记载的内容，而且还要记录购销双方的税务登记号、地址、电话、银行账户和税额等。④ 联次不同。增值税专用发票不仅要有普通发票的联次，而且还要有扣税联。⑤ 反映的价格不同。普通发票反映的价格是含税价，税款与价格不分离；增值税专用发票反映的是不含税价，税款与价格分开填列。

3. 人民币真伪辨别常识

在日常营业中，收费人员经常需要进行现金收费，除了采用验钞机进行真伪辨别外，手工识别也非常重要。辨别人民币真伪是收费人员应具备的一项基本技能，其方法可归纳为"一看、二摸、三听、四测"。

"一看"：观看票面外观颜色、固定水印、安全线、胶印缩微文字、隐形面额数字、光变面额数字、对印图案、双色横号码等的防伪特征。直观重点看有：一是看水印，把人民币迎光照看，可在水印窗处看到人头像或花卉水印，立体感强，层次分明，灰度清晰；二是看安全线，安全线牢固地与纸张黏合在一起，并有特殊的缩微文字防伪标记；三是看钞面对印图案色彩是否鲜明，线条是否清晰，对接图案是否对接完好，无留白或空隙；四看光变油墨。第五套人民币 100 元纸币和 50 元纸币正面左下方的面额数字采用光变墨印刷，将垂直观察的票面倾斜到一定角度时，100 元纸币的面额数字会由绿变为蓝色，50 元纸币的面额数字则会由金色变为绿色。

"二摸"：人民币纸币手感光滑、厚薄均匀、坚挺有韧性，纸币薄厚适中，挺括度好。采取凹版印刷，线条形成凸出纸面的油墨道，特别是在盲文点、"中国人民银行"字样、凹印手感线、第五套人民币人像部位等，用手指抚摸这些地方，有较鲜明的凹凸感。较新钞票用手指划过，有明显阻力。目前收缴到的假币是用胶版印刷的，平滑、无凹凸感。

"三听"：人民币纸张是特制纸，结实挺括、耐折、不易撕裂。较新钞票用力抖动、手指弹动或一张一弛轻轻对称拉动，会发出清脆的响声。假币纸张发软，偏薄，声音发闷，不耐揉折。

"四测"：借助一些简单工具和专用仪器进行钞票真伪识别，如借助放大镜观察票面线条的清晰度，胶、凹印缩微文字等；用紫外灯光照射钞票，观察有色和无色荧光油墨印刷图案；用磁性检测仪器检测安全线磁性。

钞票在使用过程中，票面会出现磨损，会造成钞票凹印的凹凸感不强；也可能会受到一些化学物质等的污染，会造成正面光变面额数字失去光变效果，荧光图案减弱等，造成钞票真伪难辨，也可能使验钞机误判。因此，在钞票真伪识别过程中，不能仅凭一点或几点可疑就草率判别真伪，要考虑诸多因素影响，进行综合分析判别。

现在市面上流通量较大的是第五套人民币，第五套人民币有 2005 年版和 1999 年版，2005 年版第五套人民币有 100 元、50 元、20 元、10 元、5 元纸币和 1 角硬币币类，于 2005 年 8 月 31 日发行流通，收费人员应及时收集并掌握市场上出现的假币信息可提高识别假币的能力和水平。2019 年 4 月 29 日，央行发布公告称，中国人民银行定于 2019 年 8 月 30 日起发行 2019 版第五套人民币。收费人员也应及时跟进学习掌握新版人民币识别方法和水平。

四、案例

【案情】模拟收费过程示例：某地区×××开发商申请 10kV 基建临时用电 100kVA，自建本级电压外部工程，到营业窗口现金缴纳临时接电费用。

（一）开始受理

客户走进营业窗口缴费区

业务员：您好！请坐！请问您有什么事？（应起身示座，做到主动、微笑、热情）

客户：我是×××开发商，来交 10kV 基建临时用电 100kVA 临时接电费用。这是缴费通知单。（递给业务员）

业务员：（双手接单，保持微笑，行注目礼）请稍候！

（二）收费核查

业务员：（进入电力营销信息管理系统中客户业务收费界面，调出该客户信息、待收费信息，认真核对客户缴费项目与缴费通知书一致后）您好！是通知您缴纳临时接电费 15500 元吗？

客户：是。这是缴费现金。（递给业务员）

业务员：（双手接收客户现金，保持微笑）这些是多少钱？

客户：15500 元。

业务员：好的。（开动点验钞机及手工验钞，发现一张 100 元人民币右上角缺损严重）对不起，您这张 100 元人民币右上角缺损严重，请您更换一张，可以吗？（双手递送需更换的人民币，保持微笑）

客户：这张确实是右上角缺损严重，可以更换。给您新的一张 100 元。

（三）收取费用

业务员：（双手接收客户新的一张 100 元现金，保持微笑）好的。（对新收 100 元进行验钞合格，客户合计交 15500 元）共收您 15500 元整？

客户：是。

（四）录入信息

业务员：（在营销信息管理系统中正确录入实收金额、票据号码、收费方式）。

（五）开具票据

业务员：（开具收费票据后，双手递送票据，保持微笑，行注目礼）这是您的缴费收据，请收好！

客户：好的（客户接过收据）。

某地区临时接电费缴费票据样式，见图 6-1-4。

××省××市企事业机关单位资金往来统一票据
存 根 联

代码：235060600180

交款单位（个人）：×××开发公司　　2012 年 9 月 20 日　　　　　号码：00196205

收款项目	单位	数量	单价	金　额							外　币				
				万	千	百	拾	元	角	分	币种	外币金额	汇率	人民币	第一联 存根联
临时接电费	kVA	100	155	1	5	5	0	0	0	0					
合计人民币（大写）	壹 万 伍 仟 伍 佰 零 拾 零 元 零 角 零 分　¥：15500														
备注：															

开票单位（盖章）：　　　　　　开票人：×××　　　　　收款人：×××

图 6-1-4　某地区临时接电费缴费票据样式

（六）结束

业务员：请慢走，再见（将工作传票向下一岗位传递）！

【思考与练习】

1. 什么是业务费？一般有哪几类业务费？

2. 简述如何办理错收业务费退费。

3. 自备一张人民币进行真伪辨别描述。

◢ 模块 2　电费收费（Z21F3002Ⅰ）

【模块描述】 本模块介绍电费收（退）费标准及管理流程和办法。通过要点归纳、流程介绍和案例说明，掌握电费交费方式及退费规定，以及银行票据和人民币真伪辨别常识。以下内容还涉及磁卡表预购电相关知识。

【模块内容】

营业厅电费收费是指客户通过现金、支票、本票、汇票、承兑汇票、银行进账单、POS 机刷卡、自助交费终端、充值卡等方式交纳电费。

一、电费收费管理

（1）客户在营业厅柜面交纳电费时，营业厅收费人员应准确录入客户户号信息（如无法提供户号，可根据户名、用电地址等信息进行模糊查询），与客户核对基本信息（户号、户名、地址等）一致后，告知客户电费年月、电费金额及应交纳违约金、业务费用金额等，客户确认后，方可正常收取。

（2）客户有多期欠费，营业厅收费人员应提示客户并要求客户全部交纳。客户可选择其中一期或多期电费进行交纳。如客户为集团户或托收户，应告知客户整个集团户、托收户的全部欠费情况。如客户有暂存款，告知客户应补交剩余部分电费。

（3）如客户要求部分交纳时，应核实客户的用电类别，若为居民客户则告知客户须全部交纳，若为非居民客户则允许客户部分交纳电费。

（4）客户有违约金，应提示客户须一并交纳。如违约金需用暂缓，应发起违约金暂缓流程。如客户已停电，应提醒客户一并交纳复电费用。

二、电费收（退）费规范

（1）现金交费。现金交费流程，见图 6-2-1。

1）核实客户基本信息，并告知客户应交纳电费金额。

2）客户交纳现金后，应做好清点，对 50、100 元纸币应使用验钞机进行检验，小于 50 元的纸币及硬币应采用人工方式进行判别，对疑似假币应要求客户给予更换。对破损、污损较严重或难以辨识的纸币及硬币，应要求客户给予更换。清点完成后，按照余额找还客户，并请客户给予清点、查收。收费过程实行唱收唱付。如客户愿意将剩余金额作为暂存款，则按照预交电费流程操作。

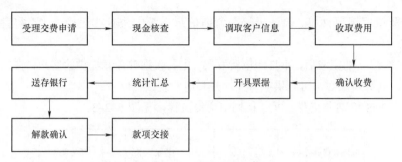

图 6-2-1 现金交费流程

3）客户交纳电费完成后，开具电费发票、加盖收讫章后，提供给客户。如客户为部分交费，则不打印电费发票，出具收据并盖章提供给客户，告知客户全额交纳后，可到供电营业厅开具电费发票。

4）收取的现金应及时放入保险箱保管。

（2）现金解款单交费。

1）核实客户基本信息，并告知客户应交纳电费金额。

2）营业厅收费人员收取现金解款单后，应验证现金解款单真伪，核对金额、总户号等信息，验证无误后，在营销信息系统中进行销账处理。

3）客户交纳电费完成后，开具电费发票、加盖收讫章后，提供给客户。如客户为部分交费，则不打印电费发票，出具收据并盖章提供给客户，告知客户全额交纳后，可到供电营业厅开具电费发票。

4）收取的现金应及时放入保险箱保管。

（3）支票、本票、汇票交费。非现金交费流程，见图 6-2-2。

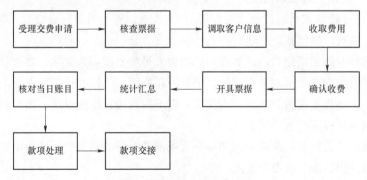

图 6-2-2 非现金交费流程

1）核实客户基本信息，并告知客户应交纳电费金额。

2）营业厅收费人员收取支票、本票、汇票后，应验证客户票据的真伪、金额、有效期及填写规范性等，验证无误在营销信息系统中进行在途操作，不得直接做到账处理。

3）客户交纳完成后，不打印电费发票，出具收据并盖章提供给客户，告知客户票据解交、电费到账后，可到供电营业厅开具电费发票。

（4）POS机刷卡交费。POS机刷卡交费流程，见图6-2-3。

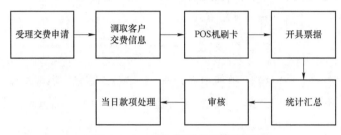

图6-2-3 POS机刷卡交费流程

1）核实客户基本信息，并告知客户应交纳电费金额。

2）营业厅收费人员应验证客户提供的银行卡是否具备刷卡功能（核查发卡行、银联标志等），验证无误后，告知客户进行刷卡操作，并请客户自行输入密码，不得代为输入密码等信息。

3）刷卡完毕后，营业厅收费人员应核对签购单上的卡号、金额，并请客户对签购单签字确认。开具电费发票、加盖收讫章后，提供给客户。银行卡签购单应与发票收据存根联一同保管。

（5）客户采用自助交费终端交纳电费，营业厅收费人员应按照以下流程操作：

1）客户根据交费终端提示进行交费操作。

2）营业厅收费人员每日收费结束后，清点交费终端内收取现金金额，并与营销信息系统进行核对，确保款项一致。

（6）客户交纳后需退费的，如该户的收费人员当日款项未交接，则该收费人员可在营销信息系统内进行全额冲正操作，记录冲正原因，收回并作废原发票，从已收现金中支出。如该收费人员款项已完成交接，则不得直接在柜面退费，需客户提出申请后，通过退费流程进行客户退费。

（7）客户正常退费，应从柜面的备用金或通过退费流程到财务部门申请费用进行退费，不得从当日现金收费中支出。

（8）客户交纳电费或购买电费充值卡时，如支付金额超过3000元，应引导客户直接将款项划转到公司指定账户，凭现金解款单、银行进账单等交费或办理购买充值卡业务。如客户首次支付大额现金，对于银行网点距离供电所营业厅较远的，应提醒客户尽量在上午交纳或先行预约，便于现金及时解交银行。

（9）在现金收费过程中，如缺少零钱，不得自行垫付，应由班组长统一在备用金中给予全额兑换。

（10）营业厅应设专人负责收费汇总及现金解款工作。

（11）营业厅人员在每日收费结束后，应重新清点款项，制作款项交接单并提交班组长（或指定专人）。班组长应对款项进行再次清点、核对，对 50、100 元纸币采用验钞机进行验收，核对无误后，交接双方签字。款项交接时，应按照一收一支方式处理，应按照每日收取电费、充值卡销售金额、退费分别清点与交接。

（12）每日电费充值卡销售结束后，营业人员应清点售卡款项及剩余充值卡，制作款项交接单并提交班组长。班组长应对款项及充值卡进行清点、核对，无误后，交接双方签字。

（13）现金交接完成后，应按照收费人员、收费类型、充值卡收费、自助交费终端等分类存放，便于后续问题追溯。

（14）日款项交接完成后，应及时解交银行或存放，不得以任何理由，将收取现金挪作其他用途。

（15）对特殊人群上门收取现金电费的，收费人员须先行办理电费发票交接手续，每日将收到的现金电费解交到电费账户，并在当天将现金解款单、收取现金电费清单交回所在营业厅。营业厅在收到解款单和清单后，须与该收费人员办理现金解款单交接手续，并核实剩余未收到电费的发票数量和金额，然后依据走收电费人员交回的现金解款单、收取现金电费清单进行销账。严禁自行保管及垫付电费。

（16）对于 24 小时自助供电营业厅，应安排收费人员每日检查客户交费设备是否完好，并每日定时收取、清点现金，与营销信息系统进行核对，确保款项一致。

（17）移动供电营业厅、现场供电服务收费点应提前向社会公开收费服务项目，并通过公网接入或登录"95598"供电服务网站等渠道，实现远程实时收费业务，应在营销系统内设置专门的收费员工号，纳入所属营业厅日常收费管理。现场不具备打印电费发票条件的，须引导客户到营业厅领取电费发票。

（18）对于互联网络（掌上）供电营业厅，应基于公司"95598"供电服务网站进行建设，并采取可靠的安全防护措施，确保客户交费信息及资金信息的安全。客户登录互联网络（掌上）供电营业厅时，需输入户号及密码，方能进行电费查询及缴纳。客户在互联网络（掌上）供电营业厅，可选择银行、银联、第三方支付、电费充值卡等方式进行电费缴纳。各市供电公司应设置专人，每日负责与银行、银联、第三方支付等进行账务核对，并严格依据双方协议，及时完成电费资金划转。

（19）加强营销、财务对账管理，按照公司规定和业务流程定期开展营财账目核对工作，发现差异迅速查明原因，重大情况及时向上级报告。

三、磁卡表预购电相关知识

磁卡表预购电流程，见图 6-2-4。

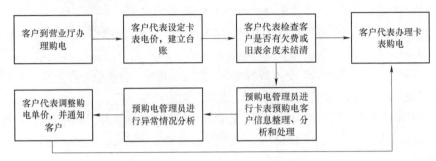

图 6-2-4 磁卡表预购电流程

（1）卡表购电适用对象。已安装了电卡表并采用电卡表购电缴费方式的居民和非居民客户。

（2）供电公司与卡表购电客户签订预购电协议。采用电卡表购电缴费方式的，供电企业应与安装（预）购电装置的客户签订（预）购电电费结算协议，明确双方权利和义务。协议内容应包括购电方式、跳闸方式、预警电量、违约责任等。

（3）电卡表购电的平均电价核定。电卡表购电以江苏为例：预购电平均电价应每月进行核定。

1）新装用电客户按照公司上月相同类别客户售电平均电价核定客户购电价。

2）现有用电客户以该客户上月用电平均电价为基准，结合欠费金额，客户还款协议的还款期限，及上期结余暂存款金额等因素，核定客户购电价。

3）客户预购电单价调整时应履行审核手续，35kV 及以上客户预购电单价调整报电费电价管理专职审核，其他客户预购电单价调整报电费班长审核。

（4）客户电卡表购电时所购电量计算。电卡表购电客户基本档案中有该户的平均电价值，该电价一般是按照该户的历史用电量和所交电费（一般是最近 3 个月，各地市略有差异）计算得出的，是一个平均估算值，按照平均电价和购电款计算出"购电量"。

（5）电卡表客户首次购电时的购电量计算。电卡表首次购电时，以江苏为例：将预支部分电量给客户使用，客户应及时购电还款。正常使用时，剩余电量等于（暂存账+预付款−欠费金额−上期抄表日到开通当日产生的预估电费）除以预购电单价。对于预售电价变化较大的客户，每月结算后将重新调整剩余电量。

四、银行票据识别及注意事项

（一）银行票据识别

（1）银行汇票识别，见图6-2-5。

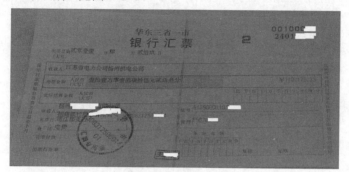

图6-2-5 银行汇票

（2）银行承兑汇票，见图6-2-6。

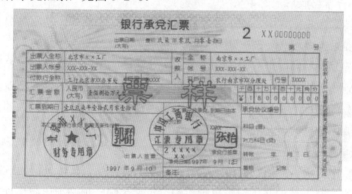

图6-2-6 银行承兑汇票

（3）银行转账支票正面，见图6-2-7。

图6-2-7 银行转账支票正面

（4）银行转账支票背面，见图6-2-8。

图6-2-8 银行转账支票背面

银行票据可采用防伪鉴定智能机进行识别；送银行请专业人士鉴定。

（二）银行票据收取注意事项

在电费转账回收方式中，除了支票和同城特约委托收款外，汇票是极其重要的一类，其处理要求也要相对复杂一些。

汇票按签发人不同，可分为银行汇票和商业汇票。银行汇票是银行签发的汇票，而商业汇票则是银行之外的企事业单位、机关、团体等签发的汇票。商业汇票按承兑人不同又可分为银行承兑汇票和商业承兑汇票。前者指由银行承兑付款的商业汇票，后者是由付款人承兑的商业汇票。

1. 审查有效性

收到电费客户提供的银行汇票，要审查汇票的有效性，具体包括如下三个方面：

（1）审查银行汇票的必须记载事项，银行汇票欠缺一项必须记载事项，则汇票无效，不能接收。

1）表明"银行汇票"的字样；

2）无条件支付的承诺；

3）确定的金额；

4）付款人名称；

5）收款人名称；

6）出票日期；

7）出票人签章。

汇票上记载付款日期、付款地、出票地等事项的，应当清楚、明确。

汇票上未记载付款日期的，为见票即付。

汇票上未记载付款地的，付款人的营业场所、住所或者居住地为付款地。

汇票上未记载出票地的，出票人的营业场所、住所或者经常居住地为出票地。

（2）审查银行汇票中是否存在构成该汇票无效的行为，如果有以下任意一个或几个行为则汇票无效，不能接收。

1）银行汇票的金额、出票日期、收款人名称不得更改，更改的票据无效。对票据上的其他记载事项，原记载人可以更改，更改时应当由原记载人在更改处签章证明。

2）银行汇票金额以中文大写和阿拉伯数码同时记载，二者必须一致，二者不一致的票据无效。

3）背书不得附有条件，背书附有条件的，所附条件不具有汇票上的效力，同时将汇票金额一部分转让的背书或者将汇票金额分别转让给二人以上的背书无效。

4）银行汇票的实际结算金额不得更改，更改实际结算金额的银行汇票无效。

5）公司催告期间票据转让的行为无效。

6）现金银行汇票不得背书转让，背书转让后转让行为无效。

（3）以下票据供电方不得受理：

1）银行汇票提示付款期限自出票日起1个月（不分大月小月，按对月对日计算，到期遇节假日顺延，下同），持票人超过付款期限提示付款的，代理付款人不予受理。

2）持票人向银行提示付款时，必须同时提交银行汇票和解讫通知，缺少任何一联，银行不予受理。

3）银行汇票允许背书转让。背书转让必须连续，背书使用粘单的应按规定由第一个使用粘单的背书人加盖骑缝章。

4）出票人在汇票上记载"不得转让"字样，汇票不得转让。

2. 确认汇票的有效性

在确认该汇票的有效性之后，应按客户缴纳的电费金额，在汇票和解款通知上填写实际结算金额和多余金额，在汇票背面提示付款人处加盖供电部门的财务专用章，并填写银行存款进账单，交银行进账，然后凭银行加盖的"转讫"的进账回单，借记银行存款，贷记产品销售收入——电力销售收入。

五、人民币识别

采用一看、二摸、三听、四测的方法识别人民币的真伪。

（1）一看：人像水印、隐形面额数字、光变油墨面额数字、阴阳互补对印图案、红蓝彩色纤维、横竖双号码等图案是否清晰，色彩是否鲜艳，对接图案是否可以对接上。

（2）二摸：雕刻凹版印刷，摸人像、盲文点、中国人民银行行名等处是否有凹凸感；摸纸币是否薄厚适中，挺括度好。

（3）三听：通过抖动钞票使其发出声响，根据声音来分辨人民币真伪。人民币的纸张，具有挺括、耐折、不易撕裂的特点。手持钞票用力抖动、手指轻弹或两手一张一弛对称拉动，能听到清脆响亮的声音。

（4）四测：借助一些简单的工具和专用的仪器来分辨人民币真伪。如借助放大镜可以观察票面线条清晰度、胶、凹印缩微文字等；用紫外灯光照射票面，可以观察钞票纸张和油墨的荧光反映；用磁性检测仪可以检测黑色横号码的磁性。

【思考与练习】

1. 营业厅电费收取的方式有哪几种？
2. 门市现金收取电费应注意哪些问题？
3. 非现金收取电费应注意哪些问题？
4. 电卡表购电的平均电价如何计算？
5. 学会识别真伪银行票据和人民币。

▲ 模块3 业务费用缴交（Z21F3003Ⅱ）

【模块描述】本模块包含业务费用的收取、上缴及收费交接班制度等相关知识和规定；通过知识讲解和模拟训练，掌握业务费用缴交技能。

【模块内容】

业务费用提取是指通过采用坐收、银行代收等收费方式，收取用电客户业务费的过程。业务费用上缴是指当日坐收业务费收费结束后，业务人员进行收费整理，办理解款，将现金缴款银行回单，转账支票、银行进账单等原始凭据以及日实收业务费交接报表等进行交接，上缴收费票据。

一、业务费用收取及上缴

业务费用收取及上缴流程，见图6-3-1。

在"业务费用收费"模块中对业务费用收取管理作了较详细的介绍，本模块主要介绍业务费用上缴及相关内容。

（一）业务费用上缴

1. 收费整理

统计生成日实收业务费用交接报表，清点各类票据、发票存根联、作废发票、未用发票等。核对各项业务费实收现金或票据金额与日实收业务费用

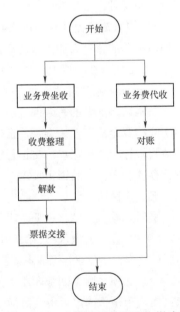

图6-3-1 业务费用收取及上缴流程

交接报表是否相符，不相符必须查找原因，处理收费差错。

2. 解款

对于现金，打印或填写现金交款单；对于票据（是指支票、汇票等），打印或填写银行进账单。记录现金交款单和银行进账单相对应的业务费清单，将现金交款单和银行进账单以及相应的现金和票据存入指定的银行收费账户。

收取的现金要求当天及时存入银行指定账户，资金管理符合有关规定。在日终解款后，允许继续收取客户现金，单独保管，与次日所收业务费用一起解款。

考核指标：

（1）当日收费结束后未解款现金额度：应小于财务规定。

（2）解款率=当日收费结束后已解款金额/应解款金额×100%。

具体考核指标值由网省公司参照有关规定制定。

3. 票据（是指凭据、发票、收款收据等）交接

将银行现金交款客户回单，转账支票、银行进账单等原始凭据以及日实收业务费用交接报表等进行交接，交接双方需签字确认，并按票据管理相关要求上缴各类收费票据。未解款现金余额应按财务制度进行管理。

（二）相关内容

1. 票据（是指发票、收款收据等）管理业务流程

业务费用收取及上缴过程中，业务人员须领取、开具、交接、上缴收费票据，有必要掌握票据管理业务流程主要工作内容，遵守票据管理相关规定。什么是票据管理？主要是指对电力收费普通发票、增值税发票、收款收据等各类票据的保管、领用、核销管理。业务人员在领用、开具、上缴票据时，要严格执行票据管理制度，作好发票领用存明细账，在领用发票时应当分门别类登记发票号码、份数或本数，领用人应当签名。上缴发票存根联或缴查联时，也应当登记发票号码、份数或本数，并签名注销。票据主管部门应不定期对票据使用部门的票据使用和管理情况进行检查。

（1）票据管理业务流程，见图6-3-2。

（2）票据管理业务流程主要工作内容。

1）票据检验入库：按票据类别票据号码范围整批入库，记录入库结果（入库人员、入库时间、入库机构、张数、票据类别、票据号码）。

2）票据使用部门领用票据：按票据类别票据号码范围整批调拨，记录领用结果（领用人员、领用时间、入库机构、票据使用部门、张数、票据类别、票据号码）。票据使用部门应指定专人按需申请领用和签收，对份数、发票号码应当场验证清楚，发现有误立即提出。

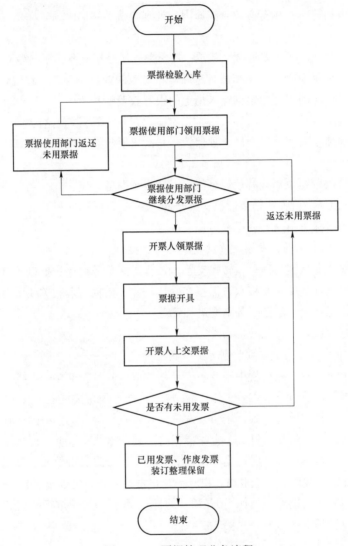

图 6-3-2 票据管理业务流程

3）票据使用部门返还未用票据：申请、返还未用票据，记录返还结果（返还人员、入库人员、返还时间、入库机构、票据使用部门、张数、票据类别、票据号码）。票据使用部门定期编制收费票据使用报表并上报，内容包括：已用发票数和起讫号码，作废发票数和发票号码，空白未用发票数和起讫号码。

4）开票人领用票据：按票据类别票据号码范围整批领用，记录领用结果（领用人、领用时间、票据使用部门、张数、票据类别、票据号码）。

5）开具票据：根据票据开具管理要求，向客户开具相应的票据。

6）开票人上交票据：记录上交结果（上交人员、交接人员、返还时间、票据使用部门、张数、票据类别、票据号码，开票状态）。

7）已用发票、作废发票装订整理保管：票据使用部门按发票号码顺序装订成册，保管。对作废发票，必须各联齐全，每联均应盖上"作废"印章，和发票存根一起保存完好，不得丢失。

2. 票据（是指支票、汇票等）退票处理

客户采用票据交费方式，销应收业务费账款有见票入账和收妥入账两种方式，一般要求采用收妥入账方式。

业务人员在每日收费结束，记录现金解款单和银行进账单相对应的业务费清单后，将现金解款单和银行进账单以及相应的现金和票据存入指定的银行电费账户时，银行发现票据是废票，业务人员应进行票据（是指支票、汇票等）退票处理。

（1）银行还未入账的票据。在解交时，银行发现票据是废票，可联系付款单位进行换票。换票后，对于采用收妥入账方式的，只是重新建立新票据与所支付款项的对应关系，不作账务处理；对于采用见票入账方式的，会计分录如下：

借：应收票据——支票/汇票/本票（新票）

贷：应收票据——支票/汇票/本票（旧票）

也可以在银行发现票据是废票时，先作退票处理。对于采用收妥入账方式的，取消票据与所支付款项的对应关系，不作账务处理；对于采用见票入账方式的，会计分录如下（负数记账）：

借：应收票据——支票/汇票/本票

贷：营业外收入——电费违约金

预收账款——多收预收

其他业务收入——高可靠性供电费

计量校验费

计量装置赔偿费

营业外收入——违约使用费

其他应付款——负控装置费

临时接电费

（2）银行入账后退票。对于采用见票入账方式的，会计分录（负数记账）如下：

借：银行存款

贷：应收票据——支票/汇票/本票

对于采用收妥入账方式的，会计分录（负数记账）如下：

借：银行存款

　　贷：营业外收入——电费违约金

　　预收账款——多收预收

　　其他业务收入——高可靠性供电费

　　计量校验费

　　计量装置赔偿费

　　营业外收入——违约使用费

　　其他应付款——负控装置费

　　临时接电费

二、收费人员交接班管理

日收费期间，同一岗位的不同业务人员轮班进行收取业务费用工作，轮班人员应进行收费交接。各网省公司可根据具体的业务量等情况制定相应的交接班管理制度。下面简要介绍交接班准备工作、交接内容及有关要求。

1. 交接班准备工作

交班人员按日坐收业务费收费结束后流程办理交接班准备工作，进行收费整理，办理解款，准备交接内容；接班人员按营业窗口收费服务规范作好接班准备。

2. 交接内容

交接内容主要有日实收业务费用交接报表、银行进账单、现金解款单、未解款现金余额、发票收据存根联、作废发票（收据）、未用发票（收据）、支票、本票、汇票等。

3. 有关要求

（1）交接班时间安排应合理。

（2）接班人员接收并核对交接内容，对发现账务不平或票账不一致的，由交班人员查明原因，处理差错。交接内容核对无误后，交接班双方应签名确认。

三、解款案例

某业务员收费日结束后，需将当日收取的临时接电费 15500 元现金缴交到银行。模拟业务员解款过程。

（1）开具现金交款单。

业务员：填写图 6-3-3 银行交款单，第一联是银行记账联，第二联是客户回单。填写内容：收款单位、账号、交款人、款项来源、交款金额（大、小写）、交款日期、币别。

某地区中国建设银行现金交款单样式，见图 6-3-3。

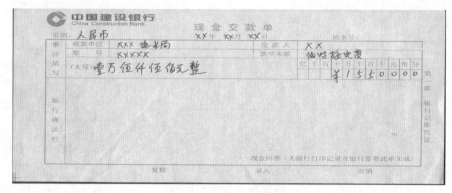

图 6-3-3 现金交款单样式

（2）记录现金交款单相对应的业务费清单。

（3）将现金交款单以及相应的现金存入指定的银行收费账户。

业务员：现金存入指定的银行收费账户后，带回经银行打印记录及银行签章的现金交款单客户回单联。

【思考与练习】

1. 什么是业务费用上缴？简述如何办理解款。

2. 简述解款时银行发现废票的票据退票方式。

3. 收费工作人员交接班主要交接哪些内容？

▶ 模块 4 电费缴交（Z21F3004Ⅱ）

【模块描述】本模块介绍电费交账的要求和相关注意事项以及解交管理的规章制度，通过要点讲解，掌握企业电费资金管理规定、电费交账及电费解交管理的要求。

【模块内容】

电费交账是指电费出纳定期向电费会计移交相关凭证的过程。根据收费方式不同，可分为柜台收费、现场收费、银行代扣、银行代收、银行托收等电费交账。

一、电费交账的要求

1. 柜台收费

（1）所有以现金方式收取的电费必须当日交存公司指定的电费专户，不得私自截留、过夜，不得私存或挪作他用。

（2）应核对进账金额和系统销账金额一致，对银行进账回单、发票存根、作废发票（收据）进行核对，按要求编制电费实收日报。

（3）移交收费凭据。将实收电费报表及银行进账回单、现金缴款单、发票存根等收费凭据转交电费会计，履行签收手续。

2. 现场收费

（1）所有以现金方式收取的电费必须当日交存公司指定的电费专户，不得私自截留、过夜，不得私存或挪作他用。

（2）应及时进行缴费客户的系统销账。销账前，应核对客户的户名、户号、地址等基本信息，确保系统销账正确。

（3）应核对进账金额和系统销账金额一致，对银行进账回单、发票存根、未收电费发票、作废发票（收据）进行核对，按要求编制电费实收日报。

（4）移交收费凭据。将实收电费报表及银行进账回单、现金缴款单、发票存根等收费凭据转交电费会计，履行签收手续。

3. 银行代扣

（1）应每日接收银行返回的解款单及批量扣款详细数据。

（2）应每日核对银行返回的解款单金额、批扣详细笔数、金额至账平。

（3）应按要求编制电费实收日报。

（4）移交收费凭据。将实收电费报表及银行进账回单、发票存根等收费凭据转交电费会计，履行签收手续。

4. 银行代收

（1）应每日接收银行返回的解款单及代收电费客户数据。

（2）应每日对银行返回的解款单金额、代收详细笔数、金额核对至账平。

（3）应按要求编制电费实收日报。

（4）移交收费凭据。将实收电费报表及银行进账回单、发票存根等收费凭据转交电费会计，履行签收手续。

5. 银行托收

（1）应根据银行返回的托收凭证或扣款磁盘文件进行销账。

（2）应核对进账金额和系统销账金额一致，对银行托收凭证、进账进额、发票存根、作废发票（收据）进行核对。

（3）按要求编制电费实收日报。

（4）移交收费凭据。将每日实收日报及银行进账单、托收凭证等收费凭据转交电费会计履行签收手续。

二、电费交账注意事项

（1）电费会计向财务交账必须提供完整的应收、实收、余额、预收报表。

（2）实收报表及所附原始单据必须与银行对账单核对一致。

（3）电费会计向财务报送的各项报表必须经营销部门审核确定并加盖单位章。

（4）电费交账要有规范的交接手续，以便备查。

（5）当日不能交账，于次日单独交账。

三、解交管理

（1）每日款项核对完成后，应于银行下班前及时到银行网点进行现金解交，对日现金收费量较大的营业厅，视现金收取情况可安排多次解款。

（2）供电所自行解交的，应配备专业的现金保管运输箱，解款人员不得少于 2 人，并配备一定的防护用具。对于路途较远的，应乘坐供电所车辆前往，不得乘坐公共交通工具、私家车或自行（摩托、电动）车等前往。

（3）银行上门收款的营业厅，营业厅应填写好现金解款单，将解款单与现金放于专用解款包中，并在收款时，认真核对收款人员身份，做好交接手续登记、存档，并在解款到位后，给予确认。

（4）解款时应按照电费、业务费分别解款，并在银行方登记解款时间、解款供电所、解款人员等信息，携带解款单据返回后，应及时上交，并在信息系统中登记解款的时间、人员、解款单号等信息，便于后续的营财账项核对工作。对当日不能及时解款的金额，应在次日单独解款。供电所应严格遵守规定，开展现金解交工作。农村供电所营业厅门收电费现金的，应当即进行销账处理，每天下午 16:00 前收取的电费现金由收费人员负责当天解交银行电费专户，16:00 后收取的电费现金当日填制好现金缴款单，并在现金缴款单上注明××年××月××日 16:00 后收取的电费现金，16:00 后收取的电费现金连同填制好的现金缴款单一并存放入保险箱，次日上午解交。

（5）对收取的支票、本票、汇票等票据，营业厅收费人员每日下午 16:00 前将当日所收支票等票据到财务部门加盖印鉴章后解交银行，并在支票、本票、汇票进账单上填写客户总户号附在电费日收报表后，递交电费账务班。当天无法及时解交银行的票据应在次日上午解交。

（6）24 小时自助供电营业厅收取的现金原则上每日上午、下午两次解交银行，在交费高峰时，应视现金收取情况安排多次解款。

（7）移动供电营业厅、现场供电服务收费点应合理安排收费时间，并事先做好宣传，确保每日收费结束后，将所收取电费全额及时解交银行，并将收取款项报所属营业厅核对无误。

（8）承兑汇票收取按有关规定制度执行。

【思考与练习】

1. 电费交账包括哪些要求？

2. 电费交账应注意哪些事项？

3. 电费缴交管理制度要注意哪几点？

第七章

故障报修

▲ 模块1　受理客户故障报修（Z21F4001 I）

【模块描述】本模块介绍用电故障分类及受理故障报修处理流程。通过要点归纳和流程介绍，掌握对故障报修的分类及供用电设施故障受理方法。

【模块内容】

因国网"三集五大"体系建设要求，"95598"全业务上收，原受理客户故障报修模块内容已不属于用电客户受理员职责，故本模块内容对此作出相应调整，通过介绍用电故障分类及受理故障报修的处理流程，掌握客户到营业厅故障报修的正确处理方法。

一、故障原因

故障原因有：自然灾害、外力破坏、客户内部原因、过负荷、设备缺陷、设计及施工质量问题、其他故障原因。

二、故障范围

故障范围包括单户故障、局部故障、大面积故障。

三、故障类型

故障类型为高压故障、低压故障、电能质量故障、客户内部故障。

（1）高压故障是指电力系统中高压电气设备（电压等级在 1kV 及以上者）的故障，主要包括高压计量设备、高压线路、高压变电设备故障等。

（2）低压故障是指电力系统中低压电气设备（电压等级在 1kV 以下者）的故障，主要包括低压线路、进户装置、低压公共设备、低压计量设备故障等。

（3）电能质量故障是指由于供电电压、频率等方面问题导致用电设备故障或无法正常工作，主要包括供电电压、频率存在偏差或波动、谐波等。

（4）客户内部故障指产权分界点客户侧的电力设施故障。

四、故障分级

根据客户报修故障的重要程度、停电影响范围、危害程度等将故障报修业务分为紧急、一般两个等级。

五、故障报修受理

1. 故障报修受理

故障报修受理流程，见图 7-1-1。

2. 故障报修受理

客户到营业厅进行故障报修，用电客户受理员应热情接待、认真倾听，了解故障现象，根据客户提供的故障信息，利用自己的专业知识初步判断故障原因及类型。

（1）判断是客户内部故障，向客户解释资产分界管理相关规定，引导和协助客户排除故障，必要时协助客户联系维护单位处理；

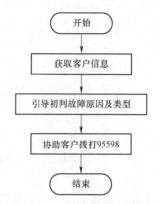

图 7-1-1　营业厅故障报修业务流程

（2）属于欠费停电，应告知客户尽快缴清电费，客户缴清电费及相应的电费滞纳金后，通知相关部门及时恢复供电；

（3）属于计划停电，直接答复客户；

（4）属于计量装置故障或客户要求校表的故障报修，在核实相关报修信息属实并与客户协商一致后，直接发起计量装置故障或申请校验相关业务流程；

（5）如无法判断故障原因或判断确属于供电部门维修范围内的故障，要详细记录客户信息，协助客户拨打"95598"供电服务热线处理。

【思考与练习】

1. 客户停电的故障原因是什么？

2. 客户停电的故障类型是什么？

3. 用电客户受理员如何引导客户故障报修？

第八章

投 诉 举 报 处 理

▲ 模块1　受理客户投诉、举报（Z21F5001 I ）

【模块描述】本模块包含客户投诉、举报的受理及处理；通过对不同类型的投诉、举报及相应的处理流程知识的介绍和举例讲解，达到熟练掌握客户投诉、举报的受理、处理方法。

【模块内容】

因国网"三集五大"体系建设要求，"95598"全业务上收，原受理客户投诉举报模块内容已不属于客户代表职责，故本模块内容对此作出相应调整，侧重讲解用电客户受理员对于客户投诉的化解。

一、客户投诉处理

客户到营业厅进行投诉，用电客户受理员应热情接待，认真倾听，利用自己的专业知识进行判断分析处理，从客户的角度考虑，尽己所能将客户对服务行为、服务渠道、行风问题、业扩工程、装表接电、用电检查、抄表催费、电价电费、电能计量、停电问题、抢修质量、供电质量等方面的诉求进行化解，若在本职范围内无法解决的可以转到相关部门进行处理或告知客户拨打"95598"进行反映。同时，要严格保密制度，尊重客户意愿，满足客户匿名请求，为投诉举报人作好保密工作。

二、客户投诉化解

客户满意是一种心理活动，是客户的需求在被满足后的愉悦感，只有让客户发自内心地得到快乐，才能有效地化解投诉。所谓"知己知彼、百战不殆"，若想有效地化解投诉，必须首先理解投诉，知道了原因，才能找到解决问题的方法。客户投诉产生的原因是多方面的，但最根本的原因是没有满足预期的期望，即使我们的服务没有问题，但只要与客户期望有距离，投诉就有可能产生。另外，客户在接受服务的过程中受到冷落或金钱、时间受损，出了问题无人愿意承担责任，也无人做出合情合理的解释，客户便认为用电客户受理员理所应当地解决一切，于是投诉便发生了。

有效化解客户投诉主要有以下几个方面：

1. 语言同步

语言同步的关键在于善于倾听，听的最高境界是用心去听，它是缓解冲突的润滑剂。沟通的"八二"法则是80%时间听。一位出色的用电客户受理员只需要通过听，就可以判断出客户的言行举止和内心的需求。有良好语言表达能力的用电客户受理员，往往都具备较高的领悟能力和反馈能力，对语言既能准确的接收和理解，又能作出恰当的反馈。既能较好地引导和控制客户情绪，避免因客户情绪失控或沟通失效而导致矛盾升级，又能快速了解客户需求，准确地帮助客户获取所需的信息，实施与客户的有效沟通——领悟对方的话语和体会语中所蕴含的意义做出有针对性的反馈，从而让客户感到满意和愉悦。由此可见，良好的语言表达能力对处理投诉非常重要。语言同步的常用话术有"我理解您为什么会生气，换成我也会跟您一样感受""我非常理解您的心情，一定会竭尽全力为您解决的"等。

2. 情绪同步

客户不满时只想做两件事情，表达情绪和解决问题，所以任何投诉都带有敌对的情绪。无论客户正确与否，至少在客户的世界里，他的情绪是真实的，我们只有与客户的情绪同步，才可能真正了解他的问题，找到最合适的方式与他交流，从而为成功化解投诉奠定基础。当客户愤怒抱怨时，千万不要一味地向客户解释或辩白，这样只会浪费时间，令客户更加反感。正确的处理原则是"先处理心情后再处理事情。"任何人在情绪发泄后，常常会变得更有理性。要让客户感觉到你在认真倾听，不要流露出不耐烦的情绪，也不能打断客户的倾诉，要冷静，不要急于下结论，即使知道处理问题的方法，也不要在客户讲话时打断他，等他的心情趋于平息理智时再讨论。当客户的诉求无理时，要表示理解而不是立即反驳或告诉他你无能为力，否则会导致对立情绪升级。有的用电客户受理员会极不情愿地向客户说道歉，认为不是自己的错或担心客户会因此更加强硬。其实，说声"对不起""很抱歉"并不代表是你或公司错了，主要是表明你对客户不愉快的经历表示同情，这样会将客户的思绪引向关注问题的解决。如果我们很体贴地表示乐于提供帮助，自然会让客户感到安全，从而进一步消除对立情绪，取而代之的是依赖感。客户的情绪缓和了，化解投诉就有了成功的机会。情绪同步的常用话术有"我很理解您的心情""我和您一样关注此事"等。

3. 需求同步

投诉的本身就是一种需求，需求的背后隐藏着个人动机。客户的需求很多，但主要是理性需求和感性需求。理性需求也就是物质需求，他们投诉的目的是提供解决问题的方案或变通方法，说明要采取的具体行动，需要的时间，事情的进展，这类客户头脑冷静，对自己要达成的目的势在必得。对待这类客户，用电客户受理员要全神贯注倾听客户的投诉内容，掌控谈话过程，逻辑思维清晰，适时回应，准确提问（最好的沟通就是善于问最好的问题），冷静归集（注意客户的弦外之音），复述问题，迅速发现客户的需求，尽量满足客户物质、经济补偿的要求，接受客户的建议，杜绝类似的情况再次发生就能化解这类投诉。

客户的感性需求也就是情感需求，他们需要得到尊重、理解、愉悦。这样的客户很重视自己的尊严和地位，在服务中受了冷落，需要在情感中找到寄托和倾诉的对象。对待这类客户，用电客户受理员应该认真倾听，解读出客户的沉默需求，放下身段，低姿态，真诚礼貌地对待，赞美、安慰、道歉，保全他的面子，一般情绪上的安慰就能化解投诉。

4. 解决方案

投诉的最终目的是解决问题，即便用电客户受理员服务再好但问题没解决，客户还是不满意。所以，掌握了客户期待问题尽快解决的心理，投诉的问题澄清了，应立即采取措施解决问题。尽可能地让客户自己选择解决方案，让他感觉受到尊重，行动上会积极地认可和配合。如果是常见的、可控的问题就向客户作出明确承诺，提出一个解决问题的期限以安抚客户；如果是不可控的或者需要进一步确认的问题，应做好记录及时转相关部门或建议客户拨打"95598"处理，要灵活地向客户表示我们会尽快解决问题，千万不要作任何承诺，而是诚实地告知客户你会尽力但需要时间，约定时间回复，一定要准时践诺。同向客户承诺你做不到的事相比，诚实会更容易得到客户的尊重。

总之，投诉处理就是化解客户和企业的矛盾，这个过程是舍与得的过程。客户满意了，企业被信任了，企业得到了客户；反之则失去。所以提高客户满意度应该从客户的角度思考问题，从我们的立场解决问题，按照有利于双赢的方法，实现"你好、我好、大家好"的目标。

【思考与练习】

1. 如何处理客户投诉？

2. 如何化解客户投诉？

第三部分

营销信息系统

第九章

营销管理信息系统

▲ 模块 1　系统综合查询（Z21G1001 Ⅰ）

【模块描述】本模块介绍营销管理信息系统中各种查询类菜单。通过操作流程及步骤讲解，掌握各种查询操作技能。各网省电力营销管理信息系统有所不同，请掌握本地区电力营销管理信息系统综合查询技能。

【模块内容】

营销信息化是基于现代计算机、网络通信及自动化技术，将电力营销工作进行数字化管理的综合信息系统。系统应用涉及客户服务管理、计费与营销账务管理、电能采集信息管理、电能计量管理、市场管理、需求侧管理、客户关系管理和辅助分析决策等电力营销业务的全过程，是促进电力营销技术创新、服务创新、管理创新的基础和保证。

21 世纪初，电力企业职能发生变化，系统功能扩充到营销业务与管理全过程，同时，逐步建成地市集中或网省集中的数据中心，实现集中标准化管理，系统应用范围也从营销基层业务人员逐步扩大到网省及国家电网有限公司总部的营销管理决策层。

营销信息化系统实施情况：国家电网有限公司组织编制出版了《SG186 工程营销业务应用标准化设计规范》各网省营销系统开发应用基于统一的技术规范；系统功能形成满足电力营销所有业务及管理要求的应用架构，实现国家电网有限公司、网省电力公司、地市供电公司、基层供电企业各不同职能层次的业务应用。完全实现业扩报装、电费计算、客户服务等业务应用的实用化；国家电网有限公司所属各网省电力公司逐步实现基于地市或省级的数据集中部署及管理，建成基于网省的高效、安全的光纤骨干网络，形成基于网省的营销信息集成平台及与国家电网有限公司的纵向交互平台；构建中间业务平台，实现与企业内部及外部的相关应用的集成设计及信息交互；逐步建成强健的营销信息安全防范体系，有效保护营销业务的信息安全，防范黑客和非法入侵者的攻击。

根据营销业务应用标准化设计成果，营销信息化系统功能涉及"客户服务与客户关系""电费管理""电能计量及信息采集"和"市场与需求侧"等4个业务领域及"综合管理"等，共19个业务类、138个业务项及762个业务子项。

电力营销业务通过各领域具体业务的分工协作，为客户提供服务，完成各类业务处理，为供电企业的管理、经营和决策提供支持；同时，通过营销业务与其他业务的有序协作，提高整个电网企业信息资源的共享度。

以江苏省为例，为适应"大营销"体系组织架构，更好的满足"大营销"体系的运作要求，国网江苏省电力有限公司按照国家电网有限公司营销业务应用标准化设计的修订成果，结合江苏实际情况，在2012年底组织开展了省集中部署营销业务系统的开发工作，并在全省各级供电企业内进行实施和应用，在系统架构、系统性能、相关程序、应用部署、系统运维、业务流程等方面均有一定的差异。

电力营销管理信息系统中有多个查询类功能模块，其中传票查询、客户统一视图，这两个查询功能基本涵盖了查询了各项类别。例如：流程实例查询/传票查询、活动实例查询/传票查询、业扩传票查询条件/传票查询、电费传票查询条件/传票查询；常规条件查询选择/客户统一视图、专业查询条件选择/客户统一视图。

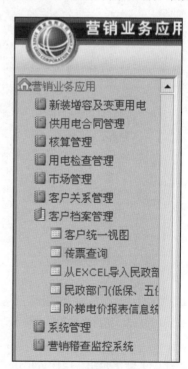

由于篇幅有限，本模块仅以国网江苏省电力有限公司使用的营销管理系统的流程实例查询→传票查询、业扩传票查询条件→传票查询、常规条件查询选择→客户统一视图为例，对其操作流程和操作方法摘要描述，各网省公司以相应的营销管理信息系统为准。

一、流程实例查询

（1）功能介绍。流程实例查询，可以依据流程的名称、流程的状态、流程的开始时间和结束时间对系统内的流程进行查询。

（2）菜单位置。"客户档案管理"→"传票查询"，见图9-1-1。

（3）操作介绍。操作员单击"客户档案管理"的"传票查询"选项，单击【更多查询条件】按钮，再单击【流程实例查询】页签如图9-1-2所示。在各个查询条件中填入需要的条件，单击【查询】按钮，在下边的查询列表中将会显示符合条

图9-1-1　客户档案管理→传票查询

件的工作单，选中想要查询的工作单，单击下方的【查询】按钮查看与其对应的流程信息。

图 9-1-2 客户档案管理→流程实例查询

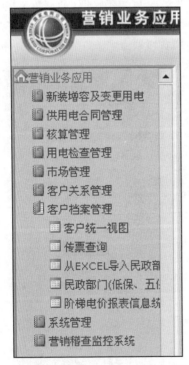

图 9-1-3 客户档案管理→传票查询

二、业扩传票查询

（1）功能介绍。业扩传票查询，可以对营销系统内的流程按照需要组合条件进行多项查询。

（2）菜单位置。"客户档案管理"→"传票查询"，见图 9-1-3。

（3）操作介绍。操作员单击"客户档案管理"的"传票查询"选项，单击更多查询条件，再单击"业扩传票查询条件"页签，见图 9-1-4。在各个查询条件中选择需要的条件组合，单击【查询】按钮，在下边的查询列表中将会显示符合条件的工作单，选中想要查询的工作单，单击下方的【查询】按钮查看与其对应的流程信息。

三、常规查询条件选择

（1）功能介绍。对客户档案信息资料的查询。

（2）菜单位置。"客户档案管理"→"客户统一视图"，见图 9-1-5。

（3）操作介绍。操作员单击"客户档案管理"的"客户统一视图"选项，单击"常规查询条件选择"页签，见图 9-1-6。

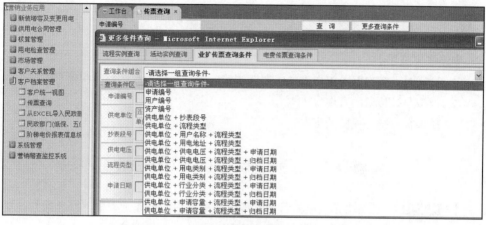

图 9-1-4 客户档案管理→业扩传票查询条件

图 9-1-5 客户档案管理→客户统一视图

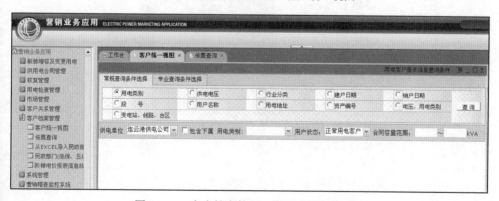

图 9-1-6 客户档案管理→常规查询条件选择

在各个查询条件中填入需要的条件，单击【查询】按钮，在下边的到期列表中将会显示符合条件的信息。

【思考与练习】

1. 试述对于客户服务工作人员，在营销管理信息系统中应了解哪些信息？
2. 模拟业扩传票的查询？
3. 模拟客户统一视图的查询？

◢ 模块 2　业务子程序（Z21G1002Ⅱ）

【模块描述】本模块介绍电力营销管理信息系统中的业务子程序。通过操作流程及步骤讲解，掌握业务受理等操作技能。各网省电力营销管理信息系统有所不同，请掌握本地区电力营销管理信息系统业务受理等操作技能。

【模块内容】

电力营销管理信息系统中业务子程序涉及业务众多，本模块重点介绍 4 个常用的典型流程，包括低压居民新装、高压新装、减容和销户流程。

一、低压居民新装

本业务适用于电压等级为 220/380V 低压居民客户的新装用电。低压居民新装流程，见图 9-2-1。

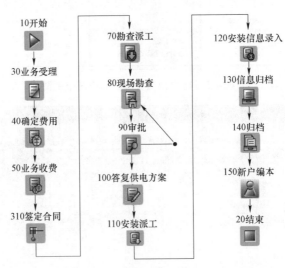

图 9-2-1　低压居民新装流程

1. 业务受理

（1）在"待办事宜"中，单击【待办任务】按钮，弹出"任务发起"窗口。单击"低压居民新装"流程的【发起】按钮，发起低压居民新装流程，见图9-2-2。

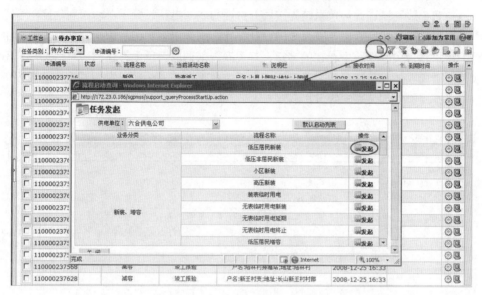

图9-2-2　发起低压居民新装流程

（2）进入"业务受理"页面，系统自动生成一个客户编号，填写相关资料，单击【保存】按钮，保存输入的信息。生成一个客户编号页面，见图9-2-3。

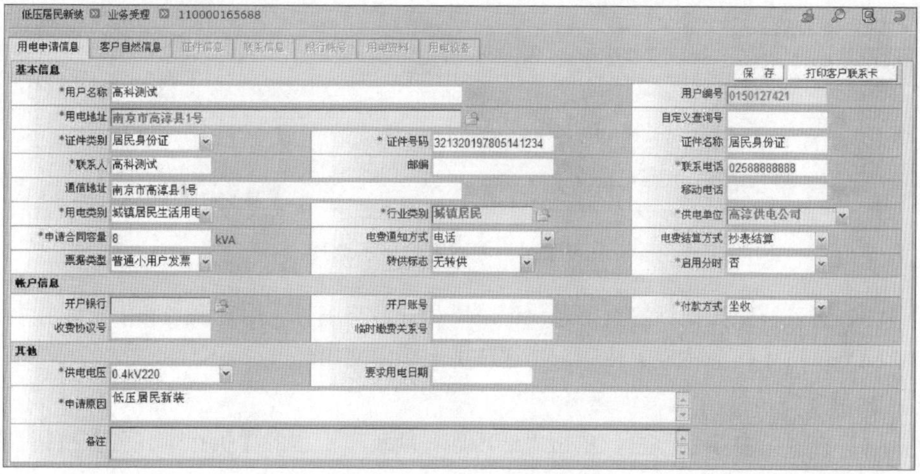

图9-2-3　生成一个客户编号

填写证件类别时，当选择居民身份证时，证件号码会校验身份证的位数。

在此环节虽然可以确定是否"启用分时"，但主要还是在"现场勘查"环节的计量点方案中设定。

与客户关联：在此环节系统为居民身份证和联系电话设置了自动识别功能，若输入的身份证号码或联系电话在系统中已经存在，则弹出客户信息识别窗口，提示新申请的用户是否关联系统中存在的客户，若关联，则调取系统中存在的客户信息，若不关联或者输入的身份证号码或联系电话在系统中不存在，则在保存后系统自动为该户分配一个"客户编号"和"客户名称"，见图9-2-4。

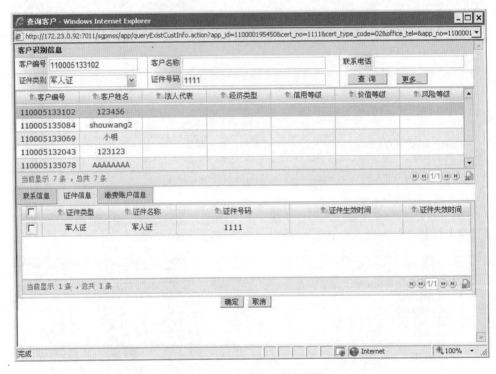

图 9-2-4　关联客户显示选择

（3）可以补充其他标签页信息，记录下相关客户编号、用户编号和申请编号。

（4）单击【任务传递】按钮，传递任务至确定费用环节。

2. 确定费用

（1）在"待办事宜"里，单击"低压居民新装"流程的【执行本任务】按钮，打开该流程的确定费用环节，见图9-2-5。

低压居民新装 确定费用 110000165688
确定业务费用
打印缴费通知单
历史费用查询
用户编号
用户名称
收费项目
应收金额
容量
缓交类型
缓交金额
审批人
审批时间
没有您要查找的结果！
当前显示 0 条，总共 0 条
0/0

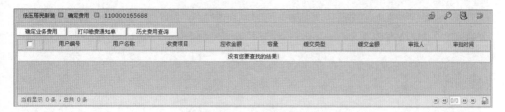

图 9–2–5　确定费用

（2）单击【确定业务费用】按钮，根据费用类别勾选相关业务费用记录，见图 9–2–6。

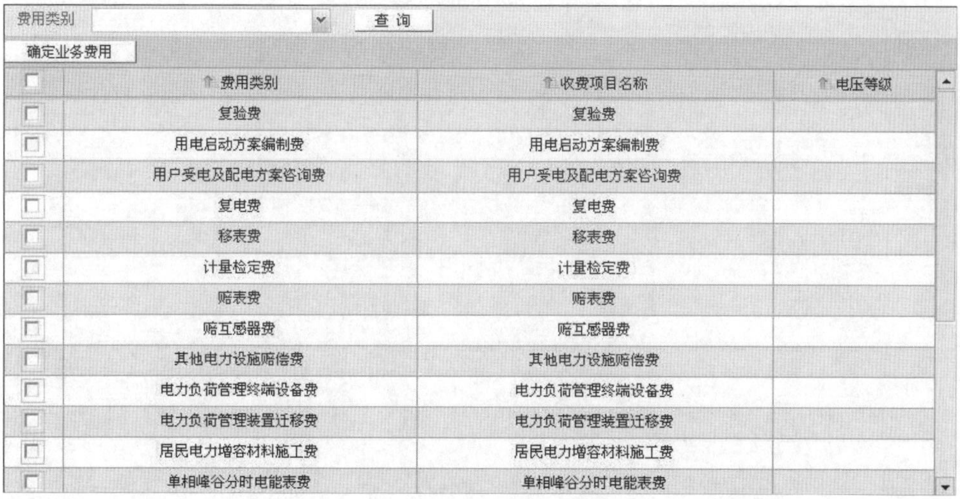

费用类别
查 询
确定业务费用
费用类别
收费项目名称
电压等级
复验费
复验费
用电启动方案编制费
用电启动方案编制费
用户受电及配电方案咨询费
用户受电及配电方案咨询费
复电费
复电费
移表费
移表费
计量检定费
计量检定费
赔表费
赔表费
赔互感器费
赔互感器费
其他电力设施赔偿费
其他电力设施赔偿费
电力负荷管理终端设备费
电力负荷管理终端设备费
电力负荷管理装置迁移费
电力负荷管理装置迁移费
居民电力增容材料施工费
居民电力增容材料施工费
单相峰谷分时电能表费
单相峰谷分时电能表费

图 9–2–6　确定业务费用选择页面

（3）系统显示相应的费用信息，若有修改，则需单击【保存】按钮，如果费用确定错误，可以单击【删除】按钮后重新确定，见图 9–2–7。

（4）单击【打印缴费通知单】按钮，可打印业务缴费通知单，单击【历史费用查询】按钮，可以查询该户历史缴费信息。

（5）单击【发送】按钮，传递任务至业务收费环节。

3. 业务收费

（1）在待办事宜里，单击【低压居民新装】按钮，打开该流程的业务收费环节，见图 9–2–8。按确定的收费项目和收费金额收取费用，打印发票/收费凭证，建立客户的实收信息。

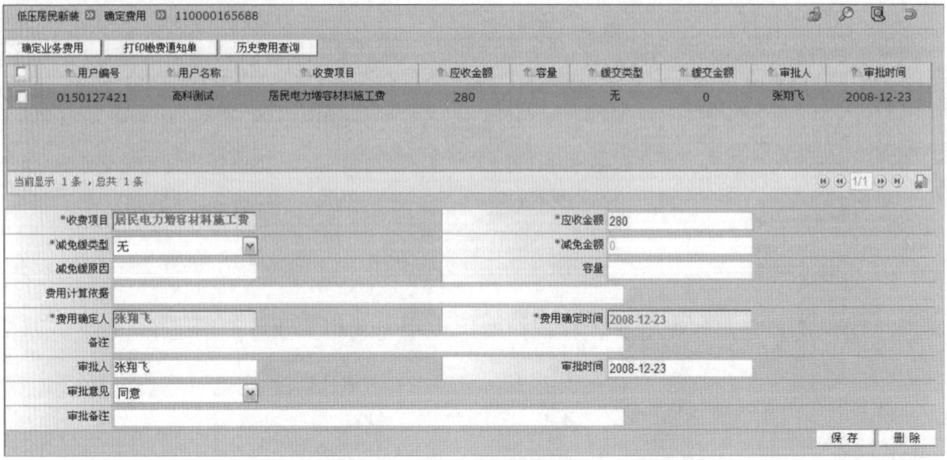

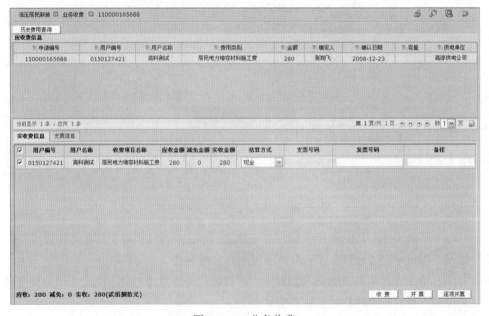

图 9-2-7　确定业务费用

图 9-2-8　业务收费

（2）选择一条或多条收费信息，单击【开票】按钮，打印发票，4 条收费项目一张票。在"发票号码"输入框中，输入发票号码，单击【收费】按钮，收费成功。

（3）单击【逐项开票】按钮则是将一个收费项目开一张票（多适用于低压批量）。

注意：若在此环节发现确定的费用或金额错误，而没有单击【收费】按钮，可通过任务调度调回重新确定费用；若单击了【收费】按钮，则先将费用通过业务费冲正冲掉，然后通过任务调度调回重新确定费用；若在其后环节发现费用错误，则先将费用通过业务费冲正冲掉，然后另外发起一个业务费收取流程，以该流程的申请编号为条件进行费用确定。

任务调度操作，在左侧菜单中选择"系统管理"→"工作流"→"流程运行及监控"→"任务调度（通常管理员拥有此权限）"。

（4）单击【任务传递】按钮，传递任务至设计文件审核环节。

4. 签订合同

（1）合同起草。

1）在待办事宜里，单击【合同管理流程】按钮，打开该流程的合同起草环节，见图 9-2-9。

根据客户申请的用电业务及客户用电类别的不同，选择相应的供用电合同范本，并在此范本的基础上编制形成新的供用电合同文本。

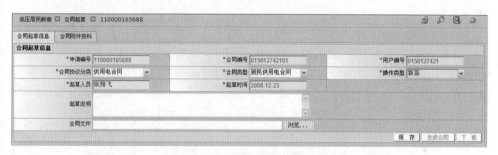

图 9-2-9 合同起草选择附件

2）选择合同协议分类，合同类型，单击【保存】按钮。

3）单击【生成合同】按钮，生成相应类型的合同。单击【下载】按钮，下载生成好的合同到本地指定文件夹，修改完成后，单击【浏览】按钮，选中修改后的合同文件，单击【保存】按钮。

4）如有合同附件资料，选择"合同附件资料"标签页，见图 9-2-10。选择相应的合同附件资料，单击【保存】按钮。

5）单击【任务传递】按钮，传递任务至合同审核环节。

（2）合同审核。

1）在待办事宜里，单击【合同管理】按钮，打开该流程的合同审核环节，见图 9-2-11。

根据相应的权限，对提交的供用电合同进行审核并签署审核意见。对审核不通过的，退回合同起草环节。

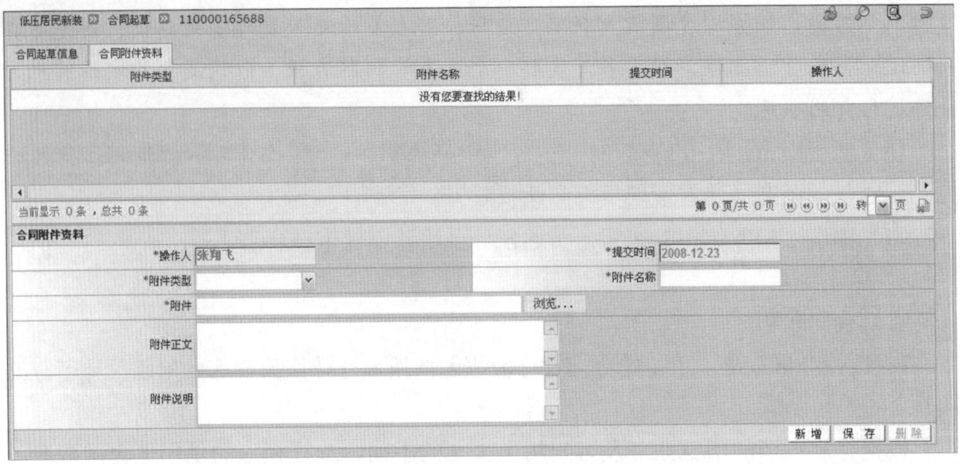

图 9-2-10 合同附件资料页面

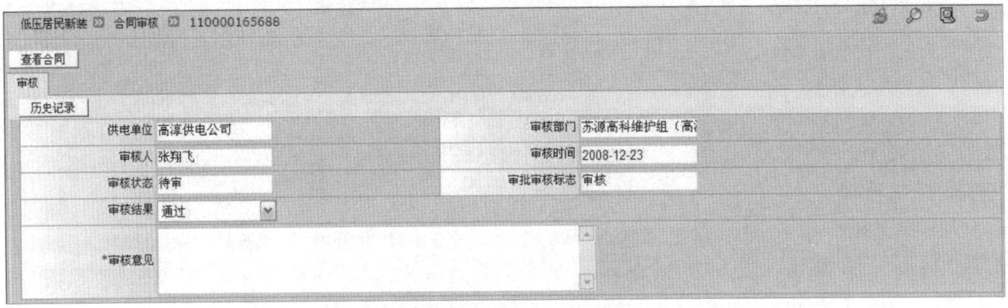

图 9-2-11 发起合同审核

2）单击【查看合同】按钮，查看待审合同，输入审核信息。

3）单击【任务传递】按钮，如果审核结果为"不通过"，退回到合同起草环节。如果审核结果为"通过"，传递任务至合同审批环节。

（3）合同审批。

1）在待办事宜里，单击【合同管理流程】按钮，打开该流程的合同审批环节，见图 9-2-12。

对审核后的供用电合同进行审批，签署审批意见。对审批不通过的，需退回合同审核环节。

2）输入合同审批信息。

3）单击【任务传递】按钮，如果审批结果为"不通过"，退回到合同审核环节。如果审批结果为"通过"，传递任务至合同签订环节。

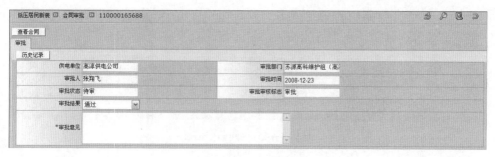

图 9-2-12 合同审核

（4）合同签订。

1）在待办事宜里，单击【合同管理】按钮，打开该流程的合同签订环节，输入客户接受信息及合同签订信息，见图 9-2-13。供用电双方进行合同签订，并记录客户接收供用电合同的日期，供用电双方的签字、签章日期。对需要重新修订的，退回合同起草环节。

图 9-2-13 客户接受信息及合同签订信息

2）居民合同默认为无限期。

3）单击【任务传递】按钮，传递任务至合同归档环节。

（5）合同归档。

1）在待办事宜里，单击【合同管理流程】按钮，打开该流程的合同归档环节，见图 9-2-14。

将已生效的供用电合同文本、附件等资料及签订人的相关资料与客户档案资料合并存放。

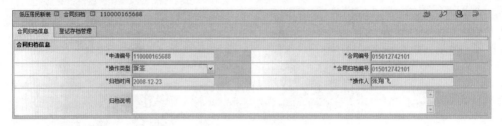

图 9-2-14 合同归档信息

2）打开"登记存档管理"标签页，输入存档信息，单击【保存】按钮，见图 9-2-15。

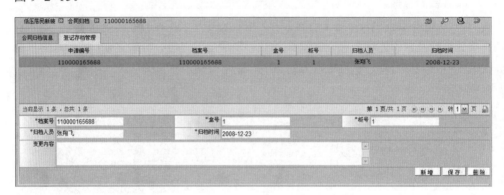

图 9-2-15 合同存档信息

3）单击【任务传递】按钮，结束合同签订流程，传递任务至勘查派工环节。

5. 勘查派工

（1）在待办事宜里，单击【低压居民新装】按钮，打开该流程的勘查派工环节，见图 9-2-16。接收到客户用电申请信息后，进行现场勘查工作派工。

图 9-2-16 勘查派工

（2）选择需要派工的申请信息，在待派人员选择框选择相应人员，单击【查询工作量】按钮，查询该处理人员的工作量。

（3）单击【任务传递】按钮，传递任务至现场勘察环节。

6. 现场勘查

（1）在待办事宜里，单击【低压居民新装】按钮，打开该流程的现场勘查环节。

（2）在"勘察信息"标签页单击【业扩现场勘查工作单】按钮，打印勘查工作单，进行现场勘察，勘查完成后录入勘查意见，见图9-2-17。

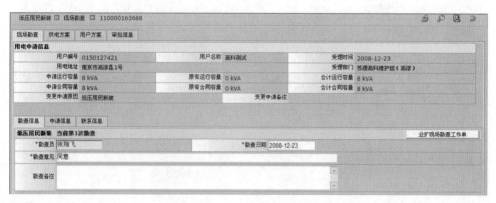

图 9-2-17 录入勘查意见

（3）在"供电方案"标签页，输入相应供电方案信息，居民新装选择无工程，单击【保存】按钮，保存供电方案信息，见图9-2-18。

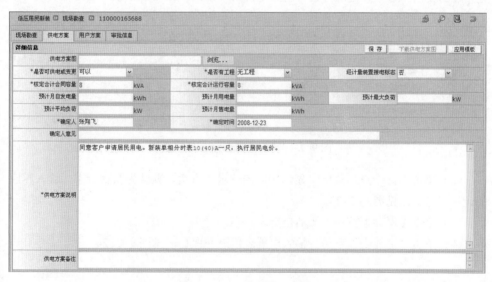

图 9-2-18 录入供电方案

（4）单击"用户方案"选项卡，见图9-2-19。系统显示用户方案菜单和相应用户基本信息。

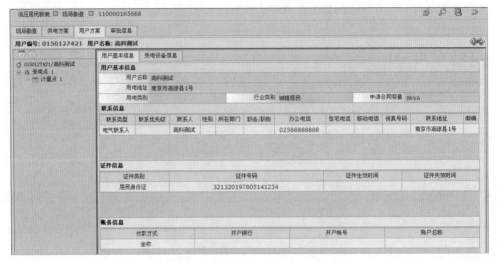

图9-2-19　录入用户方案

（5）单击"受电点"菜单，显示相应的受电点方案，默认为新增状态，输入并保存相应的受电点方案、电源方案、用户定价策略方案，见图9-2-20～图9-2-22。

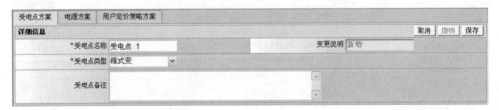

图9-2-20　录入用户受电点方案

（6）单击"计量点"菜单，显示相应的计量点方案，默认为新增状态，输入相应的计量点方案，见图9-2-23。

（7）单击【保存】按钮，激活电能表方案。

（8）单击"电能表"菜单，输入电能表信息并保存，见图9-2-24。

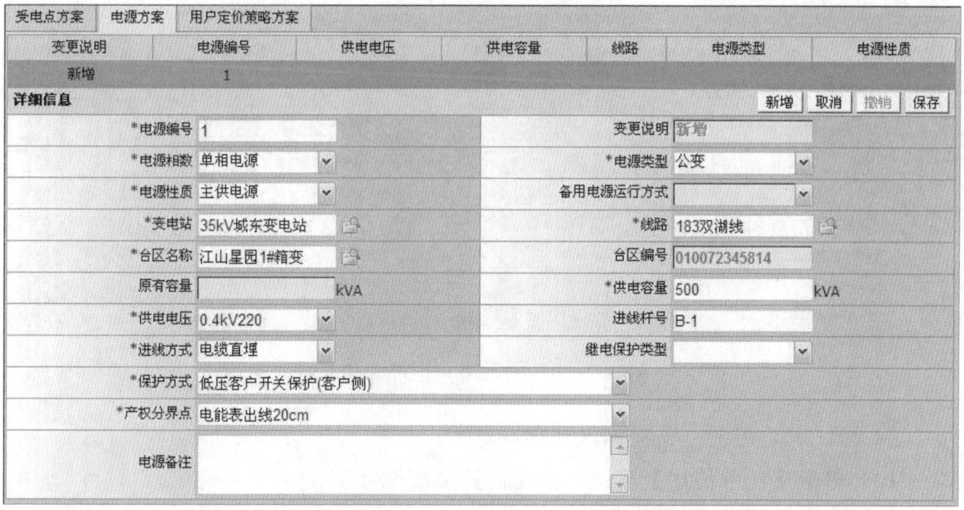

受电点方案	电源方案	用户定价策略方案				
变更说明	电源编号	供电电压	供电容量	线路	电源类型	电源性质
新增	1					

详细信息　　　　　　　　　　　　　　　　　　　　　　　　　新增　取消　撤销　保存

*电源编号　1	变更说明　新增
*电源相数　单相电源	*电源类型　公变
*电源性质　主供电源	备用电源运行方式
*变电站　35kV城东变电站	*线路　183双湖线
*台区名称　江山星园1#箱变	台区编号　010072345814
原有容量　　　　　kVA	*供电容量　500　kVA
*供电电压　0.4kV220	进线杆号　B-1
*进线方式　电缆直埋	继电保护类型
*保护方式　低压客户开关保护(客户侧)	
*产权分界点　电能表出线20cm	
电源备注	

图 9-2-21　录入用户受电点电源方案

受电点方案	电源方案	用户定价策略方案

详细信息　　　　　　　　　　　　　　　　　　　　　　　　　　　　　　　保存

*定价策略类型　单一制	变更说明　新增
*基本电费计算方式　不计算	需量核定值
*功率因数考核方式　不考核	

图 9-2-22　录入用户受电点用户定价策略方案

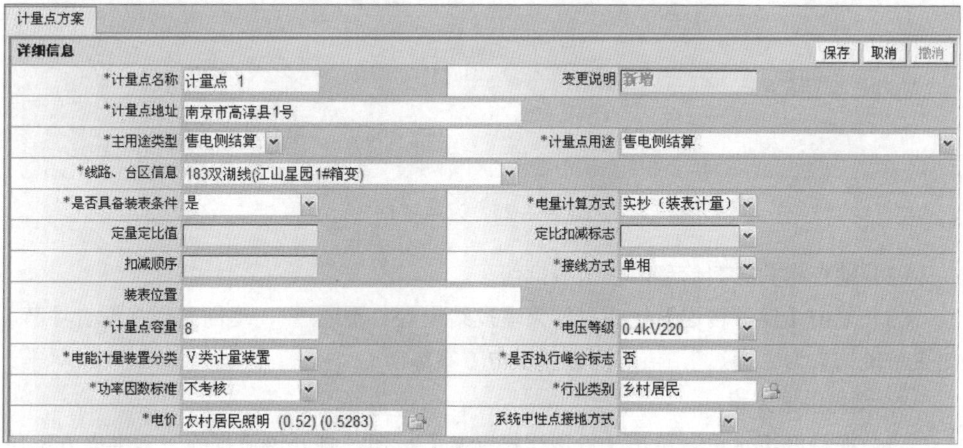

计量点方案

详细信息　　　　　　　　　　　　　　　　　　　　　　　　　　保存　取消　撤销

*计量点名称　计量点 1	变更说明　新增
*计量点地址　南京市高淳县1号	
*主用途类型　售电侧结算	*计量点用途　售电侧结算
*线路、台区信息　183双湖线(江山星园1#箱变)	
*是否具备装表条件　是	*电量计算方式　实抄（装表计量）
定量定比值	定比扣减标志
扣减顺序	*接线方式　单相
装表位置	
*计量点容量　8	*电压等级　0.4kV220
*电能计量装置分类　V类计量装置	*是否执行峰谷标志　否
*功率因数标准　不考核	*行业类别　乡村居民
*电价　农村居民照明 (0.52) (0.5283)	系统中性点接地方式

图 9-2-23　输入用户计量点方案

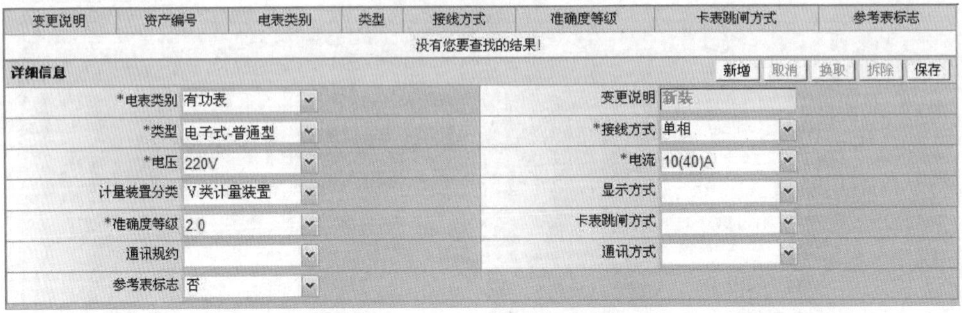

变更说明
资产编号
电表类别
类型
接线方式
准确度等级
卡表跳闸方式
参考表标志
没有您要查找的结果!
详细信息
新增
取消
换取
拆除
保存
*电表类别 有功表
变更说明 新装
*类型 电子式-普通型
*接线方式 单相
*电压 220V
*电流 10(40)A
计量装置分类 Ⅴ类计量装置
显示方式
*准确度等级 2.0
卡表跳闸方式
通讯规约
通讯方式
参考表标志 否

图 9–2–24　输入用户电能表信息

（9）居民无互感器，无需输入互感器方案。

（10）单击【任务传递】按钮，传递任务至审批环节。

7. 审批

（1）在待办事宜里，单击【低压居民新装】按钮，打开该流程的审批环节，见图 9–2–25。

方案拟定后，根据审批条件（按电压等级、变压器容量大小等）提交相关级别部门审批，签署审批意见。

低压居民新装 审批 110000165688
审批
用电申请信息
供电方案
用户方案
历史记录
供电单位 高淳供电公司
审批部门 苏源高科维护组（高
审批人 张翔飞
审批时间 2008-12-23
审批状态 待审
审批审核标志 审批
审批结果 通过
*审批意见

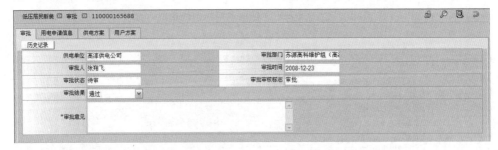

图 9–2–25　方案审批

（2）检查相关方案信息，输入审批信息。

（3）单击【任务传递】按钮，如果审批结果为“不通过”，退回到现在勘查环节。如果审批结果为“通过”，传递到答复供电方案环节。

8. 答复供电方案

（1）在待办事宜里，单击【低压居民新装】按钮，打开该流程的答复供电方案环节，根据审批确认后的供电方案，书面答复客户。

输入答复供电方案信息，见图9-2-26。

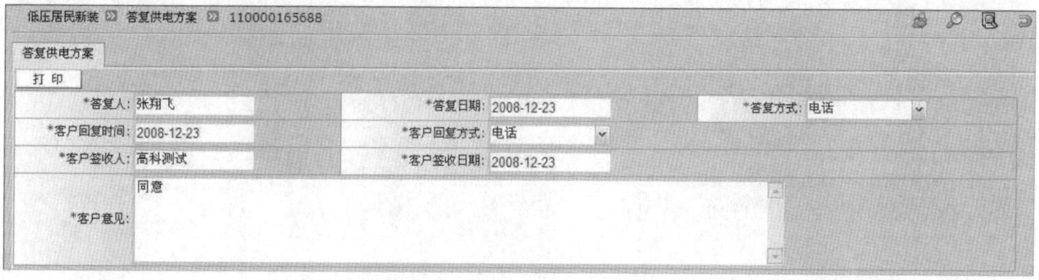

图9-2-26　答复供电方案信息

（2）单击【任务传递】按钮，传递任务至安装派工环节。

9. 安装派工

（1）在待办事宜里，单击【低压居民新装】按钮，打开该流程的安装派工环节，见图9-2-27。

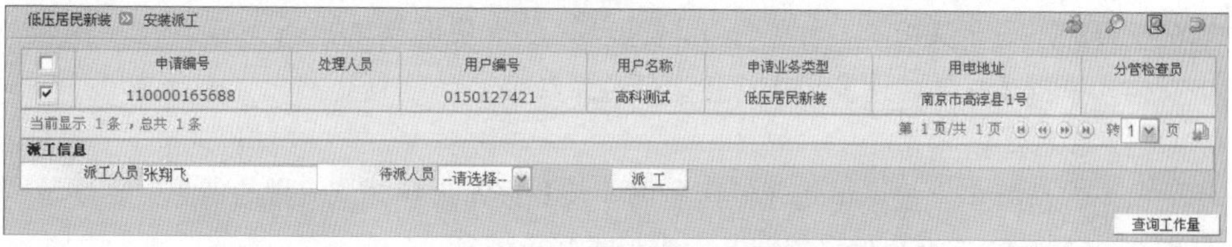

图9-2-27　安装派工环节

（2）选择需要派工的申请信息，在待派人员选择框选择相应人员，单击【派工】按钮，派工成功。单击【查询工作量】按钮，查询该处理人员的工作量。

（3）单击【任务传递】按钮，传递任务至安装信息录入环节。

10. 安装信息录入

（1）在待办事宜里，单击【低压居民新装】按钮，打开该流程的安装信息录入环节。

（2）低压居民新装无需配表出库，现场安装完成后，直接在此输入相应的表号，该表号状态应为合格在库或者领出待装状态。

（3）选中计量点方案，打开电能表方案，输入相应的资产编号，系统显示相应的电能表表底数，输入装拆人员，装拆日期，单击【保存】按钮，见图9-2-28。

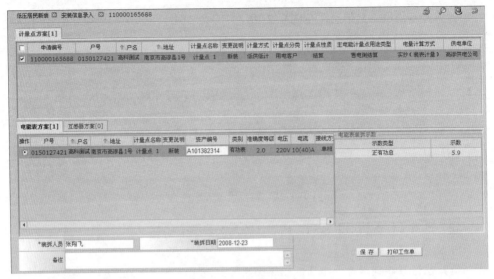

图 9-2-28 安装信息录入

注意：若在此环节工单忘记打印，则在左侧菜单中选择"计量点管理"→"运行维护及检验"→"装拆工单打印"，通过申请编号查询出来打印。

（4）单击【任务传递】按钮，传递任务至环节。

11. 信息归档

（1）在待办事宜里，单击【低压居民新装】按钮，打开该流程的信息归档环节，见图 9-2-29。建立客户信息档案，形成正式客户编号。

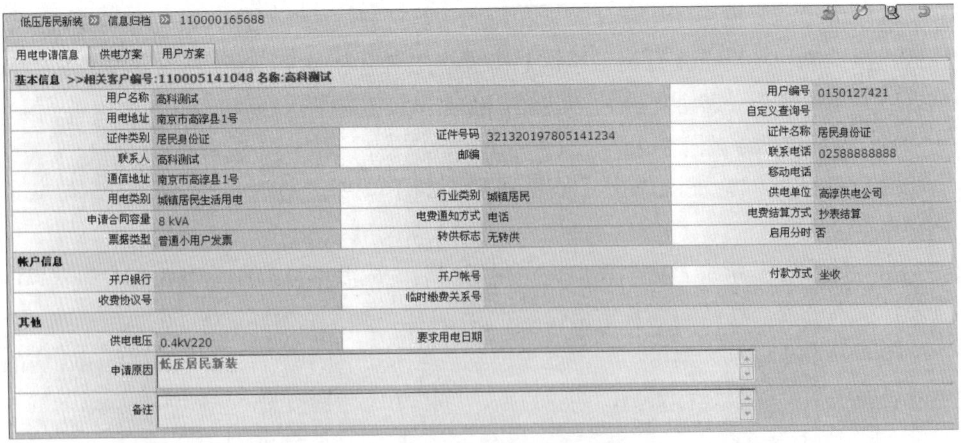

图 9-2-29 建立客户信息

（2）确认各类信息无误。

注意：若有业扩工单漏打的，可在左侧菜单中选择"新装增容及变更用电"→"业扩工单打印"，通过申请编号查询出来打印。若在此环节发现用电申请信息，用户方案等有错误，可通过左侧菜单中选择"新装增容及变更用电"→"业扩传票维护"，通过申请编号查询出来修改。

（3）单击【任务传递】按钮，传递任务至归档环节。

12. 归档

（1）在待办事宜里，单击【低压居民新装】按钮，打开该流程的归档环节，见图9-2-30。

进行纸质归档后，在此录入相应归档信息。

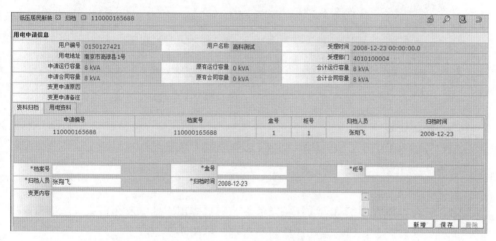

图9-2-30　资料归档

（2）单击【任务传递】按钮，任务传递到新户编本环节。

13. 新户编本

（1）在待办事宜里，单击【低压居民新装】按钮，打开该流程的新户编本环节，对新户进行编本操作。

（2）输入需要编入的抄表段编号，单击【查询】按钮，查询出一个抄表段记录。然后同时选中新户记录和该抄表段，单击【分配】按钮，提示新户分配抄表段成功，见图9-2-31。

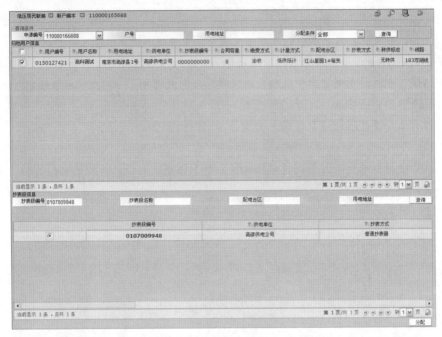

图 9-2-31　新户编本

二、高压新装

本业务适用于电压等级为 10（6）kV 及以上客户的新装用电。高压新装业务流程图，见图 9-2-32。

1. 业务受理

（1）在待办事宜中，单击【任务发起】按钮，弹出"任务发起"窗口，单击高压新装流程的【发起】按钮，发起高压新装流程，见图 9-2-33。

（2）进入业务受理页面，系统自动生成一个用户编号，填写相关资料，见图 9-2-34。单击【保存】按钮，保存输入的信息。

注意：填写证件类别时，当选择居民身份证时，证件号码会校验身份证的位数。

高压新装如果用户缴费方式为"特约委托"，除填写银行账号等信息外，还应填写付费优先级（特别是在用户存在多个账号情况下）。

（3）在此环节系统为居民身份证和联系电话设置了自动识别功能，若输入的身份证号码或联系电话在系统中已经存在，则弹出客户信息识别窗口，提示新申请的用户是否关联系统中存在的客户，若关联，则取系统中存在的客户信息，若不关联或者输入的身份证号码或联系电话在系统中不存在，则在保存后系统自动为该户分配一个客户编号和客户名称，见图 9-2-35。

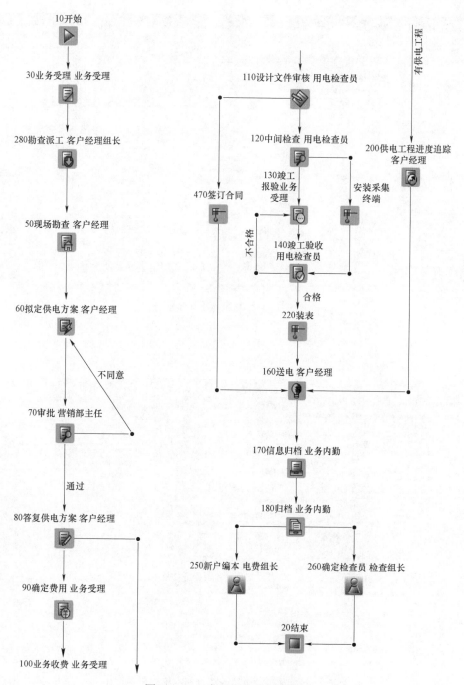

图 9-2-32 高压新装业务流程图

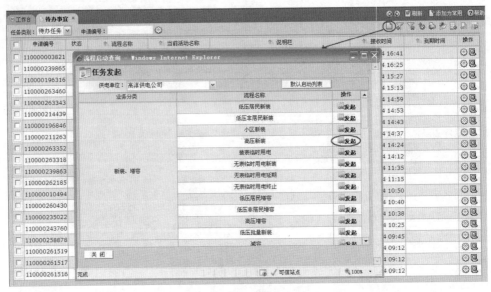

图 9-2-33 发起高压新装业务

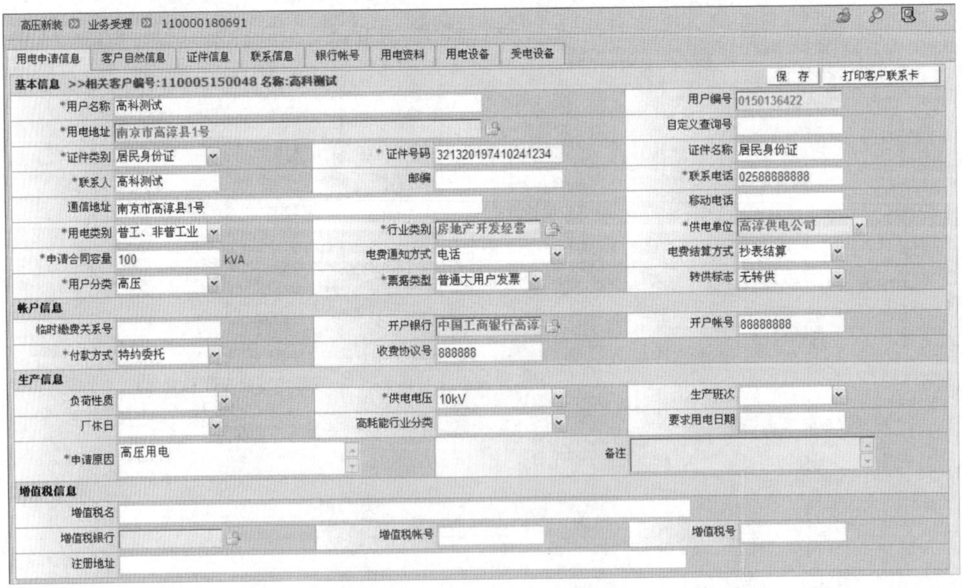

图 9-2-34 发起高压新装业务输入用户申请信息

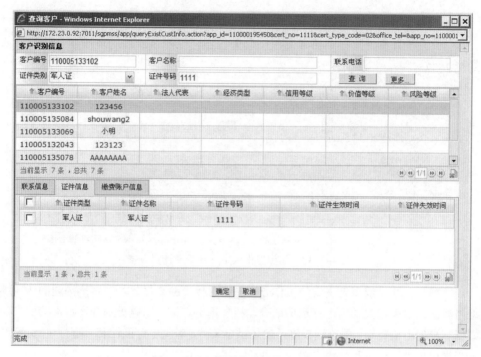

图 9-2-35　关联高压新装客户信息

（4）可以补充其他标签页信息，记录下相关客户编号、用户编号和申请编号。

（5）单击【任务传递】按钮，传递任务至勘查派工环节。

2. 勘查派工

（1）在待办事宜里，单击高压新装流程的【执行本任务】按钮，打开该流程的勘查派工环节。接收到客户用电申请信息后，进行现场勘查工作派工。

（2）选择需要派工的申请信息，在待派人员选择框选择相应人员，单击【派工】按钮，派工成功，见图 9-2-36。单击【查询工作量】按钮，查询该处理人员的工作量。

图 9-2-36　现场勘查工作派工

（3）单击【任务传递】按钮，传递任务至现场勘察环节。

3. 现场勘查

（1）在待办事宜里，单击【高压新装】按钮，打开该流程的现场勘查环节，见图 9-2-37。

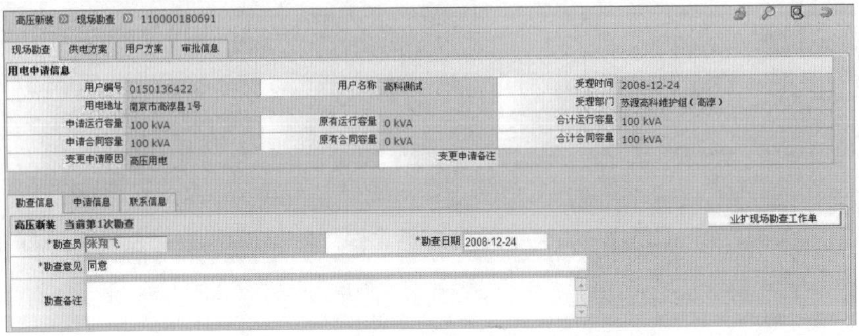

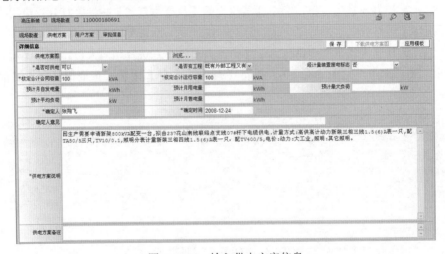

图 9-2-37 初步提出供电、计量和计费方案

根据派工结果或事先确定的工作分配原则，接受勘查任务，与客户沟通确认现场勘查时间，组织相关部门进行现场勘查，核实用电容量、用电类别等客户申请信息，根据客户的用电类别、用电规模以及现场供电条件，对供电可能性和合理性进行调查，初步提出供电、计量和计费方案。

（2）在"勘察信息"标签页单击【业扩现场勘查工作单】按钮，打印勘查工作单，进行现场勘察，勘查完成后录入勘查意见。

（3）在"供电方案"标签页，输入相应供电方案信息，单击【保存】按钮，保存供电方案信息，见图 9-2-38。

图 9-2-38 输入供电方案信息

注意：如果该客户有外部工程，则在是否有工程选择框选择有工程类，系统会在答复供电方案后激活供电工程管理分支。

（4）单击"用户方案"选项卡，见图9-2-39。系统显示用户基本信息。

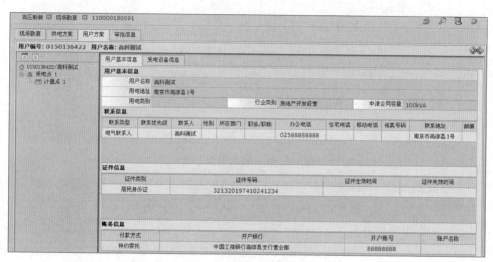

图9-2-39 用户方案选项选择

注意：若该户有多个受电点或计量点，则单击其相应的上级目录，单击【新增受电点】或【新增计量点】按钮。

（5）单击"受电点"菜单，显示相应的受电点方案，默认为新增半输入状态，输入相应的受电点方案、电源方案、用户定价策略方案，每输入一个标签页都要单击【保存】按钮，见图9-2-40～图9-2-42。

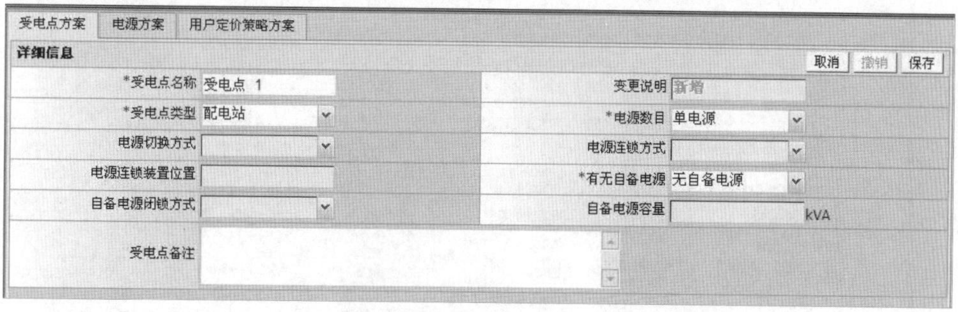

图9-2-40 新增受电点方案

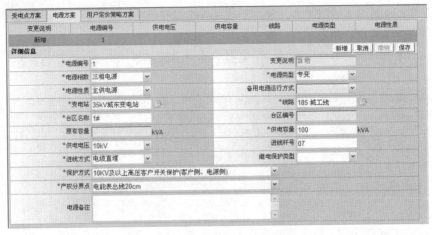

图 9-2-41 输入电源方案

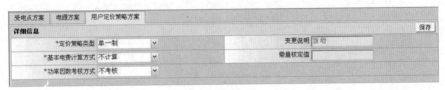

图 9-2-42 输入用户定价策略方案

注意： 变压器容量小于 315kVA 则为单一制，大于等于 315kVA 则为两部制。

（6）单击"计量点"菜单，显示相应的计量点方案，默认为新增半输入状态，输入相应的计量点方案，见图 9-2-43，计费关系方案，见图 9-2-44。

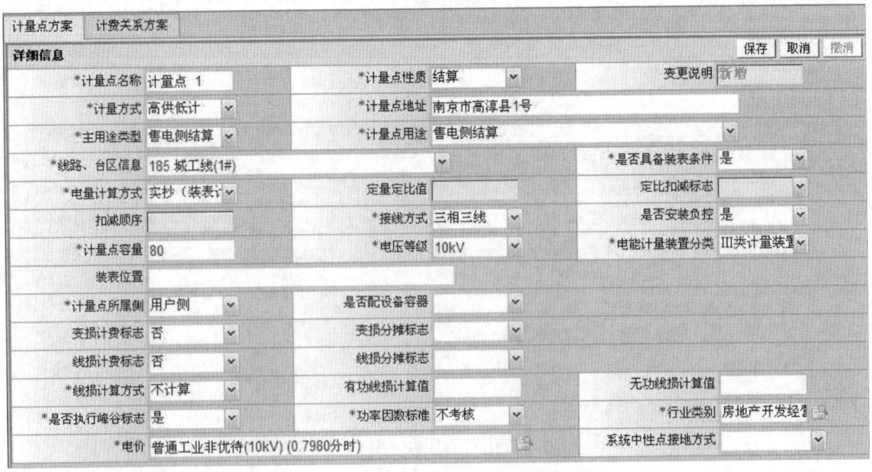

图 9-2-43 输入计量点方案

计量点方案
计费关系方案
变更说明
关系分类
母计量点名称
没有您要查找的结果!
计费关系方案_母子表 - Windows Internet Explorer
新增母表关系
取消
撤销
选择
计量点名称
电价
计量点 1
普通工业非优待(10kV)(0.7980分时)

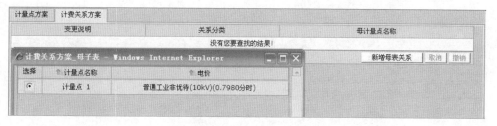

图 9–2–44 选择计费关系方案

注意：

（1）关于设置子母表关系，如计量点 2 是定比，则必须设置子母表。

（2）若选择安装负控，则会在中间检查后激活安装采集终端分支，在是否具备装表条件选是则会激活电能表菜单。

（7）单击“电能表”菜单（“互感器”菜单，若需要互感器则单击后填写，不需要不必填写），见图 9–2–45。输入电能表信息并保存。

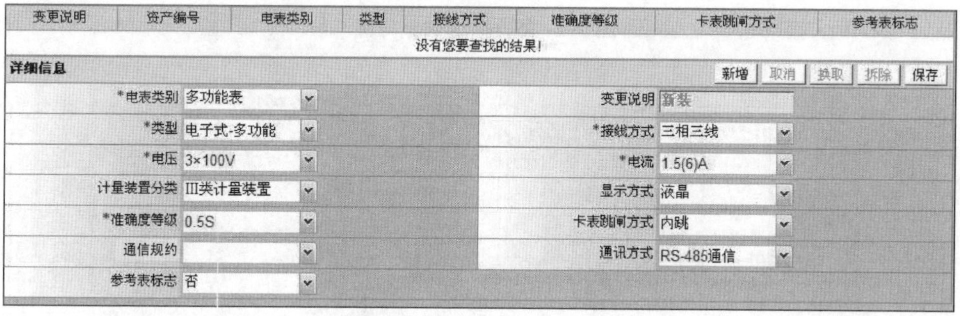

变更说明
资产编号
电表类别
类型
接线方式
准确度等级
卡表跳闸方式
参考表标志
没有您要查找的结果!
详细信息
新增
取消
换取
拆除
保存
*电表类别 多功能表
*类型 电子式-多功能
*电压 3×100V
计量装置分类 Ⅲ类计量装置
*准确度等级 0.5S
通信规约
参考表标志 否
变更说明 新装
*接线方式 三相三线
*电流 1.5(6)A
显示方式 液晶
卡表跳闸方式 内跳
通讯方式 RS-485通信

图 9–2–45 输入电能表信息

（8）单击【任务传递】按钮，传递任务至拟定供电方案环节。

4. 拟定供电方案

（1）在待办事宜里，单击【高压新装】按钮，打开该流程的拟定供电方案环节，见图 9–2–46。根据现场勘查结果，拟定初步电源接入方案、计量方案以及计费方案等，并组织相关部门审查，形成最终供电方案。

（2）单击【任务传递】按钮，传递任务至审批环节。

5. 审批

（1）在待办事宜里，单击【高压新装】按钮，打开该流程的审批环节，见图 9–2–47。方案拟定后，根据审批条件（按电压等级、变压器容量大小等）提交相关级别部门审批，签署审批意见。

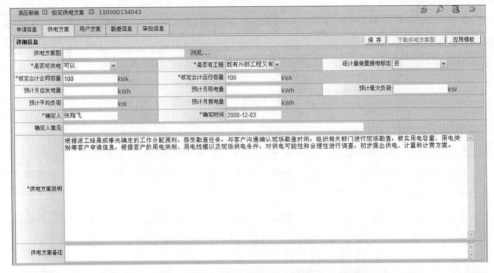

图 9-2-46　拟定供电方案

图 9-2-47　供电方案审批

（2）输入审批信息。

（3）单击【任务传递】按钮，如果审批结果为"不同意"，退回到拟定供电方案环节。如果审批结果为"通过"，传递到答复供电方案环节。

6. 答复供电方案

（1）在待办事宜里，单击【高压新装】按钮，打开该流程的答复供电方案环节，根据审批确认后的供电方案，书面答复客户。

（2）输入答复供电方案信息，见图 9-2-48。

（3）单击【任务传递】按钮，传递任务至确定费用环节（若有外部工程则生成供电工程进度跟踪分支）。

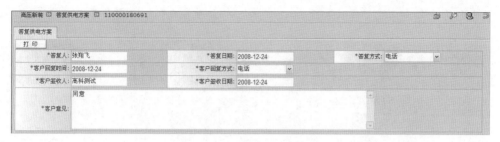

图 9-2-48　供电方案答复信息

7. 供电工程进度跟踪

（1）在待办事宜里，单击【高压新装】按钮，打开该流程的供电工程进度跟踪环节，见图 9-2-49。根据工程进度情况，依次登记工程立项，设计情况，工程的设计文件审核情况，工程预算情况，工程费的收取情况，施工单位、设备供应单位，工程施工过程，中间检查，竣工验收情况，登记工程的决算情况。

图 9-2-49　供电工程进度跟踪信息

（2）输入并保存"供电工程设计结果信息""供电工程设计文件审核结果信息""供电工程监理信息""供电工程工程预算结果信息""供电工程工程费收取结果信息""供电工程设备供应结果信息""供电工程施工结果信息""供电工程决算信息""供电工程质量监督信息"。

（3）单击【任务传递】按钮，结束供电工程流程，传递任务汇合至主流程的送电环节。

8. 确定费用

（1）在待办事宜里，单击【高压新装】按钮，打开该流程的确定费用环节，见

图 9–2–50。

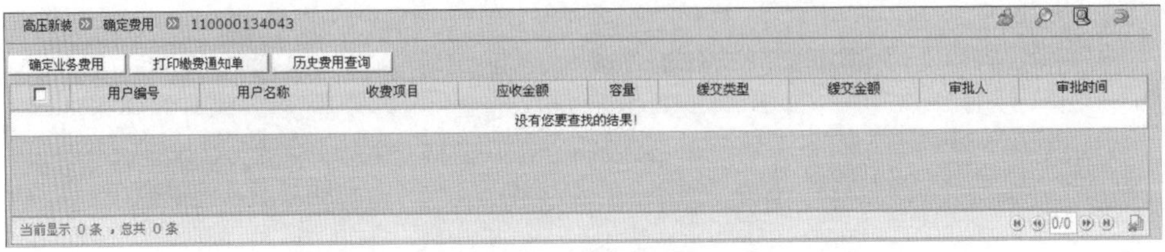

图 9–2–50 确定费用

按照国家有关规定及物价部门批准的收费标准，确定相关费用，并通知客户缴费。

（2）单击【确定业务费用】按钮，根据费用类别勾选相关业务费用记录，单击【确定业务费用】按钮，见图 9–2–51。

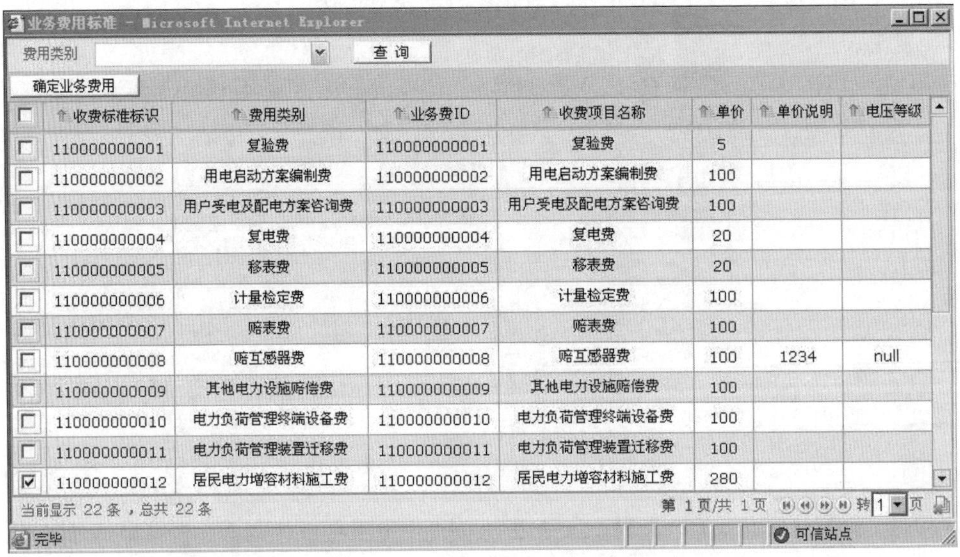

收费标准标识	费用类别	业务费ID	收费项目名称	单价	单价说明	电压等级
110000000001	复验费	110000000001	复验费	5		
110000000002	用电启动方案编制费	110000000002	用电启动方案编制费	100		
110000000003	用户受电及配电方案咨询费	110000000003	用户受电及配电方案咨询费	100		
110000000004	复电费	110000000004	复电费	20		
110000000005	移表费	110000000005	移表费	20		
110000000006	计量检定费	110000000006	计量检定费	100		
110000000007	赔表费	110000000007	赔表费	100		
110000000008	赔互感器费	110000000008	赔互感器费	100	1234	null
110000000009	其他电力设施赔偿费	110000000009	其他电力设施赔偿费	100		
110000000010	电力负荷管理终端设备费	110000000010	电力负荷管理终端设备费	100		
110000000011	电力负荷管理装置迁移费	110000000011	电力负荷管理装置迁移费	100		
110000000012	居民电力增容材料施工费	110000000012	居民电力增容材料施工费	280		

图 9–2–51 确定业务费用选择

（3）可以修改补充相关缴费信息，单击【保存】按钮，保存修改，见图 9–2–52。

（4）可以选择减免缓类型，对特殊客户或其他原因减收、免收。

（5）单击【打印缴费通知单】按钮，打印业务缴费通知单。单击【历史费用查询】按钮，查询该户历史缴费记录。

（6）单击【任务传递】按钮，传递任务至业务收费环节。

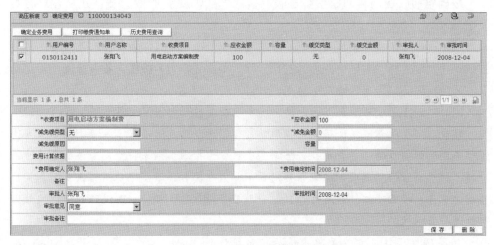

图 9-2-52 修改补充业务费用

9. 业务收费

（1）在待办事宜里，单击【高压新装】按钮，打开该流程的业务收费环节，见图 9-2-53。

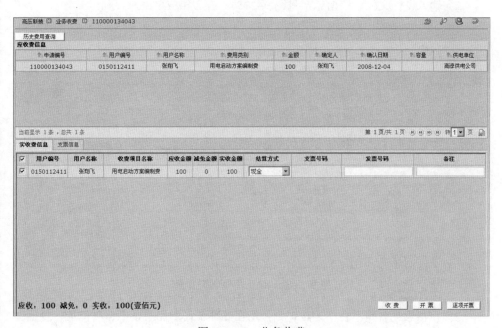

图 9-2-53 业务收费

按确定的收费项目和收费金额收取费用，打印发票/收费凭证，建立客户的实收信息。

（2）选择一条或多条收费信息，单击【开票】按钮，打印发票，4 条收费项目一张票。在发票号码输入框中，输入发票号码，单击【收费】按钮，收费成功（若是支票，选择相应结算方式，输入相应支票号码）。

（3）单击【逐项开票】按钮则是将一个收费项目开一张票（多适用于低压批量）。

注意：若在此环节发现确定的费用或金额错误，而没有单击【收费】按钮，可通过任务调度调回重新确定费用；若单击了【收费】按钮，则先将费用通过业务费冲正冲掉，然后通过任务调度调回重新确定费用；若在其后环节发现费用错误，则先将费用通过业务费冲正冲掉，然后另外发起一个业务费收取流程，以该流程的申请编号为条件进行费用确定。

任务调度操作，左侧菜单中选择"系统管理"→"工作流"→"流程运行及监控"→"任务调度（通常管理员拥有此权限）"。

（4）单击【任务传递】按钮，传递任务至设计文件审核环节。

10. 设计文件审核

（1）在待办事宜里，单击【高压新装】按钮，打开该流程的设计文件审核环节。

（2）输入设计文件审核信息，见图 9-2-54。打印相应单据。

图 9-2-54　设计文件审核信息

（3）审核意见若是不合格，传递则停留在此环节，增加一条不合格记录，直至合格则传递到下一环节。

（4）单击【任务传递】按钮，传递任务至中间检查环节（同时激活合同管理分支）。

11. 签订合同

签订合同子流程图，见图9-2-55。

（1）合同起草。

1）在待办事宜里，单击【合同管理】按钮，打开该流程的合同起草环节，见图9-2-56。

根据客户申请的用电业务及客户用电类别的不同，选择相应的供用电合同范本，并在此范本的基础上编制形成新的供用电合同文本。

2）选择合同协议分类，合同类型，单击【保存】按钮。

3）单击【生成合同】按钮，生成相应类型的合同。单击【下载】按钮，下载生成好的合同，修改完成后，单击【浏览】按钮，选中修改后的合同文件，单击【保存】按钮。

4）如有合同附件资料，选择"合同附件资料"标签页，见图 9-2-57。选择相应的合同附件资料，单击【保存】按钮。

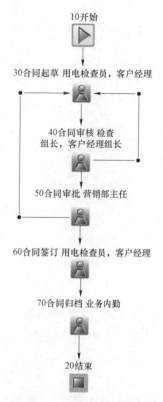

图 9-2-55　签订合同子流程图

图 9-2-56　合同起草选择

5）单击【任务传递】按钮，传递任务至合同审核环节。

（2）合同审核。

1）在待办事宜里，单击【合同管理】按钮，打开该流程的合同审核环节，见图9-2-58。

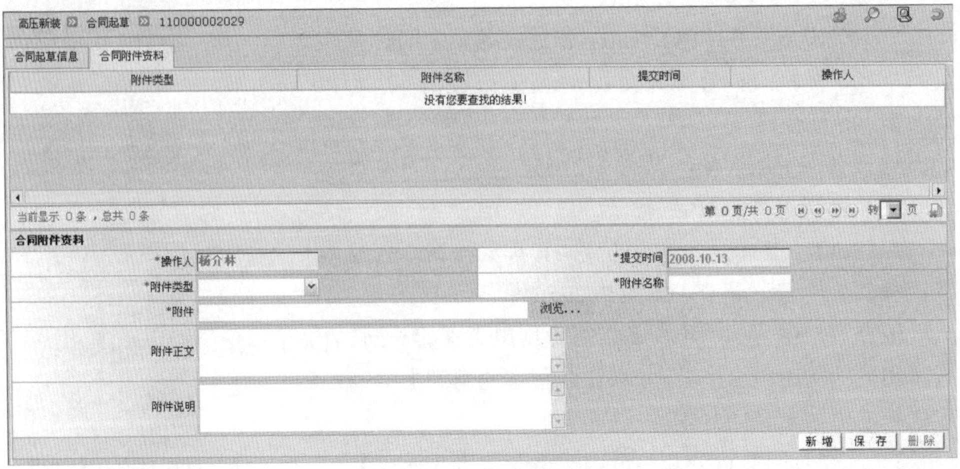

图 9-2-57　合同附件资料

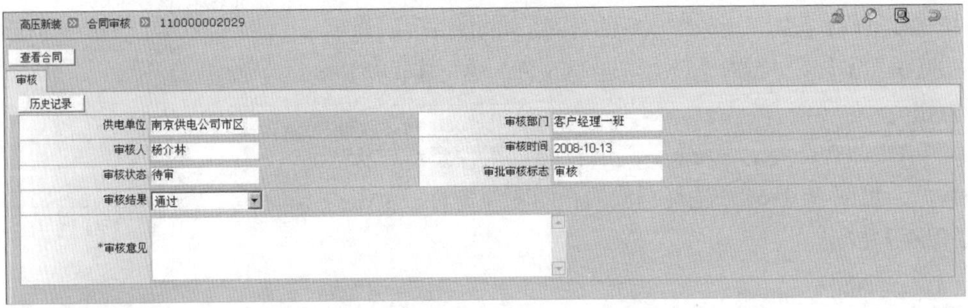

图 9-2-58　合同审核

根据相应的权限，对提交的供用电合同进行审核并签署审核意见。对审核不通过的，退回合同起草环节。

2）单击【查看合同】按钮，查看待审合同，输入审核信息。

3）单击【任务传递】按钮，如果审核结果为"不通过"，退回到合同起草环节。如果审核结果为"通过"，传递任务至合同审批环节。

（3）合同审批。

1）在待办事宜里，单击【合同管理】按钮，打开该流程的合同审批环节，见图 9-2-59。

按照法律、法规及国家有关政策，对审核后的供用电合同进行审批，签署审批意见。对审批不通过的，需退回合同审核环节。

图 9-2-59　合同审批

2）输入合同审批信息。

3）单击【任务传递】按钮，如果审批结果为"不通过"，退回到合同审核环节。如果审批结果为"通过"，传递任务至合同签订环节。

（4）合同签订。

1）在待办事宜里，单击【合同管理】按钮，打开该流程的合同签订环节，供用电双方进行合同签订，并记录客户接收供用电合同的日期，供用电双方的签字、签章日期。对需要重新修订的，退回合同起草环节。

2）输入客户接受信息及合同签订信息，见图 9-2-60。

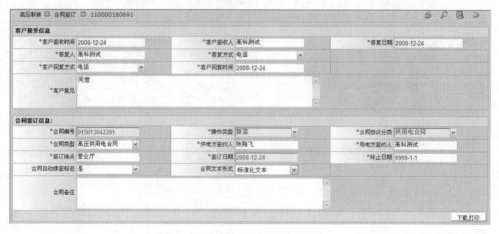

图 9-2-60　合同签订信息

3）单击【任务传递】按钮，传递任务至合同归档环节。

（5）合同归档。

1）在待办事宜里，单击【合同管理】按钮，打开该流程的合同归档环节，见图 9-2-61。

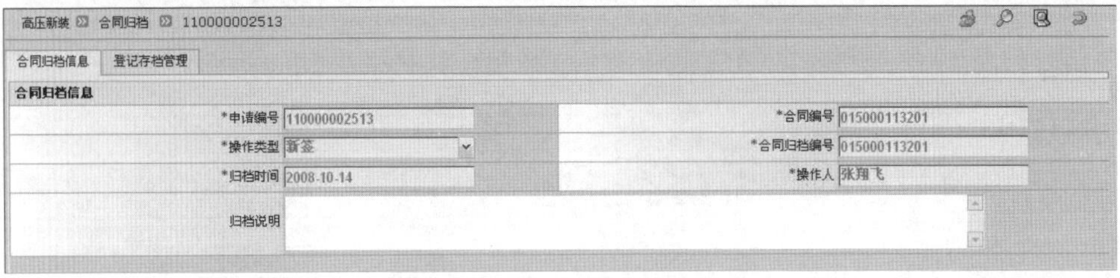

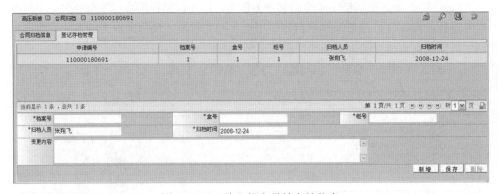

图 9-2-61 合同归档信息

将已生效的供用电合同文本、附件等资料及签订人的相关资料与客户档案资料合并存放。

2）打开登记存档管理标签页，输入档案号等存档信息，单击【保存】按钮，见图 9-2-62。

图 9-2-62 输入档案号等存档信息

3）单击【任务传递】按钮，结束合同签订流程，传递任务汇合至主流程的送电环节。

12. 中间检查

（1）在待办事宜里，单击【高压新装】按钮，打开该流程的中间检查环节，见图 9-2-63。

客户受电工程在施工期间，供电企业应根据审核同意的设计和有关施工标准，对客户受电工程中的隐蔽工程进行中间检查。

（2）输入中间检查信息，打印相应单据。

（3）检查结果若是不通过，传递则停留在此环节，增加一条不合格记录，直至合格则传递到下一环节。

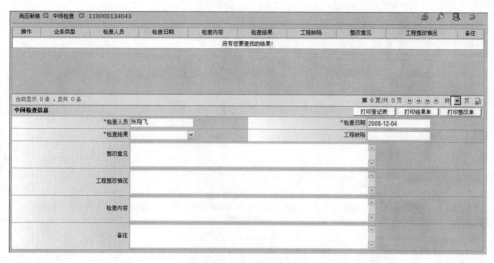

图 9-2-63　中间检查信息

（4）单击【任务传递】按钮，传递任务至竣工报验环节（若安装了负控，则激活安装采集终端分支）。

13. 安装采集终端

如果需要新装采集终端，则引用电能信息采集业务类的"运行管理"业务项中的"终端安装"业务子项。

14. 竣工报验

（1）在待办事宜里，单击【高压新装】按钮，打开该流程的竣工报验环节，接收客户的竣工验收要求，审核相关报送材料是否齐全有效，通知相关部门准备客户受电工程的竣工验收工作。

（2）输入竣工报验信息，打印相应单据，见图 9-2-64。

图 9-2-64　输入竣工报验信息

（3）报验性质若是中间验收，传递则停留在此环节，增加一条中间验收记录，直至竣工验收则传递到下一环节。

（4）单击【任务传递】按钮，传递至竣工验收环节。

15. 竣工验收

（1）在待办事宜里，单击【高压新装】按钮，打开该流程的竣工验收环节，见图 9-2-65。

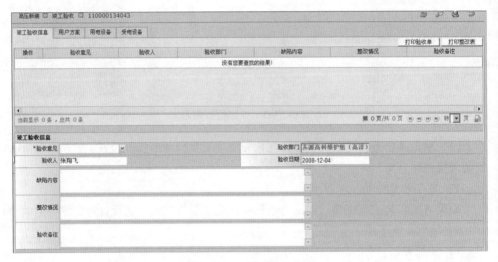

图 9-2-65　竣工验收信息

按照国家和电力行业颁发的设计规程、运行规程、验收规范和各种防范措施等要求，根据客户提供的竣工报告和资料，组织相关部门对受电工程的工程质量进行全面检查、验收。

（2）若存在用电设备信息，则在用电设备标签页输入用电设备信息。

（3）在受电设备标签页，单击【新增】按钮，弹出"受电设备信息"页面，见图 9-2-66。输入受电设备信息，单击【保存】按钮。

注意：变压器在此环节加入。

（4）输入竣工验收信息，打印相应单据。

（5）验收意见若是不通过，传递则停留在此环节，增加一条不通过记录，直至通过则传递到下一环节。

（6）单击【任务传递】按钮，传递任务至设备安装子流程中出库管理流程的配表（备表）环节。

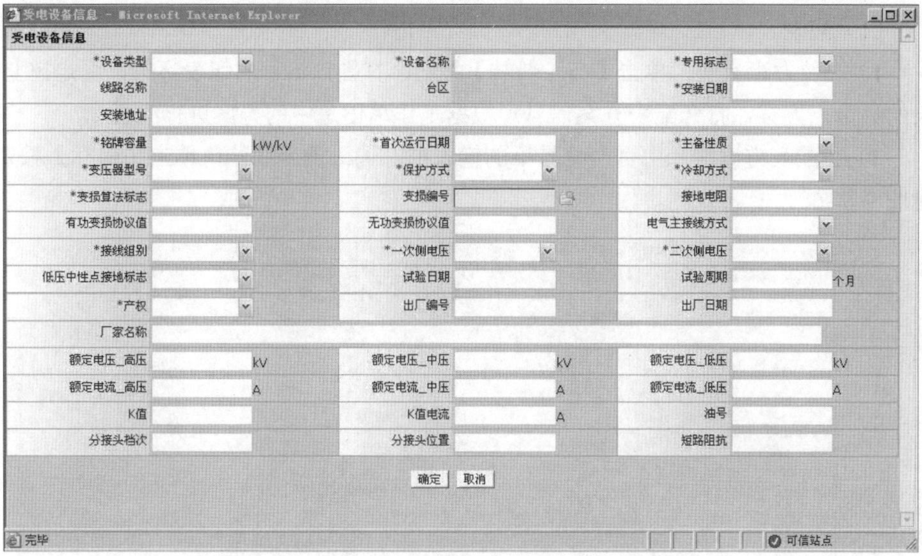

受电设备信息 - Microsoft Internet Explorer
受电设备信息
*设备类型
*设备名称
*专用标志
线路名称
台区
*安装日期
安装地址
*铭牌容量
kW/kV
*首次运行日期
*主备性质
*变压器型号
*保护方式
*冷却方式
*变损算法标志
变损编号
接地电阻
有功变损协议值
无功变损协议值
电气主接线方式
*接线组别
*一次侧电压
*二次侧电压
低压中性点接地标志
试验日期
试验周期
个月
*产权
出厂编号
出厂日期
厂家名称
额定电压_高压
kV
额定电压_中压
kV
额定电压_低压
kV
额定电流_高压
A
额定电流_中压
A
额定电流_低压
A
K值
K值电流
A
油号
分接头档次
分接头位置
短路阻抗
确定
取消
完毕
可信站点

图 9-2-66　输入用电设备信息

16. 装表

设备安装子流程中出库管理流程的配表（备表）环节流程图，见图 9-2-67。

10开始
50配表
60出库
230机器处理
130装拆派工
140安装信息录入
210拆回表计录入
20结束

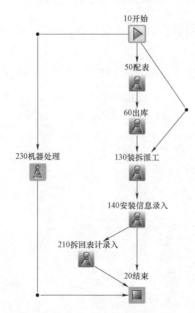

图 9-2-67　设备安装子流程中出库管理流程的配表（备表）环节流程图

（1）配表。

1）在待办事宜里，单击【高压新装】按钮，打开该流程的配表环节，选定需要配表的计量点方案，打开配表方案信息。根据工作单信息中的方案进行配表。

2）在配表方案信息中资产编号下的输入框，输入资产编号，单击【保存】按钮，见图9-2-68。

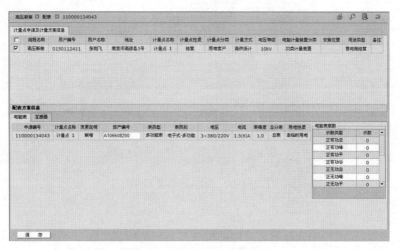

图 9-2-68 配表方案信息

3）单击【任务传递】按钮，系统自动保存，传递任务至出库环节。

（2）出库。

1）在待办事宜里，单击【高压新装】按钮，打开该流程的出库环节，见图9-2-69。

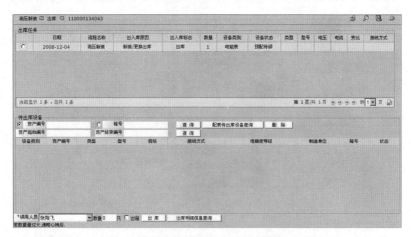

图 9-2-69 出库环节信息

2）选择出库任务，单击【配表待出库设备查询】按钮，自动加载信息到待出库设备中，见图 9-2-70。

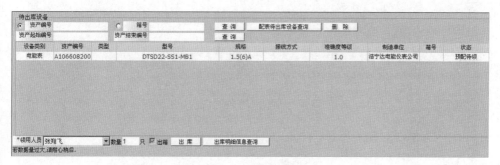

图 9-2-70 待出库设备信息

3）选择领用人员，单击【出库】按钮，完成出库，打印出库单。

4）单击【任务传递】按钮，传递任务至装拆派工环节。

（3）装拆派工。

1）在待办事宜里，单击【高压新装】按钮，打开该流程的装拆派工环节，见图 9-2-71。装拆派工人员根据本部门现场工作人员现有的工作情况合理安排工作人员到现场执行任务。

图 9-2-71 装拆派工信息

2）选择需要派工的申请信息，在待派人员选择框选择相应人员，单击【派工】按钮，派工成功。单击【查询工作量】按钮，查询该处理人员的工作量。

3）单击【任务传递】按钮，传递任务至安装信息录入环节。

（4）安装信息录入。

1）在待办事宜里，单击【高压新装】按钮，打开该流程的安装信息录入环节，见图 9-2-72。

现场安装工作结束，回到室内后将现场安装信息录入系统。

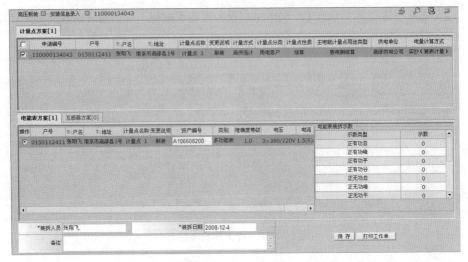

图 9-2-72　安装信息

2）选择相应计量点方案记录。

3）选择电能表方案记录，输入装拆人员，装拆日期，单击【保存】按钮。

注意：若在此环节工单忘记打印，则在左侧菜单中选择"计量点管理"→"运行维护及检验"→"装拆工单打印"，通过申请编号查询出来打印。

4）单击【任务传递】按钮，传递任务至送电环节。

17. 送电

（1）在待办事宜里，单击【高压新装】按钮，打开该流程的送电环节，见图 9-2-73。装表工作完成后组织相关部门送电。

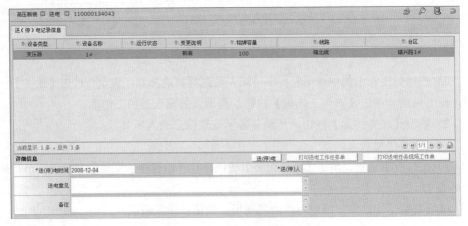

图 9-2-73　送电信息

（2）输入送电时间等，单击【保存】按钮。

（3）单击【任务传递】按钮，传递任务至信息归档环节。

18. 信息归档

（1）在待办事宜里，单击【高压新装】按钮，打开该流程的信息归档环节，见图 9-2-74。

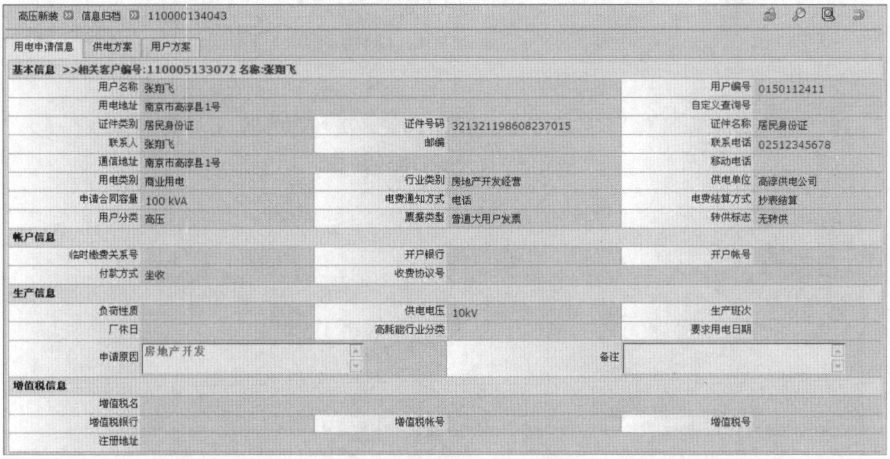

图 9-2-74　客户信息归档

建立客户信息档案，形成正式客户编号。

（2）确认各类信息无误。

若有业扩工单漏打的，可在左侧菜单中选择"新装增容及变更用电"→"业扩工单打印"，通过申请编号查询出来打印。

若在此环节发现用电申请信息，用户方案等有错误，可通过左侧菜单中选择"新装增容及变更用电"→"业扩传票维护"，通过申请编号查询出来修改。

（3）单击【任务传递】按钮，传递任务至归档环节。

19. 归档

（1）在待办事宜里，单击【高压新装】按钮，打开该流程的归档环节，见图 9-2-75。审核后，收集并整理报装资料，完成资料归档。

（2）输入档案信息，单击【保存】按钮，存档成功。

（3）单击【任务传递】按钮，传递任务至新户编本及确定检查员两个环节。

20. 新户编本

（1）在待办事宜里，单击【高压新装】按钮，打开该流程的新户编本环节，见图 9-2-76。

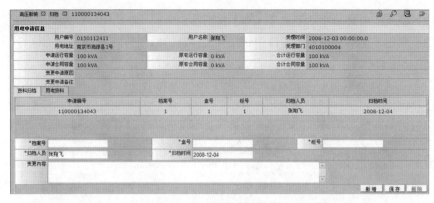

图 9-2-75 客户资料归档

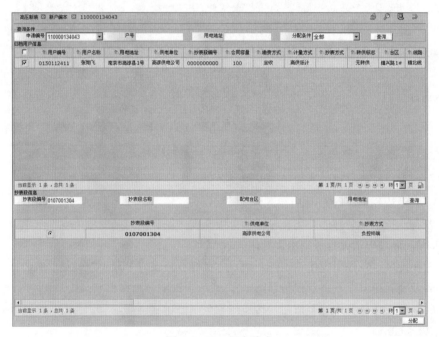

图 9-2-76 新户编本

（2）输入该户要编的抄表本号，勾选相应用户信息及抄表段信息，单击【分配】按钮，完成编本。

（3）单击【任务传递】按钮，结束高压新装分支流程。

21. 确定检查员

（1）在待办事宜里，单击【高压新装】按钮，打开该流程的确定检查员环节，见图 9-2-77。

图 9-2-77　确定检查员

（2）选择相应检查员。

（3）单击【任务传递】按钮，结束高压新装分支流程。

三、减容

减容是指客户在正式用电后，由于生产经营情况发生变化，考虑到原用电容量过大，不能全部利用，为了减少基本电费的支出或节能的需要，提出减少供用电合同约定的用电容量的一种变更用电业务。减容分为暂时性减容和永久性减容。

减容变更业务流程，见图 9-2-78。

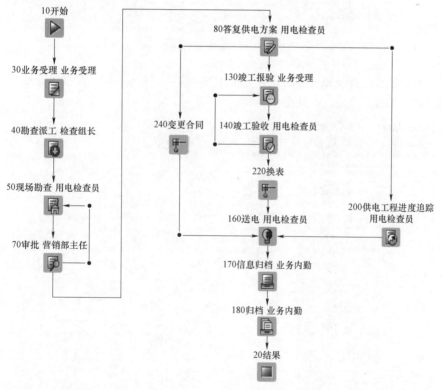

图 9-2-78　减容业务流程图

1. 业务受理

（1）在待办事宜中，单击【任务发起】按钮，弹出"任务发起"窗口，见图 9-2-79。单击减容流程的【发起】按钮，发起减容流程。

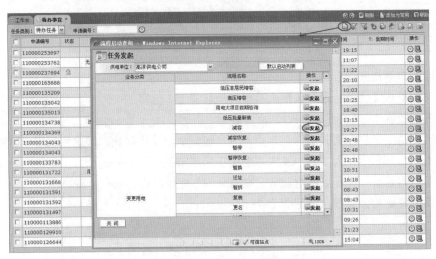

图 9-2-79　发起减容业务

（2）系统自动打开该流程的业务受理环节，输入需要减容用户的用户编号，敲击回车，自动加载用户信息，见图 9-2-80。

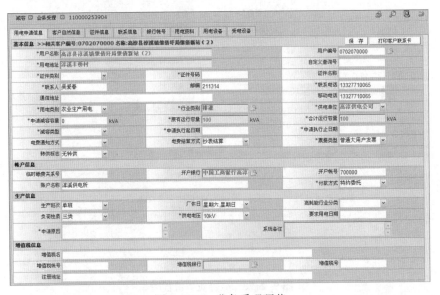

图 9-2-80　业务受理环节

（3）若不知道户号，单击【查询】按钮，弹出"客户档案信息"窗口。根据条件查询出用户，选择查询出的用户，单击【确定】按钮，系统返回业务受理页面，加载该客户的信息。

（4）在"用电申请信息"标签页输入申请减容容量、申请原因，选择减容类型、申请执行起止时间，单击【保存】按钮，保存用户申请信息。

注意：减容分为永久性减容和非永久性减容。

（5）单击【任务传递】按钮，传递任务至勘查派工环节。

2. 勘查派工

（1）在待办事宜里，单击减容流程的【执行本任务】按钮，打开该流程的勘查派工环节，见图9-2-81。

图 9-2-81 勘查派工环节

（2）选择需要派工的申请信息，在待派人员选择框选择相应人员，单击【派工】按钮，派工成功。单击【查询工作量】按钮，查询该处理人员的工作量。

（3）单击【任务传递】按钮，传递任务至现场勘察环节。

3. 现场勘查

（1）在待办事宜里，单击【减容】按钮，打开该流程的现场勘查环节，见图9-2-82。按照现场任务分配情况进行现场勘查，在约定日期内到现场进行核实，记录勘查意见，提出相关供电变更方案。

图 9-2-82 现场勘查环节

（2）在"现场勘查"标签页单击【用电变更勘查工作单】按钮，打印用电变更勘查工作单，进行现场勘察，勘查完成后录入勘查意见。

（3）在"供电方案"标签页，见图9-2-83。录入供电工程方案，单击【保存】按钮，保存供电方案信息。

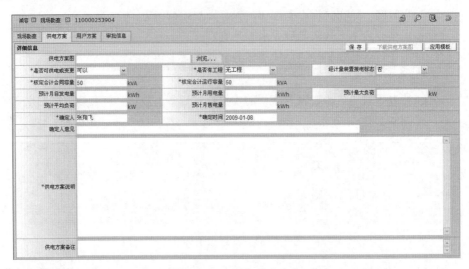

图 9-2-83　录入供电方案

注意： 减容正常无工程。

（4）在"用户方案"标签页，根据实际情况，更改电源方案、用户定价策略方案、计量点方案、电能表方案，见图9-2-84～图9-2-88。

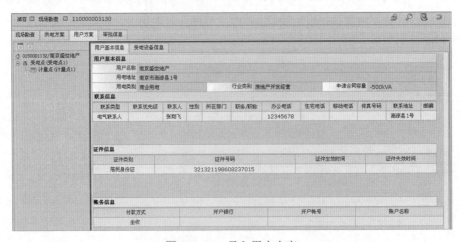

图 9-2-84　录入用户方案

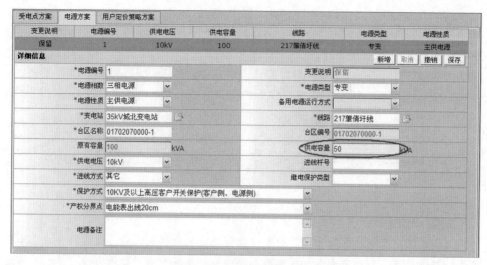

图 9-2-85 录入电源方案

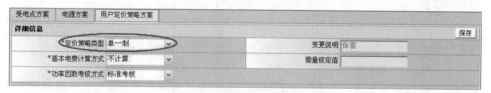

图 9-2-86 录入用户定价策略方案

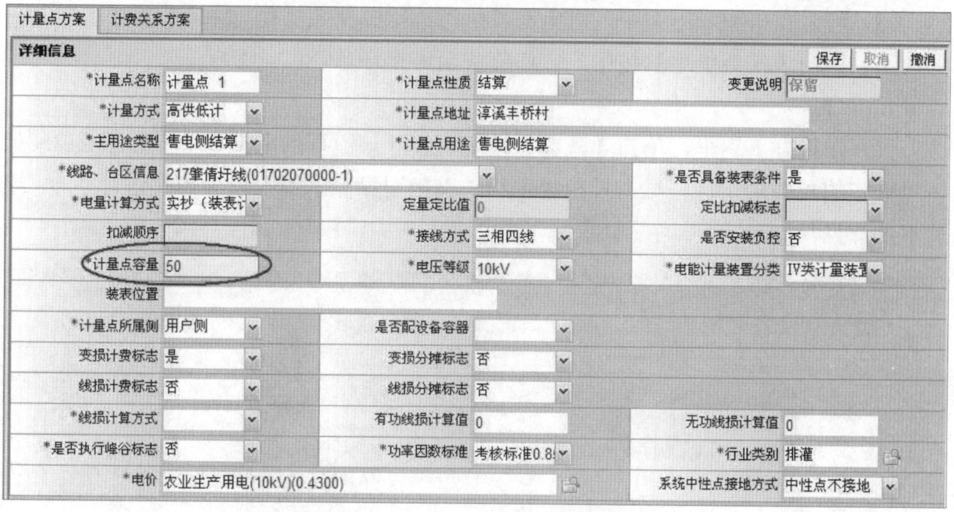

图 9-2-87 录入计量点方案

图 9-2-88　拆除电能表信息

注意：

（1）若该户有一个电源方案，则减少该电源方案的供电容量，使之符合减容后的容量；若该户有多个电源方案，则要确定减少那个电源方案的供电容量，使之符合减容后的容量。

（2）若该户原本是两部制，在减容后容量在 315kVA 以下，不足收取基本费，则需变两部制为单一制。

（3）修改计量点容量，使之符合减容后容量。

（4）若因减容原因，原表计不在适用，则需将原电能表方案撤销，重新新增电能表方案。

（5）同时在电能表方案中，对电能表执行拆除、新装操作。

（6）单击【任务传递】按钮，传递任务至审批环节。

4. 审批

（1）在待办事宜里，单击【减容】按钮，打开该流程的审批环节，见图 9-2-89。按照减容的相关规定，根据审批权限由相关部门对勘查意见及变更方案进行审批，签署审批意见。

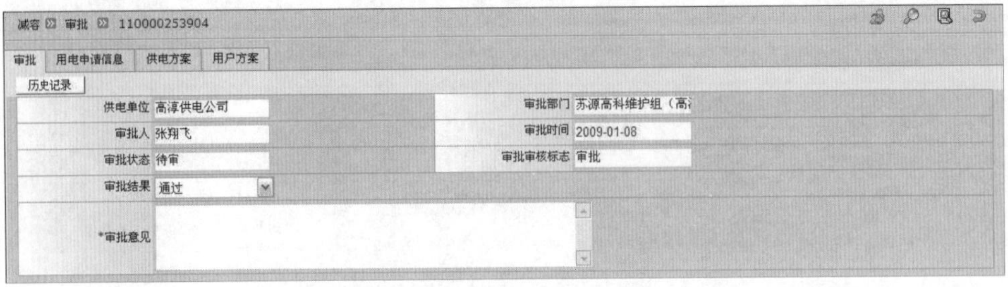

图 9-2-89　审批环节信息

（2）选择审批结果为通过（选择为不通过则退回现场勘察环节），输入审批意见。

（3）单击【任务传递】按钮，传递任务至答复供电方案环节。

5. 答复供电方案

（1）在待办事宜里，单击【减容】按钮，打开该流程的答复供电方案环节，根据审批确认后的供电方案，书面答复客户。

（2）单击【打印】按钮，打印供电方案答复单，输入供电方案答复信息，见图9-2-90。

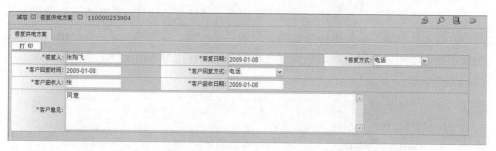

图9-2-90 输入供电方案答复信息

（3）单击【任务传递】按钮，传递任务至竣工报验环节及变更合同分支流程（若有工程则生成供电工程管理分支）。

6. 供电工程进度跟踪

（1）在待办事宜里，单击【减容】按钮，打开该流程的供电工程进度跟踪环节，见图9-2-91。

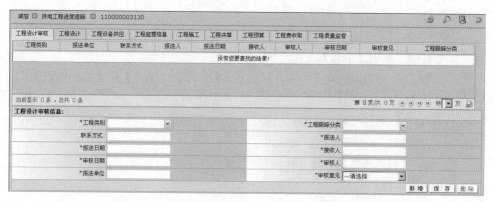

图9-2-91 供电工程进度跟踪环节信息

（2）输入并保存"供电工程设计结果信息""供电工程设计文件审核结果信息""供电工程监理信息""供电工程工程预算结果信息""供电工程工程费收取结果信息""供

电工程设备供应结果信息""供电工程施工结果信息""供电工程决算信息""供电工程
质量监督信息"。

（3）单击【任务传递】按钮，传递任务汇合至主流程的送电环节。

7. 变更合同

（1）合同起草。

1）在待办事宜里，单击【减容】按钮，打开该流程的合同起草环节，见图 9-2-92。
根据国家有关政策、法规变化，或者客户用电业务变更的信息，重新修订合同或者以
增加合同附件的形式进行供用电合同的变更。重新修订合同时，根据客户用电业务及
用电类别的不同，选择相应的供用电合同范本，并在此范本的基础上编制新的供用电
合同文本。

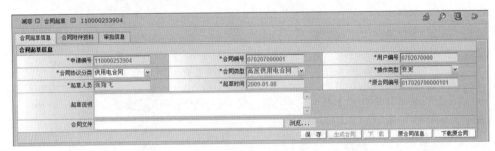

图 9-2-92　合同起草信息

增加合同附件时，根据客户用电业务信息及原签订的供用电合同条款，起草供用
电合同附件。

2）默认为原本合同类型，单击【保存】按钮，单击【生成合同】按钮。单击【生
成合同】按钮，单击【下载】按钮。

3）下载原合同至本地进行修改，修改完成后，单击【浏览】按钮，上传修改后的
合同，单击【保存】按钮。

4）如有合同附件资料，选择"合同附件资料"标签页，见图 9-2-93。选择相应
的合同附件资料，单击【保存】按钮。

5）单击【任务传递】按钮，传递任务至合同审核环节。

（2）合同审核。

1）在待办事宜里，单击【减容】按钮，打开该流程的合同审核环节，见图 9-2-94。
根据相应的权限，对提交的供用电合同或合同附件进行审核并签署审核意见。对审核
不通过的，退回合同起草环节。

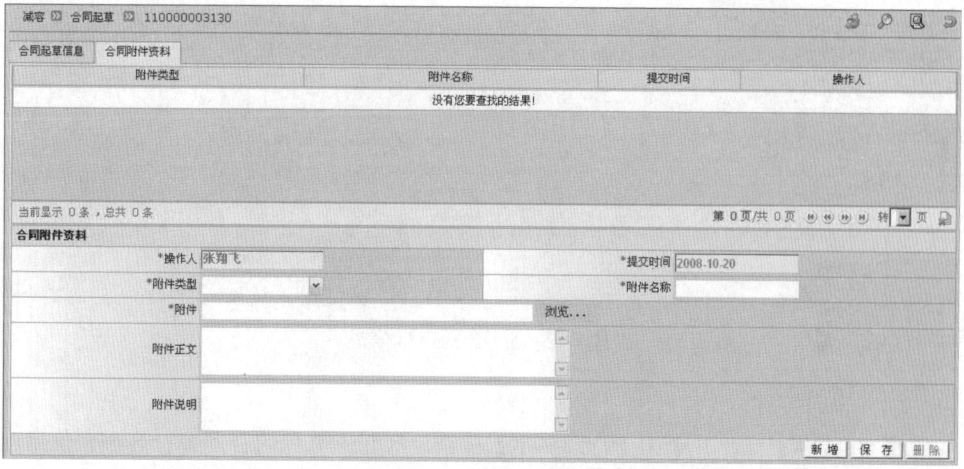

图 9-2-93 合同附件资料信息

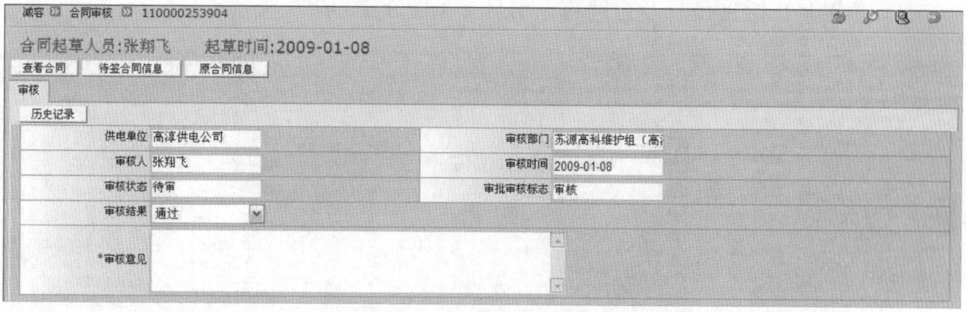

图 9-2-94 合同审核信息

2）单击【查看合同】按钮，查看待审合同，输入审核信息。

3）单击【任务传递】按钮，如果审核结果为"不通过"，退回到合同起草环节。如果审核结果为"通过"，传递任务至合同审批环节。

（3）合同审批。

1）在待办事宜里，单击【合同变更】按钮，打开该流程的合同审批环节，见图 9-2-95。

按照法律、法规及国家有关政策，对审核后的供用电合同或合同附件进行审批，签署审批意见。对审批不通过的，需退回合同审核环节。

2）单击【任务传递】按钮，如果审批结果为"不通过"，退回到合同起草环节。如果审批结果为"通过"，传递任务至合同签订环节。

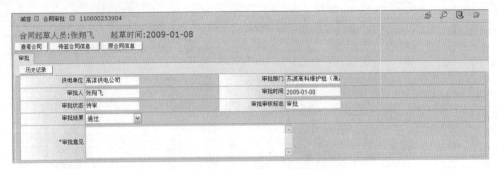

图 9-2-95　合同审批信息

（4）合同签订。

1）在待办事宜里，单击【合同变更】按钮，打开该流程的合同签订环节。供用电双方进行合同签订，并记录客户接收供用电合同或合同附件的日期，供用电双方的签字、签章日期。

2）输入客户接受信息及合同签订信息，见图 9-2-96。

图 9-2-96　合同签订信息

3）单击【任务传递】按钮，传递任务至合同归档环节。

（5）合同归档。

1）在待办事宜里，单击【合同变更】按钮，打开该流程的合同归档环节，见图 9-2-97。

将已生效的供用电合同文本、附件等资料及签订人的相关资料与客户档案资料合并存放。

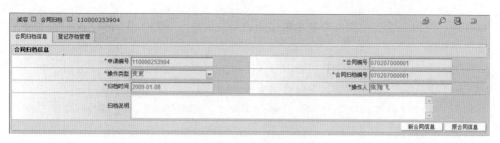

图 9-2-97 合同归档信息

2）打开"登记存档管理"标签页，见图 9-2-98。输入档案号等，输入存档信息，单击【保存】按钮。

图 9-2-98 输入存档信息

3）单击【任务传递】按钮，结束合同签订流程，传递任务汇合至主流程的送电环节。

8. 竣工报验

（1）在待办事宜里，单击【减容】按钮，打开该流程的竣工报验环节，见图 9-2-99。

图 9-2-99 竣工报验信息

接收客户的竣工验收申请，审核相关报送资料是否齐全有效，通知相关部门准备客户受电工程竣工验收工作。

（2）单击【打印登记表】按钮，打印受电工程竣工验收登记表。

（3）录入竣工报验信息（报验性质为竣工验收）。

（4）单击【任务传递】按钮，系统自动保存，传递任务至竣工验收环节。

9. 竣工验收

（1）在待办事宜里，单击【减容】按钮，打开该流程的竣工验收环节，见图9-2-100。按照国家和电力行业颁发的设计规程、运行规程、验收规范和各种防范措施等要求，根据客户提供的竣工报告和资料，及时组织相关部门对客户受电工程进行全面检查、验收。

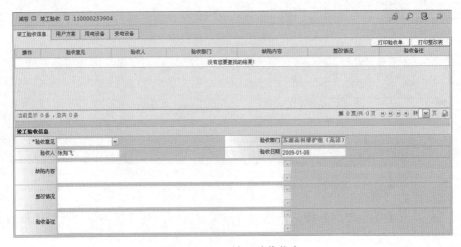

图9-2-100 竣工验收信息

（2）根据实际情况拆除或更换变压器，打开"用户方案"标签页，"受电设备信息"子标签页，选择原有变压器，单击【拆除】按钮，可以拆除原有变压器。单击【新增】按钮，弹出"受电设备信息"页面，见图9-2-101。输入受电设备信息，单击【保存】按钮。

注意：减容必须是整台或整组变压器（含不通过变压器的高压电动机）的停止或更换小容量变压器用电。

（3）输入竣工验收信息，若存在用电设备信息，则在"用电设备"标签页输入用电设备信息。

（4）单击【任务传递】按钮，传递任务至设备安装子流程中出库管理流程的配表（备表）环节。

图 9-2-101　受电设备信息

10. 换表

（1）配表（备表）。

1）在待办事宜里，单击【出库管理】按钮，打开该流程的配表（备表）环节，选定需要配表的计量点方案，打开配表方案信息，见图 9-2-102。根据工作单信息中的方案进行配表（或备表）。

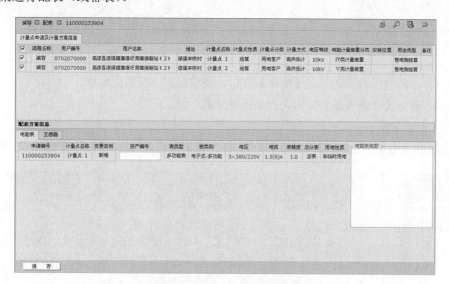

图 9-2-102　配表方案信息

2）输入资产编号，单击【保存】按钮。

注意：该处所配表的状态必须为合格在库。

3）单击【任务传递】按钮，传递任务至出库环节。

（2）出库。

1）在待办事宜里，单击【减容】按钮，打开该流程的出库环节。

2）选择"出库"任务，单击【待出库设备查询】按钮，自动加载信息到待出库设备中，见图 9-2-103。

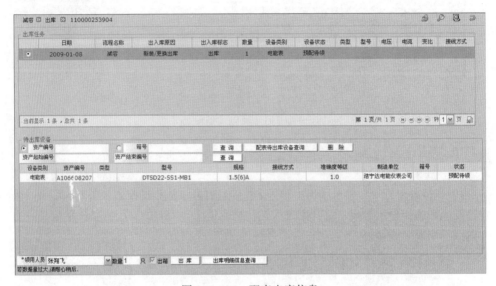

图 9-2-103　配表出库信息

3）选择领用人员，单击【出库】按钮，完成出库，打印出库单。

4）单击【任务传递】按钮，传递任务至装拆派工环节。

（3）安装派工。

1）在待办事宜里，单击【减容】按钮，打开该流程的装拆派工环节，见图 9-2-104。

图 9-2-104　装拆派工信息

2）选择需要派工的申请信息，在待派人员选择框选择相应人员，单击【派工】按钮，派工成功。单击【查询工作量】按钮，查询该处理人员的工作量。

3）单击【任务传递】按钮，传递任务至安装息录入环节。

（4）安装信息录入。

1）在待办事宜里，单击【减容】按钮，打开该流程的安装信息录入环节，现场安装工作结束，回到室内后将现场更换信息录入系统。

2）选择相应计量点方案记录，输入拆回表示数，保存示数，见图9-2-105。

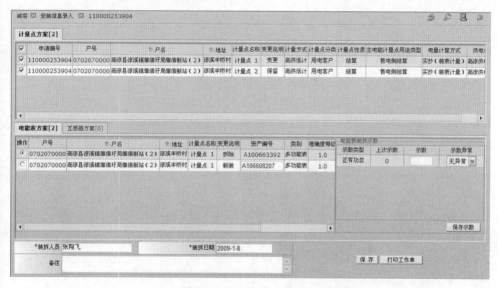

图 9-2-105 安装信息录入

注意：拆回表电量会算到减容归档之后对该户的抄表计划中。

3）选择电能表方案记录，输入装拆人员，装拆日期，单击【保存】按钮。

4）单击【任务传递】按钮，传递任务至拆回表计录入环节。

（5）拆回表计录入。

1）在待办事宜里，单击【减容】按钮，打开该流程的拆回表计录入环节，将拆回表计入库。

2）选择库房，单击【入库】按钮，见图9-2-106。

3）单击【任务传递】按钮，传递任务至送电环节。

11. 送电

（1）在待办事宜里，单击【减容】按钮，打开该流程的送电环节，见图9-2-107。

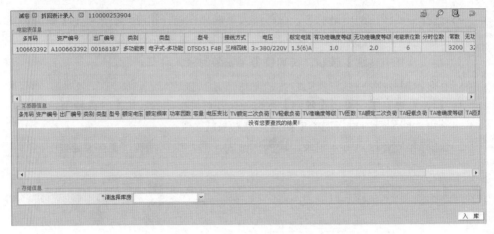

图 9-2-106 拆回表计录入

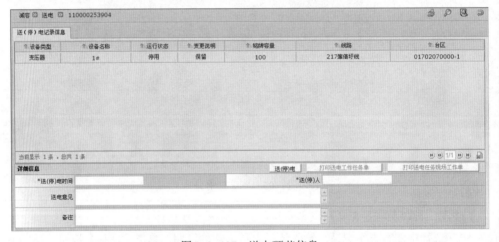

图 9-2-107 送电环节信息

（2）输入送电时间等，单击【保存】按钮，打印相关工单。

（3）单击【任务传递】按钮，传递任务至信息归档环节。

12. 信息归档

（1）在待办事宜里，单击【减容】按钮，打开该流程的信息归档环节，见图 9-2-108。

（2）单击【任务传递】按钮，传递任务至归档环节。

13. 归档

（1）在待办事宜里，单击【减容】按钮，打开该流程的信息归档环节，见图 9-2-109。
收集、整理、并核对客户变更资料，完成资料归档。

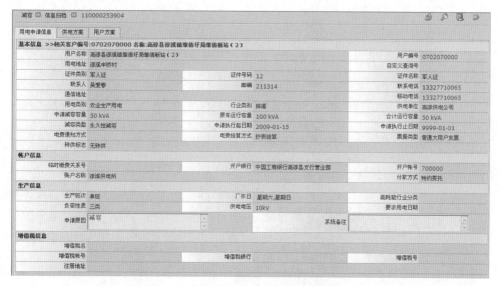

图 9-2-108　信息归档

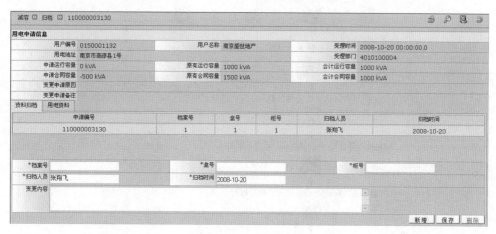

图 9-2-109　资料归档

（2）输入档案信息，单击【保存】按钮，存档成功。

（3）单击【任务传递】按钮，结束减容流程。

四、销户

本流程适用于因客户拆迁、停产、破产等原因申请停止全部用电容量的使用，和供电部门终止供用电关系。

销户业务流程图，见图 9-2-110。

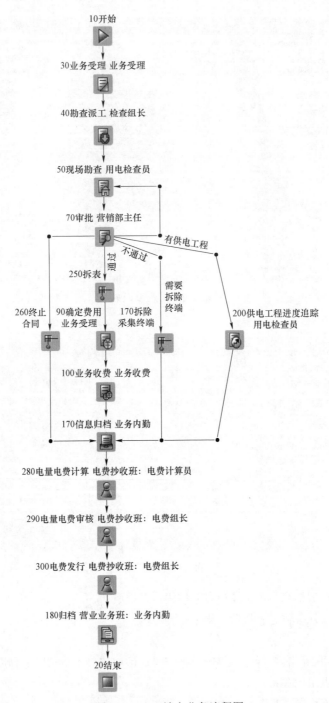

图 9-2-110 销户业务流程图

1. 业务受理

（1）在待办事宜中，单击【任务发起】按钮，弹出"任务发起"窗口，见图9-2-111。单击销户流程的【发起】按钮，发起销户流程。

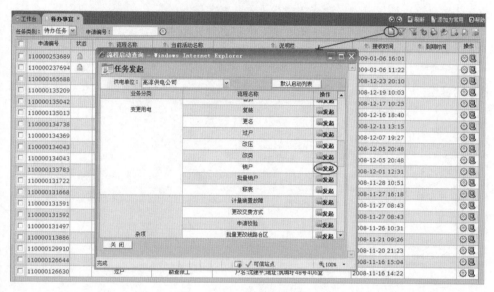

图9-2-111 发起销户业务

（2）进入业务受理页面，输入需要销户用户的用户编号，敲击回车，自动加载用户信息。

（3）若不知道户号，单击用户编号旁边的【查询】按钮，弹出"客户档案信息"窗口。根据条件查询出用户，选择查询出的用户，单击【确定】按钮，系统返回业务受理页面，加载该客户的信息。

（4）输入申请原因，单击【保存】按钮，保存用户申请信息。

（5）单击【任务传递】按钮，传递任务至勘查派工环节。

2. 勘查派工

（1）在待办事宜里，单击销户流程的【执行本任务】按钮，打开该流程的勘查派工环节。

（2）选择需要派工的申请信息，在待派人员选择框选择相应人员，单击【派工】按钮，派工成功。单击【查询工作量】按钮，查询该处理人员的工作量。

（3）单击【任务传递】按钮，传递任务至现场勘察环节。

3. 现场勘察

（1）在待办事宜里，单击【销户】按钮，打开该流程的现场勘察环节。按照现场任务分配情况进行现场勘查,检查计量装置等设备的完好情况,记录现场勘查的意见和结果,并提出初步勘查意见。

(2)在"现场勘查"标签页单击【用电变更勘查工作单】按钮,打印用电变更勘查工作单,进行现场勘察,勘查完成后录入勘查意见。

(3)如果有工程,则在"供电方案"标签页,见图 9-2-112。输入相应供电方案信息,单击【保存】按钮,保存供电方案信息。

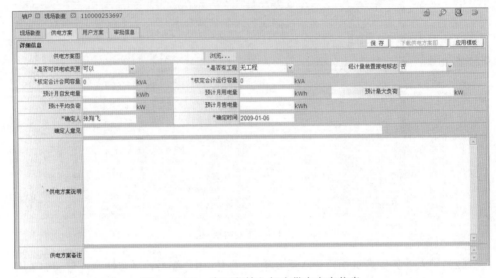

图 9-2-112 有工程输入相应供电方案信息

注意:如果销户有外部工程则在是否有工程处选择有外部工程,则会在审批环节后激活供电工程分支。居民销户选择无工程,无供电方案说明。

在"用电方案"标签页。核查该户受电点、计量点、电能表等信息。

注意:若是高压户存在负控,则会在审批环节后激活拆除采集终端分支。

(4)单击【任务传递】按钮,传递任务至审批环节。

4. 审批

(1)在待办事宜里,单击【销户】按钮,打开该流程的审批环节,见图 9-2-113。按照销户的相关规定,根据审批权限由相关部门对勘查意见及变更方案进行审批,签署审批意见。

(2)选择审批结果为通过(选择为不通过则退回现场勘察环节),输入审批意见。

(3)单击【任务传递】按钮,传递任务至电表拆除流程及合同管理分支。

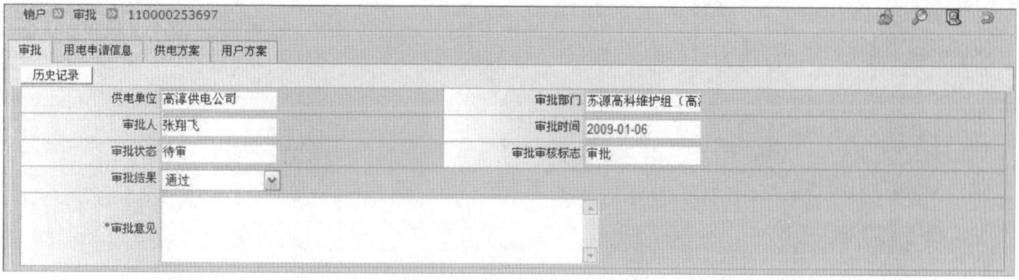

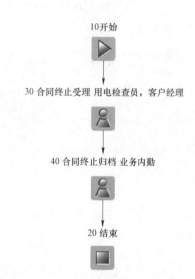

图 9-2-113　审批信息

注意：若有工程则生成供电工程管理分支；
若需拆除负控则生成拆除采集终端分支。

5. 拆除采集终端

如果需要拆除采集终端，则引用电能信息采
集业务类的"运行管理"业务项"终端拆除"业
务子项。

6. 终止合同

终止合同业务子流程图，见图 9-2-114。

（1）合同终止受理。

1）在待办事宜里，单击【合同终止】按钮，
打开该流程的合同终止受理环节，见图 9-2-115。

2）在终止原因输入框输入合同终止原因。

3）单击【任务传递】按钮，传递任务至合同
终止归档环节。

图 9-2-114　终止合同业务子流程图

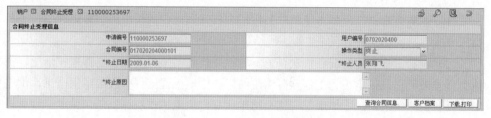

图 9-2-115　合同终止受理环节

（2）合同终止归档。

1）在待办事宜里，单击【合同终止】按钮，打开该流程的合同终止归档环节，见
图 9-2-116。

图 9-2-116　合同终止归档

2）打开"登记存档管理"标签页，见图 9-2-117。输入档案号等存档信息，单击【保存】按钮。

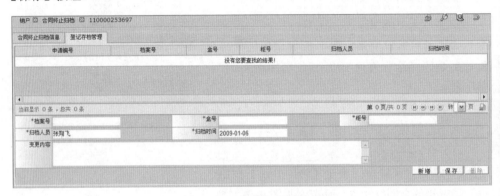

图 9-2-117　登记存档管理

3）单击【任务传递】按钮，结束合同终止流程，传递任务汇合至主流程的信息归档环节。

7. 供电工程管理

（1）在待办事宜里，单击【销户】按钮，打开该流程的供电工程管理环节，少数高压专线客户的销户会有供电工程。

（2）根据工程进度情况，依次登记工程设计信息，工程的设计文件审核情况，供电工程监理信息，供电工程工程预算结果信息，供电工程工程费收取结果信息，供电工程设备供应结果信息，供电工程施工结果信息，供电工程决算信息，供电工程质量监督信息。单击相应标签页中的【新增】按钮，新增相应信息。

（3）单击【任务传递】按钮，传递任务汇合至主流程的信息归档环节。

8. 拆表

（1）拆除派工。

1）在待办事宜里，单击【电表拆除】按钮，打开该流程的拆除派工环节，派工人员根据本部门现场工作人员现有的工作情况合理安排工作人员到现场执行拆除任务。

2）在待派人员选择框选择相应人员，单击【派工】按钮，派工成功。单击【查询工作量】按钮，查询该处理人员的工作量。

3）单击【任务传递】按钮，传递任务至拆除信息录入环节。

（2）拆除信息录入。

1）在待办事宜里，单击【电表拆除】按钮，打开该流程的拆除信息录入环节。现场拆除工作结束，回到室内后将现场拆除信息录入系统。

2）在"计量点方案"标签页，选择计量点信息，打开电能表及互感器方案，选择电能表，录入拆除表示数，单击【保存示数】按钮。输入装拆人员，装拆日期，单击【保存】按钮，保存电能表方案。

注意：拆回表计示数要按实际情况录入，若因上次估抄导致录入示数小于上次示数，系统会电费计算后退费给用户。

3）单击【任务传递】按钮，结束电能表拆除流程，传递任务至拆回设备退库环节。

（3）拆回设备录入。

1）在待办事宜里，单击【销户】按钮，打开该流程的拆回设备退库环节，将拆回计量设备退回到库房。

2）选择存储信息，单击【入库】按钮，完成入库。

注意：入库后，表计状态由拆回待退变为待分拣状态。

3）单击【任务传递】按钮，结束电能表拆除流程，传递任务至确定费用环节。

9. 确定费用

（1）在待办事宜里，单击【销户】按钮，打开该流程的确定费用环节。

注意：正常销户无需收取业务费用，装表临时用电需要退还临时用电定金另外发起业务费退费流程。

（2）单击【任务传递】按钮，传递任务至业务收费环节。

10. 业务收费

（1）在待办事宜里，单击【销户】按钮，打开该流程的业务收费环节。

注意：正常销户无需收取业务费用，装表临时用电需要退还临时用电定金另外发起业务费退费流程。

（2）单击【任务传递】按钮，传递任务至设计文件审核环节。

11. 信息归档

（1）在待办事宜里，单击【销户】按钮，打开该流程的信息归档环节。核对客户待归档资料，审核通过后注销客户档案。

注意：最后确认档案无误后，进行信息归档。若有在途抄表计划则不允许传递，直到该户在途电费发行完毕后方可传递。

（2）单击【任务传递】按钮，传递任务至电量电费计算环节。

12. 电量电费计算

（1）在待办事宜里，单击【销户】按钮，打开该流程的电量电费计算环节，见图 9-2-118。

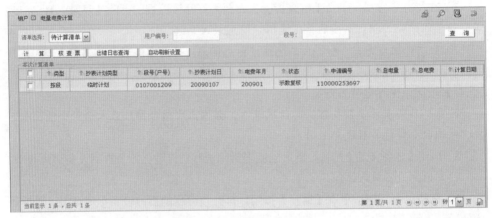

图 9-2-118　电量电费计算环节

（2）选中需要计算的用户，单击【计算】按钮，计算完成后，切换到已计算清单。单击【核查票】按钮进行票据核查。

注意：在计算时若提示本次计算错误清单，请勿传递，根据错误提示，检查相应方面原因，知道计算出电费方可传递。

（3）单击【任务传递】按钮，传递任务至电费审核环节。

13. 电费审核

（1）在待办事宜里，单击【销户】按钮，打开该流程的电费审核环节。

（2）确认电费无误后，选中待审核的用户，单击【审核】按钮，弹出窗口中输入审核意见。

注意：若因拆回表示数错录问题，则在弹出窗口中，审核结果选择错误，发起电费异常工单，进行重新抄表计算处理，电费异常工单详见电费分册。

（3）单击【任务传递】按钮，传递任务至电费发行环节。

14. 电费发行

（1）在待办事宜里，单击【销户】按钮，打开该流程的归档环节。

（2）选择待发行的用户，单击【发行】按钮，进行电费发行。

（3）单击【按日发行汇总】按钮，可以按发行员查看当天发行的情况。

（4）单击【任务传递】按钮，传递任务至归档环节。

15. 归档

（1）在待办事宜里，单击【销户】按钮，打开该流程的归档环节。审核后，收集并整理报装资料，完成资料归档。

（2）输入档案信息，单击【保存】按钮，存档成功。

注意： 若该户电费发行后电费未结清，则不允许归档，待用户交清电费，方可归档。

（3）单击【任务传递】按钮，结束销户流程。

【思考与练习】

1. 模拟新装增容业务练习？

2. 模拟减容业务练习？

3. 模拟销户业务练习。

第四部分

客户信息管理

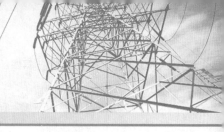

第十章

客户档案信息收集与整理

▲ 模块1　客户档案的建立（Z21H1001Ⅱ）

【模块描述】本模块包含建立健全业务档案的目的与意义、客户档案的编号规则、客户档案包含的内容、档案袋（盒）的建立与填写；通过知识讲解，了解客户档案的编码规则，正确建立客户档案。

【模块内容】

随着电力体制改革和市场化经营模式转变的不断深入，电力企业成为自主经营、自负盈亏、自我约束、自我发展的法人实体。电力客户成为电力企业创造效益的主要来源，积极开拓和维系已有电力市场、赢得客户是电力企业生存和发展的首要条件。

一、客户档案建立的目的和意义

收集和整理生产经营活动中发生的与客户相关的各种记录、资料，建立健全客户档案，并妥善保管，是尊重客户关系，规范经营行为的基本要求，是营销基础工作管理的重要内容。

客户档案以它特有的原始记录性，真实记录了供电服务的全过程。档案不但具有信息的普遍性，而且又以其内容的广泛性、原始性、权威性而具有特殊的价值。一方面，通过对客户档案资料的研究和分析，可以了解客户的发展和需求状况，更好地完善供电服务内容，为客户提供个性化、差异化服务，往往能在提高客户满意度的同时，从中发现潜在客户的价值。另一方面，客户档案的原始性和权威性，能有效约束双方遵守市场经济规律，是解决供用电纠纷和矛盾的重要历史依据。因此，建立健全客户档案，对提升企业管理水平，提高供电服务质量，促进供用电双方规范经营，增强企业竞争力具有极其重要的意义。

二、客户档案号的编制原则

根据中华人民共和国行业标准《档号编制原则》（DA/T 13—1994）的规定，结合电力系统客户管理的特点，在编制客户档案号时应遵循以下原则：

（1）唯一性原则。

（2）合理性原则。

（3）稳定性原则。

（4）扩充性原则。

（5）简单性原则。

为查找档案方便，在档案归档时一般先对客户进行分类。分类方式有按电压等级、用电类别或供电台区等，如某公司将客户档案分为三类：即高压客户、低压居民客户、低压非居民客户。档案编号一般是将编号规则编进营销信息系统程序，由计算机自动生成，纸质档号、电子档案号和客户缴费号一致；有的纸质档号单独手工编制，号码包含了供电营业区域、客户分类、归档时间及顺序编号等。但同一个供电区域必须按照统一的编号规则进行编号。

示例：某地区供电公司将所辖下属供电单位分别用 01、02、03、…标识，所辖电力客户按供电电压等级分为高压、低压和单户居民三类，分别用拼音字母"G""D""J"表示，三类客户又分别以第一次申请用电的归档时间顺序编写流水号。档案号结构模式，见图 10-1-1。

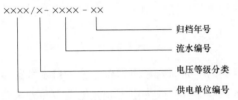

图 10-1-1 档案号结构模式

如 1001/G-00301-08 表示：代码为 1001 的供电单位 2008 年归档的高压第 301 号客户档案。

三、客户档案包含的内容

客户资料收集、整理，按照"谁办理，谁提供，谁负责"的原则，业务办理人员负责收集整理客户资料，包括高（低）压、居民用电客户业扩报装，变更用电等资料。

客户档案的归档资料应包含客户从申请用电开始到业务办理、验收送电和用电过程中的各种变更、增容直至销户所提供的各种申请资料、填写的各种表单、工作记录、审批意见、证明材料、设计图纸、协议、合同等的所有与业务办理相关的原始资料。档案资料一般包括：

1. 低压居民客户

（1）"用电申请表"。

（2）居民客户有效身份证明复印件。

（3）经办人有效身份证明复印件（注：非户主本人办理必须有）。

（4）房产证明复印件。

（5）用电设备明细表（含空调设备负荷清单）。

（6）《供电方案答复单》。

（7）《业务缴费通知单》（注：有收费的客户应有）。

（8）《供用电合同》及其附件。

（9）《装拆表工作单》。

（10）其他需要存档的资料。

2. 低压非居民客户

（1）《用电申请表》。

（2）法人代表有效身份证明复印件、居民客户有效身份证明复印件。

（3）经办人有效身份证明复印件和法人委托书原件（注：非法人代表或户主本人办理必须有）。

（4）用电人主体资格证明材料（企业法人营业执照、个体工商户营业执照、事业单位法人证书、社会团体法人证书等）复印件。

（5）土地和房产证明材料复印件（土地预审批文、房屋产权证、土地证等），用电主体为承租人的，还应提供房产租赁合同（注：非临时用电客户必须有）。

（6）用电设备明细表（含空调设备负荷清单）。

（7）《供电方案答复单》。

（8）《业务缴费通知单》。

（9）接入工程项目管理委托协议（主业与客户）、接入工程项目承接单位选择确认书、接入工程大宗物资供货单位选择确认书。

（10）接入工程施工（监理）合同。

（11）接入工程开工报告、接入工程设计文件审核申请书、接入工程设计文件审核意见单。

（12）承装（修、试）电力设施许可证复印件、建筑企业资质证书、安全生产许可证。

（13）受电工程中间检查、竣工验收登记表，中间检查、竣工验收结果通知单（低压客户有隐蔽工程的必须有）。

（14）竣工报验资料。

（15）供用电合同及其附件。

（16）电力负荷管理装置安装竣工单（注：收负控费的客户必须有）。

（17）《装拆表工作单》。

（18）其他需要客户签字确认的资料。

3. 高压客户

（1）《用电申请表》。

（2）法人代表有效身份证明复印件、居民客户有效身份证明复印件。

（3）经办人有效身份证明复印件和法人委托书原件（注：非法人代表和户主本人

办理必须有）。

（4）用电人主体资格证明材料复印件（注：企业法人营业执照、个体工商户营业执照、事业单位法人证书、社会团体法人证书等）。

（5）政府投资主管部门批复文件复印件（注：项目批准书、核准书或备案书。对高耗能等特殊行业客户，还需提供环境评估报告、土地预审批文、节能评估等）。

（6）土地和房产证明材料复印件（注：土地预审批文、房屋产权证、土地证等）用电主体为承租人的还应提供房产租赁合同（注：临时用电视情况而定，非临时用电客户必须有）。

（7）《用户用电设备清单》。

（8）各省网电力用户重要性等级申报表（电力用户负荷性质确认书）（注：重要客户必须要）。

（9）《供电方案答复单》。

（10）《业务缴费通知单》。

（11）接入工程项目管理委托协议（主业与客户）、接入工程项目承接单位选择确认书、接入工程大宗物资供货单位选择确认书。

（12）接入工程施工（监理）合同。

（13）接入工程开工报告、接入工程设计文件审核申请书、接入工程设计文件审核意见单。

（14）接入工程验收申请书、接入工程验收意见单。

（15）《受电工程图纸审核登记表》。

（16）《受电工程设计审核结果通知单》。

（17）修改合格的图纸、设备清册一套。

（18）承装（修、试）电力设施许可证复印件、建筑企业资质证书、安全生产许可证。

（19）设计资质证书复印件。

（20）《受电工程中间检查登记表》。

（21）《受电工程中间检查结果通知单》。

（22）《受电工程竣工验收登记表》。

（23）《受电工程竣工验收单》。

（24）竣工报验资料。

（25）电力负荷管理装置安装竣工单。

（26）《装拆表工作单》。

（27）供用电合同及其附件。

（28）其他需要客户签字确认的资料。

在归档时视具体情况确定归档内容。

客户档案管理要求，按照"标准化管理"要求，统一客户档案管理标准和管理流程，统一客户档案类型，统一客户档案室建设，对客户档案实行标准化和制度化管理。按照"分级化管理"要求，省、市、县供电企业按照营销业务管理范围对客户档案实行分级管理；市、县供电企业按照营销业务分级对业务办理过程中形成的客户档案资料建档管理。按照"信息化管理"要求，依托营销业务系统，客户档案管理应用系统，实现纸质档案与电子档案的同步流转和全过程管理，充分发挥电子档案管理高效、便捷优势；按照国家有关法律法规和规范标准要求，采取有效技术手段和管理措施确保电子档案信息安全。

四、客户用电纸质档案存档注意事项

1. 用电纸质档案存档内容

客户用电业务环节所需存档资料主要如下。

（1）在业务受理环节，针对 10kV 及以上业扩项目，采集并审核非居民用电申请表、法人身份证明、房屋产权证明（含租赁关系的合同文本）、用电主体资格证明、用电地块图、项目批复文件、受电工程信息公开确认书、用电负荷设备清单以及重要性等级等材料，利用专用拍照设备上传电子化档案至系统。针对 380（220）V 低压非居民及 16kW 以上低压居民业扩项目，采集并审核非居民用电申请表、房屋产权证明、用电人主体资格证明材料、用电地块图等资料，同时将资料上传系统。针对 16kW 及以下零散低压居民项目，采集并审核用电申请书、房屋产权证明文件（含租赁关系的合同文本）、房屋产权人身份证等信息，同时将资料上传至系统。客户受理员须核对客户提供相关资料的原件与复印件，原件核对后退还，同时在复印件中加盖所在单位公章和"经核查与原件一致"字样印章，并经客户受理员签字确认。如客户暂时不能提供全部材料，可在收到客户用电主体资格证明并签署"承诺书"后正式受理用电申请，同时将"承诺书"一并上传至系统。在竣工报验前，确保所有业务资料齐全，并将后补齐资料及时上传至系统。

（2）在供电方案答复环节，将供电方案答复单、客户回访单及高压客户用电设备清单存档，同步上传至系统；380（220）V 低压非居民及 16kW 以上低压居民业扩，将供电方案答复单及客户用电设备清单存档，同步上传至系统。

（3）在合同签订环节，供用电合同签订后存档并上传至系统。

（4）在确定费用环节，业扩缴费通知单存档并上传至系统。

（5）在业扩接入工程管理环节，仅针对 10kV 及以上高压业扩项目，包含接入工程项目管理委托协议（主业与客户）、接入工程项目承接单位选择确认书、接入工程大宗物资供货单位选择确认书、接入工程施工（监理）合同、接入工程开工报告、接入工程设计文件审核申请书、接入工程设计文件审核意见单、接入工程验收申请书、接入工程验收意见单。

（6）在受电工程图纸设计受理环节，仅针对 10kV 及以上高压业扩项目，将设计申请单、图纸设计审查单和一次主接线示意图同步上传至系统。

（7）在受电工程中间检查和竣工报验受理环节，客户受理员在完成中间检查和竣工报验受理时，将受理信息同步上传至系统。在竣工报验前，需将业务受理时暂不能提供的申请资料收齐并上传至系统。

（8）在中间检查和竣工验收环节，客户经理负责答复并审核 10kV 及以上高压客户中间检查和竣工验收意见，并将中间检查和竣工验收意见单上传至系统；用电检查员负责答复并审核 380（220）V 低压非居民及 16kW 以上低压居民客户竣工验收意见，并将竣工验收意见单上传至系统。

（9）在装表环节，由装接人员负责。装接人员在完成现场计量装置及上传终端安装时，将客户回访单、计量装置和终端装拆信息同步上传至系统。

（10）在资料归档环节，由客户受理员负责，客户受理员按照归档资料目录，认真审核业扩归档资料清单，并确保纸质资料与系统内电子化档案一致。客户受理员在系统内完成业务归档后，两个星期内完成高压客户纸质档案资料上架，一个星期内完成低压客户纸质档案资料上架。同时请客户受理员督促未按档案管理要求的业务人员及时完善纸质资料及电子化档案，并提出考核意见。

（11）变更用电及其他业务参照以上业扩流程环节要求，由各环节相应岗位人员负责本环节的档案资料的采集工作。

所需资料清单见表 10-1-1、表 10-1-2。

表 10-1-1　　　　　　　16kW 以上低压居民业扩工程归档资料清单

类别	名　称	是否必需	搜集后是否需要电子化	备　注
业务受理	用电申请表	√	√	
	法人代表有效身份证明复印件	√	√	
	经办人有效身份证明复印件和法人委托书原件	△	√	非法人代表或户主本人办理必须有
	用电人主体资格证明材料（企业法人营业执照、个体工商户营业执照、税务登记证复印件、事业单位法人证书、社会团体法人证书等）复印件	△	√	

续表

类别	名　称	是否必需	搜集后是否需要电子化	备　注
业务受理	新（扩）建项目批准书	△	√	
	房屋产权证明文件（含租赁关系的合同文本）	△	√	对临时用电、路灯、小功率用电设备、信号基站、农业季节性用电客户视情况而定，非临时用电客户必须有
	用电设备明细表（含空调设备负荷清单）	√	√	
	承诺书	△	√	
供电方案答复	供电方案答复单	√	√	
	非居民客户用电设备明细表	√	√	需上传查勘确定的明细表
业务收费	业务缴费通知单	√	√	有收费的客户应有
合同签订	供用电合同	√	△	
竣工报验	客户电气安装竣工验收申请表	√	√	客户受理员需核对业务资料齐全
	客户需补齐的其他资料	△	√	
竣工验收	客户受电工程竣工验收意见单	√	√	
装表接电	电能计量装置装拆工单	√	√	终端装拆信息仅针对安装负控或迁移负控用户
	负控管理装置验收单	△	√	
	客户回访单	√	√	

注　√必需存档；△视客户具体情况存档。

表 10-1-2　　16kW 及以下零散低压居民业扩工程归档资料清单

类别	名　称	是否必需	搜集后是否需要电子化	备　注
业务受理	用电申请表	√	√	
	法人代表有效身份证明复印件	√	√	
	经办人有效身份证明复印件和法人委托书原件	△	√	非法人代表或户主本人办理必须有
	房屋产权证明文件（含租赁关系的合同文本）	√	√	
	承诺书	△	√	
合同签订	供用电合同	√	△	
装表接电	电能计量装置装拆工单	√	√	
	客户回访单	√	√	

注　√必需存档；△视客户具体情况存档。

2. 档案内无纸质供用电合同的客户，需补签供用电合同

（1）档案有相关产权证明材料（无户名变更业务）的，以存档产权证明材料主体（法人）重新补签供用电合同。档案无相关产权证明材料（无户名变更业务）的，以营销系统内现户名主体（法人）重新补签供用电合同。

（2）有户名变更业务传票或纸质传票存档的客户。以最后一次变更业务的户名主体（法人）核对现存档纸质供用电合同文本、电子供用电合同文本，要求二者与营销系统基础信息三者一致，统一户名信息，并对供用电合同文本中的容量、设备、供电方式、计量方式、用电计量装置主要参数（特别是互感器变比）、电价、功率因数调整电费标准、产权分界信息等进行逐一核对，确保与现场情况一致。

（3）供用电合同核对整改完成后，应将营销系统基础信息中与供用电合同对应的字段按照供用电合同签订文本信息进行调整一致，确保供用电合同与系统一致。同步上传对应的电子供用电合同，最后一页需包含用户印鉴或签名、签订时间的照片（可单独上传）。纸质档案有差异的也要同步调整纸质档案。

3. 档案内有纸质供用电合同（无户名变更业务）的客户

（1）有产权证明材料存档的客户，将供用电合同内容与档案产权证明材料、营销系统基础信息、电子供用电合同信息进行一致性核对和现场客户验证，要求以存档的产权证明材料为依据统一户名（实名制）。

（2）无产权证明材料存档的客户，将供用电合同内容与营销系统基础信息、电子供用电合同信息进行一致性核对和现场客户验证，要求以营销系统基础信息中现户名统一实名。

4. 工作要求

（1）所有签订纸质合同文本均要转营业厅存档，营业厅按一户一档的要求存入客户档案袋，为电子化档案上线做好准备。

（2）核对过程中的工作质量要求细致、准确、完整，一次整改到位，满足供用电合同管理要求。

（3）居民供用电合同应按照各省（直辖市、自治区）工商部门备案的格式文本签订。所有实名制认证居民客户均需同步签订居民供用电合同，并通过移动作业终端等设备将合同中用户印鉴或签名页拍照，上传营销系统。居民客户电子化合同录入率与实名制认证率应保持一致。

（4）新增业扩客户均要加强供用电合同签订规范性管理。纸质供用电合同与产权材料、营销系统基础信息、电子供用电合同三者信息一致和实名，增加留存供用电合同主体（法人）的联系电话存档（纸质留存在身份证复印件上，系统内录入到对应字段）。以后每年要对客户档案的供用电合同、档案信息按本次专业划分要求进行普查核

对，形成常态化机制。

（5）逐步试点实施基于网络的合同签订方式，提高供用电合同的签订效率和便利性。即客户通过电子签名、身份证件、银行卡等身份信息认证方式，通过网络确认供用电合同内容并留存电子凭据。

五、档案袋（盒）的建立

1. 档案资料的整理与装订

（1）归档资料应齐全完整。已破损的档案应予修整，字迹模糊或易退变的资料应予以复印，复印件与原件放在一起，连续编号并注明"复件"。归档资料原则上以 A4 纸张大小为整理尺寸，技术图纸以技术图纸资料袋尺寸整理。

（2）归档的资料应以户（袋）为单位进行装订，按目录顺序编制页码。装订时应能满足客户档案不断增加或拆分（每次发生变更用电或用电参数变更均应将相关资料归入原户档案）的需要。根据档案管理的要求，归档资料装订不能用易生锈的订书针或铁夹子等，宜采用"打孔"后用塑料螺钉或塑料夹子的方式装订。对于设计单位提供的成套技术蓝图，宜按技术图纸要求进行整理，一般随设计单位图纸技术资料袋归入档案盒保存，不再编制页码，也无需装订。对于一户档案分多个档案袋保存的，每个档案袋单独装订。

2. 档案袋（盒）目录的建立

像所有的书本都有目录一样，客户档案也应建立目录，便于查阅和检索。客户档案目录以档案袋或档案盒为单位建立。目录标注的是档案袋或档案盒内所存客户档案表单或记录资料的名称。低压客户档案内容较少的，目录可以建在档案袋或装订封面上。高压客户和档案内容较多的低压客户档案目录，宜单独设目录纸，目录内容一般应包括：序号、内容、页码、归档人、归档时间、备注等。目录纸作为档案首页随档案一起装订。对内存有多个客户档案的档案盒（低压及居民客户），其目录记录的是盒内所存档案的客户明细，内容一般应包括：序号、户名、档号、归档人、归档时间、备注等。

3. 档案袋（盒）的建立

客户档案归档应遵循"一户一档"的原则。根据客户类型和归档资料的多少，可以将一户档案分装在一个或多个档案袋（档案盒）内，放在档案室存档。一般情况下，低压客户按"一户一袋"原则进行建档（为便于档案查找，目前档案袋大多用左、上两侧开口的半截文件封套代替），档案袋（封套）可以直接归档，也可以将多个档案袋组成一个档案盒存档。高压客户档案按"一户一盒"原则建档，内容较多时，可以将基础档案、合同档案、图纸档案等内容分放在多个档案袋内，分一个或多个档案盒保管，每袋（盒）分别在档案号后用"–1""–2""–3"区别。图纸档案作为客户档案的一部分,宜与客户档案一起保管。

　　档案袋外形尺寸可根据内存档案尺寸大小确定,以 A4 为例,尺寸一般为长为 220mm,宽为 305mm,厚度可为 5mm、10mm,封面可注明客户名称、用电地址、纸质档号、供电台区号、档案目录(可选);技术图纸资料袋尺寸要大一些,一般长为 340mm,宽为 225mm,厚度可为 20、30mm(见图 10-1-2)。档案封套外形尺寸以实际档案大小的 2/3 为宜,封面内容与档案袋封面内容相同(见图 10-1-3、图 10-1-4)。档案盒外形尺寸长为 310mm、宽为 220mm,厚度可为 30、40mm。一般高压客户和低压客户档案盒封面不同,高压客户档案盒封面内容一般包括客户名称、用电地址、纸质档号、供电线路(变电站),背面为"档案资料异动记录",脊印"户名、纸档号、供电线路、归档年月"(参见图 10-1-5、图 10-1-6);低压客户档案盒封面内容一般为内存客户明细,脊印"档案号(×××××—×××××)、归档时间等"。

　　各种档案袋大小尺寸可以根据图纸尺寸确定。见图 10-1-2。

图 10-1-2　技术图纸档案袋

　　各种档案封套大小尺寸可以根据图纸尺寸确定。见图 10-1-3、图 10-1-4。

图 10-1-3　档案封套正面

图 10-1-4　档案封套背面

　　各种档案盒大小尺寸可以根据图纸尺寸确定。见图 10-1-5～图 10-1-8。

图 10-1-5　档案盒正面

图 10-1-6　档案盒背面

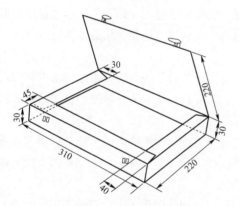

图 10-1-7　档案盒立面图

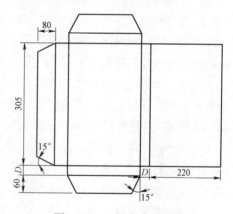

图 10-1-8　档案盒展开图

【思考与练习】

1. 建立客户档案的意义？

2. 客户档案号的编制应遵循哪些原则？

3. 高压客户归档应包括哪些内容？

▲ 模块 2　供用电合同档案的建立（Z21H1002Ⅱ）

【模块描述】本模块包含供用电合同档案的建立、供用电合同档案的保管；通过知识讲解，熟练掌握建立、保管和快捷检索供用电合同档案。

【模块内容】

《供用电合同》是我国十大类经济合同之一。它是确立电力供应与使用关系，明确供用双方权利义务的法律文书。合同一旦签订，供用双方的供用电行为都将受到合同的约束，其合法权益受到法律保护。因此，加强对已签订供用电合同的档案管理，对供用双方来说都是至关重要的。

一、供用电合同的定义

供用电合同是供电人向用电人供电，用电人支付电费的合同。通常，供用电合同是以用电人提出用电申请为要约，供电人批准用电申请为承诺而订立的。供用电合同标的是一种特殊的商品——"电"，由于其具有客观物质性并能为人们所用，因而属于民法上"物"的一种。供电人将自己所有的电力供应给用电人使用，用电人支付一定数额的价款，双方当事人之间实际上是一种买卖关系，因此供用电合同可以看做是一种特殊的买卖合同。

二、供用电合同管理的重要性

随着市场经济的逐步完善，公民的法制观念逐步增强，与此同时，广大客户对电力服务和电能质量提出了更高的要求，供用电合同管理的重要性和必要性日益突出。因此，供电企业要强化合同意识，规范合同管理。

首先，供用电合同管理是维护供电企业自身合法权益的需要。通过供用电合同的履行和管理，使供电企业正确行使自己的权利，履行自己的义务，维护自己的合法权益，避免因违法违规经营导致民事赔偿、行政处理。

其次，供用电合同管理是供电企业诚信经营、优质服务的需要。通过供用电合同的签订和履行，提升电力企业的信誉度，不断提高企业营销管理水平，规范企业的营销行为，做好优质服务，树立企业的诚信形象。

最后，实时管理供用电合同，可以减少供用电纠纷。供用电合同变更后，应及时记录，并将变更的信息与营销的相关部门共享，否则往往会引起营销差错和纠纷。比如，客户减容、替换会导致容量变化，容量变化导致基本电费变化，进而引起电费回收的变化。

三、供用电合同的分类及适用范围

按照供电企业签订供用电合同所形成的惯例，供用电合同的种类如下所示。

1. 高压供用电合同

适用于供电电压为10kV（含6kV）及以上的用电人。高压供用电合同的用电人是供电企业的重要客户。供电企业的大型电力客户，双（多）电源供电的客户，有自备电源的电力客户均包含其中。

2. 低压供用电合同

适用于供电电压为 220/380V 的低压电力客户。低压供用电合同的用电人是供电企业的一般客户，其用电负荷、用电量要明显小于高压供用的重要客户，但数量比高压供电重要客户多。

3. 临时供用电合同

适用于电力规章《供电营业规则》第十二条规定的短时、非永久性用电的客户。如基建工地、农田水利、市政建设、抢险救灾等临时性用电。

4. 趸售电合同（或称为趸购电合同）

适用于供电人与趸购转售电人之间就趸购转售事宜签订的供用电合同。

5. 委托转供电协议

适用于公用供电设施尚未到达的地区，为解决公用供电设施尚未到达的地区用电人的用电问题，供电人在征得该地区有供电能力的用电人（委托转供人）的同意，委托其向附近的用电人（转供用电人）供电。供电人与委 托转供人应就委托转供电事宜签订委托转供电协议，委托转供电协议是双方签订的供用电合同的重要附件。供电人与转供用电人之间同时应签订供用电合同。转供用电人与其他用电人一样，享有同等的权利和义务。

6. 居民供用电合同

适用于城乡单一居民生活用电性质的用电人。由于居民生活用电供电及计量方式简单，执行的电价单一，加之该类用电人数量众多，其供用电合同采用统一方式。用电人申请用电时，供电人应提请申请人阅读（对不能阅读合同的申请人，供电人应协助其阅读）后。由申请人签字（盖章）合同成立。

用电人利用其居住地从事商业经营的，其商业性质用电应另行签订低压供用电合同。其商业用电原则上应分表计量，不能分表计量的，实行比例分摊，分摊的比例供用双方应签订有关协议，并定期核查。

四、供用电合同的基本内容

供用电合同应签订的内容，《中华人民共和国合同法》第一百七十七条、《电力供应与使用条例》第三十三条均进行了规定。《电力供应与使用条例》对《中华人民共和国合同法》规定供用电合同应签订的内容进行了分类和细化，增加了合同的有效期限、违约责任、双方共同认定应当约定的其他条款等内容。供用电合同应签订的内容依据《电力供应与使用条例》第三十三条应具备以下条款：

1. 供电方式

供电方式是供电人向用电人供应电能的途径和方法。包括供电电源的频率、电压等级。供电电源的具体供出点。具体供电点应详细注明供电变电站名称，供电开关编号，供电线路名称，下线的杆塔编号（或下线点距杆塔的距离）。线路应注明是架空线还是电缆线。双方商定的供电容量。双（多）电源供电的，应按线路逐一叙述，同时应明确主供电源、备用电源。

双方商定有保安电源的，应明确作为保安电源的线路名称，电压等级，是公用线路还是专用线路，保安容量及最小保安电力等。

用电人拥有自备电源，应写明白备电源的容量，安装地点，接入用电人内部配电网的具体电气点，防止倒送电的安全措施。

用电人拥有自备电厂，应写明机组的数量、容量，接入电网的方式、地点等，并按规定签订并网调度协议和并网经济协议。并网调度协议、并网经济协议是供用电合同的重要附件。

委托转供电的，应明确作为转供电电源点的变电站、线路名称（开关编号）、电压等级、转供电容量、被转供用电人、委托转供电费用等内容。

用电人供受电设施的一次接线图、产权分界示意图是供电方式的图形叙述形式。

2. 供电质量

供电质量条款的签订包括两个方面。一方面在电力系统正常情况下，供电人应按《供电营业规则》对供电质量规定的标准向用电人供电，另一方面用电人的用电对供电人的电网造成的污染不得超过国家和电力行业标准，因超标对供电人或第三人造成损失的，应承担赔偿责任。

供电质量条款对供电人的要求为频率偏差，电压偏差，电压正弦波畸变率，电压闪变，供电可靠性等指标要符合《供电营业规则》规定的供电质量标准。

供电质量条款对用电人的要求为功率因数、注入电网的谐波电流、冲击负荷、波动负荷、非对称负荷等对电网产生的干扰和影响应符合国家或电力行业标准。

3. 供电时间

供电时间从合同生效，供电人对用电人正式供电起到用电人申请销户（或被供电人依法强制销户）止。在电网正常情况下供电人应连续向用电人供电。供电人实施电网检修（计划检修、故障检修）、计划停（限）电、依法停电（催收电费欠费、违约用电、盗窃电能等）应按有关规定通知用电人，双方应就因故中断供电约定联系方式。联系方式（人）有变动时，变动一方应就变动情况及时通知对方，以保证双方联系渠道的畅通。

4. 用电容量

用电容量用于核定用电人的用电能力。用电容量为受电变压器容量及不经受电变压器直接接入电网用电的电器设备容量的总和。对用电性质属工业用电的，其用电容量是核定用电人是执行单一制普通工业电价，还是执行两部制大工业电价的重要依据。

用电人是否执行功率因数调整，是否执行峰谷分时电价，通常也是根据用电容量确定。

5. 用电地址

明确用电人的用电地点。在签订合同时，应要求用电人提供其用电地址的平面图，作为合同的附件，有利于在出现非法转供电时，作为裁定用电人是否属非法转供电的重要凭据。

6. 用电性质

用电性质分为三个方面的内容：行业分类，用电分类，负荷性质。

用电量可以清晰反映各行业的生产、管理及发展状况，是统计部门、电力部门对国民经济、地区经济的行业统计分析，行业市场分析等统计分析的重要元素。行业分类就是将用电人的用电按《国民经济行业分类和代码》（GIM 754—84）的规定进行分类，以便对全社会的用电按行业进行分类统计和分析。

我国执行的是分类电价，现行电价分为：① 城乡居民生活用电；② 一般工商业及其他用电；③ 大工业用电：单一制电价、两部制电价；④ 农业生产用电。

在大工业中还有优待电价。要按电价分类的原则，对用电人的用电对号入座，按分类的不同执行对应的电价。

负荷性质用于写明重要负荷或一般负荷。重要负荷应相应采取保安措施。

7. 计量方式

明确供用双方的贸易结算用电能计量装置的组成，准确度等级，安装位置。计量装置包括互感器、电能表（有功、无功、最大需量）、失压、断流记录仪，二次连接线及端子排（或专用接线盒等）。计量装置的准确度等级应符合计量规程的要求。计量装置原则上应安装在产权分界点。产权分界点不具备安装条件的，应按产权归属原则，由产权方承担产权分界点的理论计费电量（大工业包括电力）与非产权分界的实际计费电量的差额电量。即平时所说的产权方承担相应的电量损失。属大工业用电性质的，损失电量应按《供电营业规则》的相应规定折算电力。折算的电力并入基本电费的计算值（需量或容量）。

对双（多）电源供电的大工业用电人，按最大需量计收基本电费的，其最大需量表应按供电线路分别安装。

无功电能表应有止逆器或安装多功能四象限电子电能表。经济条件许可时，可对无功电能实行分时计量，为考核用电人的高峰功率因数提供计量数据。

8. 电价及电费结算方式

供电人按有管理权限的物价主管部门批准的电价和经法定计量机构检测合格的贸易计量装置记录的电量（含非产权分界点的差额电量、电力），向用电人定期结算电费及国家规定的随电费征收的有关费用。

执行单一电价,还是执行两部制电价。需执行分时电价的应明确分时电价的有关内容,如丰枯平、峰谷平时间段的确定,丰枯、峰谷电价水平。执行两部制电价的,应明确是按受电变压器容量,还是按最大需量计收基本电费,以及基本电费的其他必要条款。如最大需量最小值及最大值的核定。最大需量的计费值为各条线路计费需量值的代数和。自备电厂用电人事故支援(备用)电力的有偿使用及计算。对按规定应执行功率因数调整的用电人,应明确执行标准。

供用双方应就电费结算方式在合同中明确。现行的电费结算方式有:用电人到供电人(或金融机构及其他社会机构)的营业网点用现金交付电费。用电人、供电人与金融机构签订电费储蓄协议的,电费从用电人的储蓄款中支付,并明确支付时间及储蓄额不足支付的处理办法和违约责任。用电人、供电人与用电人的开户银行签订电费委托划拨协议(也称托收无承付),电费从用电人的开户银行划拨,并明确划拨时间及用电人的银行存款不足支付电费的办法和违约责任。对月电费金额数额较大的用电人,供用双方应按资金互不占用的原则,缩短电费结算周期,实行一月多次结算。优先选用银行划拨,约定月结算次数,每次划拨的金额(或比例),在什么日期按多退少补的原则结清,并明确用电人的银行存款不足支付电费的办法和违约责任。

由于用电人是先用电后付款,为确保电费债权按时实现,防范电费风险,合同应明确用电人对贸易结算装置计量的电能(电量、电力)、电费有异议时,应先按供电人计算的电费金额交清电费,对有异议的问题双方协商解决。协商不成时,可提请电力管理部门调解。调解不成时,可提起诉讼解决。

合同中应明确,有管理权限的价格主管部门调整电价时,从规定调价之日起自动按新价计算电费,供电人由于技术或其他原因一时不能执行,对应按新价而未按新价执行的差额电费,应予以追补(或追退)。

对电费计算、电费结算方式较复杂的,供用双方可单独签订电费计算、电费结算协议,作为供用电合同的附件。

9. 供用电设施的维护责任

供用电设施应按产权归属原则,产权属谁所有谁负责维护。对产权属用电人,用电人提请供电人代为运行维护管理的,双方应就代为运行维护管理护的有关事项签订协议。代为运行维护管理实行有偿原则。

合同应明确运行维护责任的分界点,在文字说明不直观时,可附以图形进行说明。

为保障供用电秩序的正常,合同应规定用电人受电总开关的继电保护装置应由供电人整定、加封,用电人不得擅自更动。

合同应明确用电人有义务协助供电人保护并监视安装在用电人受电装置内的电能计量装置、电力负荷管理装置等的正常运行,如有异常应及时通知供电人。

10. 合同的有效期限

供用电合同的有效期限，一般定 1~3 年。由于电力供应与使用的同时性、连续性、电与社会生活的密不可分性，用电人除非破产、搬迁、连续不用电时间超过《供电营业规则》规定的期限被销户外，用电人不会停止用电。合同的有效期理论上应为供用电合同生效，用电人开始用电之日起至用电人申请销户（或被供电人依法强制销户）并停电止，合同应均有效。之所以将合同一般定为 1~3 年，一方面便于供电人加强对供用电合同的管理，另一方面有利于就供用电环境的变化修签、修订供用电合同。供用双方在合同中应约定，合同到期后，若双方均未书面提出变更、解除合同，则合同继续有效。一方提出变更合同内容，在变更内容未协商一致前，合同继续有效。

双方均不应为获得不当利益，故意拖延合同变更内容的协商。

11. 违约责任

依据合同法的规定，合同当事人不正当行使合同约定的权利，不履行合同约定的义务，均应承担违约责任。供用双方是供用电合同的当事人，违反合同约定的，应承担违约责任。违约责任条款应按《供电营业规则》第八章"供用电合同与违约责任"的有关规定签订。

《供电营业规则》将违约责任分为：电力运行事故责任、电压质量责任、频率质量责任、用电人逾期交付电费责任、用电人违约用电责任。

《供电营业规则》将窃电单列一个章节进行叙述。用电人盗窃供电人的电能是一种犯罪行为，一经查实，供电人依法追收用电人所盗窃电能的应付电费款，同时盗窃电能的用电人还需承担一定数额的违约使用电费。盗窃电能数量较大及情节严重的，供电人应提请司法机关依法追究刑事责任。

12. 双方共同认定需要约定的其他条款

如用电人应配合供电人安装电力负荷管理装置。用电人在其受电装置上作业的电工应持有国家安全生产监督管理总局发放的"特种作业操作证（电工）"。供电方用电检查人员执行用电检查任务，用电方应予配合等双方认定需要明确的事项或条款。

五、供用电合同的签订、履行及变更

1. 供用电合同的签订

（1）申请用电。签订合同的过程是一个要约、承诺的过程。申请用电是供用电合同签订过程的开始。申请用电者可以是自然人、法人、其他组织。

按《供电营业规则》第十六条的规定，申请用电应到供电企业用电营业场所办理相关手续。随着技术的进步，申请用电的方式已超前于《供电营业规则》的规定，如电话申请，网上申请等。

申请用电时，申请人应提出书面用电申请，按供电企业的有关规定提供相应的文件、资料。电话或网上申请用电的，申请人应补办书面用电申请。

自然人申请用电应提供有效证件证明身份，必要时供电企业受理用电申请的机构应与发证机关核实证件的真伪。申请用电的自然人应符合《民法通则》的有关规定，须具备完全民事能力。不具备完全民事能力的自然人申请用电，供电企业应予拒绝。自然人包括中国境内的外国人。

法人、其他组织申请用电，供电企业应要求申请人提供其法人、其他组织身份的证书或批准文件，并向发证机关或批准单位核实证书或文件的真伪。法人一般为工商注册登记、税务登记证书等，其他组织一般为政府民政部门或其上级主管部门批准文件。

申请人建有用电工程的，其用电工程应符合国家产业政策，并向供电企业提供用电工程项目的批准文件。提供包括用电地址、电力用途、用电性质、主要用电设备、用电负荷、保安电力、地理位置图、用电区域平面图等用电资料。

经审查符合规定要求的，供电企业应受理申请人的用电申请。供电企业拒绝申请人的用电申请须有法律、法规或政策依据，无法律、法规或政策依据，供电企业不得拒绝申请人的用电申请。因电网供电条件不能满足申请人的用电需要而暂缓受理的，供电企业应向申请人说明原因，并取得申请人的谅解。

申请人申请用电既有新装用电，也有在原用电基础上增加用电。增加用电时，供电企业对申请人合法身份的审核可以从简。

按《供电营业规则》由用电营业机构统一归口办理用电申请和报装接电工作的规定，在接受申请人的用电申请后，相应的工作应由供电企业内部统一协调解决，即常说的"内转外不转"。很多供电企业在实践中摸索出的用电报装工作"首问负责制"，"工作时限督办制"均有利于提高办事效率，缩短用电报装周期，提高用电报装工作的服务质量和服务水平。

用电申请是用电人向供电人明确表达用电的意图，即用电人向供电人要约，是供用电合同签订的第一步。

（2）确定供电方案。根据《电力法》《电力供应与使用条例》的规定，供电人在其依法核定的供电营业区内享有供电专营权。对其营业区内申请用电者，有依法供电的义务，用电申请人享有依法用电的权利。除用电申请人的用电项目不符合国家有关政策规定、电网供电能力不能满足等原因外，供电人不得拒绝用电人的用电申请。

供电人受理用电人的用电申请后，用电报装部门应在规定的工作日内到用电人现场调查核实，根据用电人提出的用电需求，应尽快提出供电方案的建议意见，经有关职能部门审核会签通过后，送有关领导批准。

　　用电报装部门应将供电人确定的供电方案通知用电人。供电方案应明确用电人的用电电压等级、受电变压器容量、用电类别、无功补偿装置、功率因数考核标准、计量方式及计量装置的精度等级、负荷管理方式等内容。供电方案是供电人对用电人用电需求要约的相应承诺。

　　用电人对供电人确定的供电方案提出自己更进一步的要求。供电方案经供用双方协商确认后，作为签订用电报装协议和供用电合同的主要依据。

　　简单供电方案可由现场勘查人员直接与用电人协商确定。

　　（3）签订用电报装协议。供电方案确定后，双方应就用电人的受电工程的设计、施工、与电网直接相连的主要电气设备的采购进行协商。依据取消"三指定"的精神，用电人的受电工程可委托供电人代为设计、施工及主设备采购，也可委托有设计资质的设计单位对受电工程进行设计，委托取得有管理权限的电力主管部门颁发的进网作业"承装、承修、承试"资格证的单位进行施工，直接向生产厂家或经销商购买符合国家规定或电力行业规定的主电气设备。

　　供电人与用电人应就用电人受电工程的设计、施工、主设备采购的有关事项签订用电报装协议。用电报装协议是供用电合同的主要附件。

　　与电网直接相连的用电工程由供电人负责设计、施工及设备采购。

　　（4）设计、施工、主设备采购。本着"公平、公开、公正"的原则，用电报装部门在对设计单位、施工单位的资质审查时应一视同仁，无论是供电人所属的设计、施工单位还是其他设计、施工单位都应严格按规定进行审查。用电人不得将受电工程委托给不符合规定的设计、施工单位设计、施工，否则供电人依据国家有关规定有权拒绝供电。用电人无论委托供电人采购主设备还是自购主设备，所购的主设备都应符合国家标准和电力行业标准。国家实行生产许可证管理的产品，生产厂家还应取得相应的生产许可证。用电报装部门应对用电人的主设备进行符合标准及许可证的审查，不符合规定的应拒绝其接入电网使用。

　　用电报装协议应明确设计单位的设计、施工单位的资质及应提供资质证明。主设备应符合国家标准或电力行业标准，应试验的主要项目及采用标准。

　　（5）中间检查、竣工验收。用电人的受电工程有隐蔽工程的，供电人应对隐蔽工程进行中间检查，经检查符合要求后继续施工，否则应对隐蔽不合格部分返工，直至符合有关规定要求。

　　用电人的受电工程竣工后，应及时通知供电人进行竣工检查。用电人的受电工程经供电人检查合格后，其受电工程具体送电条件，待供用双方正式签署供用电合同后送电。

　　（6）供用电合同的正式签署。供用电合同正式签署时，用电报装部门应核查有关附件资料是否齐备，主要附件如下所示。

1）用电申请人的书面用电申请及用电申请人的身份证明材料。

2）经双方协商确认的供电方案。

3）用电报装协议（设计、施工单位的资质证明）。

4）用电人受电工程竣工验收（中间检查）报告。

5）电能计量装置安装完工报告。

6）供电设施运行维护管理协议。

7）电费结算协议。

8）电力调度协议。

9）并网经济协议、并网调度协议。

10）双方事先约定的其他文件资料。

用电人是法人、其他组织与供电人签署供用电合同，合同签署人不是法人的法定代表人或不是组织的行政负责人，合同签署人应取得法定代表人或其他组织的行政负责人的授权书，授权合同签署人代表法人、其他组织与供电人签署合同。同样签署合同的供电人不是法定代表人或行政负责人的，应取得法定代表人或行政负责人的授权，否则签署的合同为无效合同。

双方在正式签署供用电合同前，应再一次对合同条款逐一确认，重要合同应请法律顾问参与审核。合同签署生效后，供电人应及时将用电申请人的受电工程接入电网，供电人与用电申请人正式建立供用电关系。供用电合同对双方依法产生约束力。

2. 供用电合同的履行

签订供用电合同的目的是为了履行合同，通过当事人履行合同，达到用电人以用电方式满足生产或消费需求，供电人收取电费，通过对用电人供电实现劳动价值。供用电合同实践表明，当事人违反合同条款应承担违约责任，当事人对合同条款产生争议，在合同履行过程中，都是难以避免的。

（1）违约责任。供用电合同当事人的违约责任主要有用电人违反合同条款延期支付电费，用电人违反合同条款违约用电，用电人违反合同条款和国家规定盗窃供电人的电能；供电人的电能质量不符国家规定或合同约定，供电人在行使权利时违反国家规定或合同约定条款。

1）用电人延期支付电费。用电人未能按合同约定的时间按期缴纳电费，用电人按规定承担违约责任，用电人按规定向供电人支付一定数量的电费违约金来承担延期支付电费的责任。电费违约金的数额按应付电费金额，最迟应付日期与实际付款日期的间隔天数，是否跨年等因素确定。

当电费违约金数额很大，用电人难以支付，供电人可根据用电人的诚信，对电费违约金给予一定的数额辖免。

对严重欠缴电费的用电人，供电人可按规定程序对用电人停止供电或限制用电，直至用电人缴纳电费及电费违约金。

2）用电人违约用电。为维护正常的供用电秩序，保障电网安全稳定运行，国家和电力行业制定相关的政策、规定、规章、标准。用电人违反合同约定用电，按规定应承担相应的违约责任。违约用电的违约责任通过用电人向供电人支付因违约用电导致的应付电费与实际支付电费的差额及违约使用电费来实现。应付电费与实际支付电费的差额是供电人追收用电应兑现的债权。违约使用电费是用电人违约用电应承担的违约责任。

按《供电营业规则》第一百条的规定，违约用电主要有如下内容。

在低电价的供电线路上擅自接用高电价的用电设备或私自改变用电类别。

私自超过合同约定的容量用电。

擅自使用已办理暂停手续的电力设备或启用供电人封存的电力设备。

私自迁移、更动和擅自操作属供电人管理的用电计量装置、电力负荷管理装置、供电设施以及约定由供电人调度的电力设备（产权属用电人）。

未经供电人许可，擅自引入（供出）电源或将备用电源和其他电源私自并网。

用电人的非线性电力设备、冲击负荷、非对称负荷对电网产生污染超过国家规定标准。

由于用电人的责任造成供电人对外停电等（供电人自身过失造成停电范围扩大，扩大部分由供电人承担相应责任）。

3）供电人违约供电。供用双方在合同中订有电力运行事故责任条款，供电人发生电力运行事故，影响用电人用电，供电人应按合同条款和有关规定承担违约责任如下所示。

供电人自身过失造成对用电人停电（非供电人自身过失，供电人只有协助的责任，不承担赔偿责任）。

供电人对用电人的供电电压超出规定的变动幅度（用电人自身的原因或供用双方之外的第三方的原因，供电人不承担赔偿责任）。

供电人对用电人的供电频率超出允许偏差。

供电人因自身过失引起用电人家用电器损坏（用电人仅限于与供电人直接签订供用电合同的城乡居民，未与供电人直接签订供用电合同的城乡居民不在此列）。

（2）合同争议。在供用电实践中，供用双方最常见的争议有：计量争议、价格争议、违约用电争议等。计量是供用电双方计算电费的重要依据，计量的准确与否与供用双方的利益紧密相关。计量装置的接线错误、运行故障、误差超标等，都会造成计量争议。

对计量争议的处理，《供电营业规则》第七十九条、第八十条、第八十一条作了明确的规定；用电人对供电人的上级计量机构的检定结果仍有异议，可向当地政府（县级及以上）技术监督部门申请复检。政府技术监督部门指定的合法计量检测机构，在争议双方共同参与下的检定结果，作为处理计量争议的最终依据。

在争议期间用电人应按《供电营业规则》的有关条款先期缴纳电费，待检定结果确定后，电费按最终检定结果计算的电费进行退补。用电人不得借计量争议，拒交电费。

价格与计量一样是供用双方在计算电费的重要依据。现行电价执行的是国家定价和用电分类电价原则。对于每一类用电如何分类的办法，还是延用的原水利电力部1976年颁发的《电热价格说明》的电价说明部分。多年来，用电形势已发生了很大变化，并增加了新的用电分类，国家价格主管部门一直未能出台新的电价说明，供用双方在价格上的争议也很多，特别是新的电价标准或新的电价分类出台以后。

价格争议的处理原则，先按供电人对价格的理解计算、结算电费。供用双方或供电人向政府物价主管部门请示对所遇问题的解释，以正式文件或函件的方式回复，作为供用双方价格争议的计算、结算依据。供电人已执行的电价标准与回复有偏差的，按回复的电价标准计算的电费进行退补。

用电人不得以行政级别的高低，拒绝执行有价格管理权限或解释权限的政府物价主管部门回复的正式文件或函件。

除计量、价格争议外，用电人违约用电，供电人按有关规定补收电费和违约使用电费，用电人对供电人在补收电费和违约使用电费的金额，违约事实的认定上也会存在争议。

用电人对供电人在违约事实的认定，补收电费及违约使用电费金额的计算上存在争议，可向供电人的上级业务主管部门申请再认定。用电人对供电人的上级业务主管部门的认定仍有异议的，可向当地政府（县级及以上）电力主管部门申请仲裁。政府电力主管部门的仲裁结论应作为供用双方解决违约用电有关问题的依据。

用电人除按政府电力主管部门仲裁结论向供电人交付补收电费及违约使用电费外，原则上还应承担补收电费滞纳的经济责任。补收电费滞纳的经济责任应不少于金融机构的同期贷款利息，不高于相同金额的电费滞纳所应支付的电费违约金。

供用电合同虽然基本条款是一致的，但不同用电人与供电人签订的合同的具体条款不尽相同，具体执行环境也不尽一致，引起合同争议的内容、形式也五花八门，这里不一一叙述。

（3）合同变更。原供用电合同的条款不适应形势的变化，或原合同已到期等都会引起合同的变更。由于供用双方供用电关系的长期性，供用电合同的变更有两种形式，一种是个别条款变更，供用双方在确认原合同主要内容继续有效的基础上，就需要变更的条款签订补充协议，与原合同的有效条款一并生效执行。另一种是合同的多项条款需要变更，原合同已难以执行，需新签合同。

常见补充协议主要内容如下所示。

由于客观条件限制，供电人对用电人不能按用电分类实行分表计量，不同用电分类的用电量以抄见的总表为基础，双方核定分摊比例（俗称定比或定量）。不同分类用电的计费电量按抄见的总表电量和核定的比例计算确定。供用双方一般约定每年对不同用电分类的分摊比例核定一次。经双方核定需改变原分摊比例时，应签订补充协议。补充协议确定的分摊比例代替原执行的分摊比例。

重新签订合同，双方应就变更的内容进行商谈，协商一致后，重新签订供用电合同。

六、供用电合同的终止

供用电合同是一个长期合同，只有在下列情况下，供用电合同终止，解除供用电关系：用电人依法破产、被工商注销；在缴清电费及其他欠缴费用后，申请销户；供电人依法销户。

用电人依法破产终止供用电合同，这里的用电人只能是企业法人。企业法人可以是国有企业、民营企业、外商独资企业、中外合作企业等。

企业法人破产以人民法院正式宣判的法律文书为准。对已破产的企业应予销户。

对原不属供电人直接抄表到户的破产企业的职工，应以自然人的身份向供电人申请用电，并以背书合同的方式与供电人签订居民供用电合同。

用电人被工商行政管理部门依法注销工商登记，供电人可对其销户，同时供电人拥有对用电人追缴所欠电费债务及其他债务的权利。

用电人在缴清电费及其他欠缴费用后，经用电人申请，供电人终止与用电人的供用电关系，解除供用电合同并予销户。这种情况以临时用电人居多。

用电人连续 6 个月不用电，供电人可按规定终止供电并销户。用电人欠缴供电人的电费债权及其他债权，供电人有权要求原用电人清偿。

七、供用电合同档案的建立

供用电合同按合同的格式不同分为格式合同和非格式合同。目前，由于居民生活用电供电及计量方式简单，执行的电价单一，加之该类用电人数量众多，其供用电合同大都采用格式合同。这一部分客户合同大都随客户业扩档案一起保存。

供用电合同的起草严格按照统一合同文本的条款格式进行。根据国家法律、法规及相关政策，签约单位结合实际工作需要，可在引用的供用电统一合同文本基础上，对合同文本"供用电基本情况"条款项下的具体内容进行变更。其余各条内容如需变更，应在"特别约定"条款中进行约定。

签订供用电合同的文本分正本和副本，正本和副本内容没有区别，只是法律效力不同。

供用电合同档案管理的内容主要包括合同内容的健全、合同资料的整理与装订、合同档案盒的建立、合同台账的建立以及合同电子档案的健全。

（1）供用电合同档案应包含的内容。供用电合同档案内容包括合同文本、补充协议以及合同附件。以上内容应分别建立纸质档案和电子档案，纸质档案和电子档案的内容应保持一致。一般来说，供用电合同签订作为一个重要环节，在业务办理的过程中是必选项，因此，供用电合同文本内容在营销系统中已具备，只需在客户业务归档前，核实纸质合同与电子合同的一致性，同时将合同双方签字和身份证明等的纸质件扫描后作为电子档案的附件保存，这样，合同的电子档案也就完整了。

合同档案的具体内容如下所示。

1）供用电双方签字盖章的供用电合同文本原件。

2）合同补充协议原件。

3）合同评审表原件（对执行了评审的合同需要）。

4）《法定代表人身份证明书》复印件。

5）《法定代表人授权委托书》（正本应为原件）。

6）《工商营业执照》复印件。

7）《税务登记证》复印件。

8）《机构代码证》复印件。

9）其他。

对以自然人身份申请用电的要将对方身份证复印件作为合同必备附件保管。

（2）供用电合同档案袋（盒）的建立。

1）供用电合同的整理。一份完整的合同一般包括封面、合同内容、补充协议（视合同的内容确定）、合同附件等，标准的合同文本及其附件均应采用 A4 纸型大小。根据《归档文件整理规则》（DA/T 22—2000），一份合同作为一件进行整理，对于大于 A4 纸型规格的附件，应按照 A4 纸型的尺寸加以折叠，尽量减少折叠层次，折痕处应尽量位于字迹之外。对小于 A4 纸型大小的，应根据装订的规则确定，一般是左对齐、居中或左对齐、上对齐。合同文本及附件的排列顺序应依次为合同内容文本、补充协议（如电费结算协议、线损分摊协议、调度协议等，按合同内容中出现的先后顺序排列）、合同评审表及其附件（按照原件在先、复印件在后的原则）。

2）供用电合同的装订。整理好的供用电合同档案，可采用夹子或文件夹装订。对较重要的合同还可以采用热熔装订机进行装订。最好不用打孔等破坏纸张的方式装订，要保证纸张的完整，因万一出现意外导致诉讼时，需要向法院提供原件。

3）供用电合同档案盒的建立。一般情况下，供用电合同也采用档案盒的形式保管，将若干件装订好的供用电合同按一定的规律保存在一个档案盒内，在档案盒的正面建立内存合同目录明细。保存合同的规律一般以合同类别（低压、高压单电源、高压双电源、临时合同、委托转供电合同、趸售电合同、其他）分类，依次以合同顺序号进行入盒归档。档案盒正面的目录内容一般应包括：序号、合同类别、用电人名称、合同签订时间、有效期以及变更记录等；档案盒脊背内容应包括合同类别、合同序列起止号、建档日期、盒号等。

八、供用电合同档案的保管及检索

（1）供用电合同档案的保管。供用电合同档案是客户业务档案"一户一档"的重要组成部分，应和业务档案一起保存。一是为了保证业务资料的完整性。其次，由于供用电合同作为规范供用双方行为的法律文书，调阅较为频繁。目前新增客户业务档案已经全面实行电子化管理，供用电合同和业务资料一起归档，便于检索调阅。对变更、续签合同的保管，属于变更重签的合同，新文本及其附件按新合同程序建盒归档，原合同注明"注销"或"作废"字样。对只增加了补充协议或附件变更说明的合同，补充协议或附件变更说明放原合同文本内，在档案盒封面对应的"变更说明"中予以注明，合同保存位置不变。

（2）供用电合同的检索对于存量用户还未实行电子化档案管理的合同档案，为方便检索，供用电合同的档案管理应建立供用电合同管理信息系统，通过输入"用电人名称""合同编号""签订年份"或"类别"等，可以直接检索到合同的基本信息和纸质合同的保存位置。系统中合同的基本信息（电子版）可以直接与营销信息系统中的"合同签订"相链接。

对合同数量不大，没有建立供用电合同信息系统的，应建立供用电合同台账，合同台账宜实行计算机管理，并建立备份。台账可以分类别按存档的时间顺序依次建立，台账的内容各单位可以根据管理的需要自行确定，重点是要说明对应档案的保存位置。

如：××室××列××柜××层××号

上述位置说明可根据档案室的数量和大小决定，如只有一个档案室的，去掉××室；只有一列的，去掉××列等。

供用电合同台账目录参考样本，见表10-2-1。

表 10-2-1　　　　　　　　××供电公司供用电合同台账目录

序号	用电人名称	合同类别	合同编号	签订时间	变更说明	保存位置
1	××纺织厂	高压单电源	HTGD080058	2012 年 3 月 6 日	2013 年 6 月 13 日增加"电费缴纳补充协议"	2 室 5 列 3 柜 4 层

【思考与练习】

1. 供用电合同档案应包含哪些内容？
2. 供用电合同的装订有哪些要求？
3. 供用电合同档案的保管及检索？

◢ 模块 3　业务档案的调阅与借阅（Z21H1003 Ⅱ）

【模块描述】本模块包含业务档案调阅的程序与方式，业务档案借阅的办理程序；通过知识讲解和形象化介绍，能正确使用业务档案。

【模块内容】

电力客户业务档案牵涉客户信息隐私，其调阅或借阅必须按照规定手续和程序办理。

一、业务档案调阅的方式

业务档案调阅一般是指电子档案的调阅，调阅方式一般有两种：一是客户自助调阅，二是向业务员申请调阅。

（1）客户自助调阅档案。客户自助调阅档案，可以凭个人（单位）的缴费户号，通过供电营业大厅的自助查询系统进行查询；也可以登录"95598"客户服务系统，凭缴费户号或客户名，输入个人（单位）密码进行查询。对于管理规范的单位来说，这两种方式查询到的信息都是营销信息系统的实时信息，与纸质档案和现场实际情况是一致的。

（2）向业务员申请调阅档案。客户向业务员申请调阅档案，应凭个人身份证、单位介绍信等有效证件，业务员在审核客户提供证件的真实有效性后，帮助客户调出电子档案信息，并做好客户的解释说明工作。

内部相关工作人员需要调阅业务档案的，业务员应询问其调阅档案的目的，经请示领导同意后，方可帮助调出相应档案。

二、业务档案借阅的办理程序

一般情况下，客户不得调阅纸档，特殊原因需要查阅纸质档案的，业务员应告知客户需要办理的手续，并将客户引导至档案管理员，同时将客户的身份证明转交给档案管理员。

1. 业务档案借阅的程序

（1）业务档案借阅的程序，见图 10-3-1。

（2）流程说明。

1）个人（单位）申请：可以是口头，也可以是书面申请。客户或外单位人员以书面申请（或工作联系函）为主。

2）资格确认：客户借阅本人（本单位）档案的，需提供本人身份证和单位介绍信（均为原件）；外单位（如公安、纪检等）人员需要借阅他人档案时，需提供单位工作联络函、个人身份证明，说明需要借阅的原因；属内部相关专业人员的，需要说明借阅的原因；属内部非相关专业人员的，需要有借阅人所在部门及以上领导批准的工作联络函。

3）填写申请表：档案管理员在确认借阅人身份的真实性和借阅档案的必要性后，引导借阅人填写"业务档案借阅申请表"。

4）批准：按业务档案借阅审批原则，报相关领导批准同意。

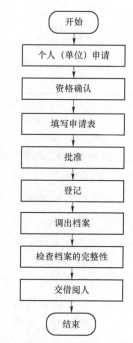

图 10-3-1 业务档案借阅的程序

5）登记：档案管理员对借阅人提交的身份证明材料、经批准的申请表进行登记。

6）调出档案：档案管理员调出需要借阅的档案。

7）检查档案的完整性：对调出的档案，档案管理员和借阅人均应检查档案是否完整，有无破损、缺页等。

8）交借阅人：借阅人在登记本上签字后，档案管理员方可将档案交给借阅人。

2. 业务档案借阅申请

业务档案借阅申请表格式及填写方式，见表 10-3-1。

表 10-3-1 ××供电公司业务档案借阅申请表

借阅人姓名	张××	借阅人所在单位	××供电公司
需查档单位	××建筑公司		
查档事由	现场稽查		
查档内容	近期装（换）表工单（需复印工单）		
审批意见	同意借阅并复印 ××× 2013 年 6 月 15 日		

说明：1. 纸质档案原则上只能在阅档室阅读，不得带离阅档室；

     2. 因特殊情况需将档案借出使用，或需复印档案资料的，须在"查档事由"和"查档内容"中详细说明。

3. 借阅档案的注意事项

（1）档案阅读，原则上只限在档案室内查阅，不得借出使用。

（2）在查阅档案时，只准查阅自己需要的部分，不得翻阅其他部分的内容，阅后要当面交点清楚。

（3）查阅档案者，不准拆卷、涂改，不准在档案上乱划或做标记，如需复制，须经档案管理员同意。

（4）借出档案者，应对档案的保密、安全和完整负责，不得带至公共场所，不能泄密、丢失、转借、涂改、污损、拆散。

（5）未经批准，不得抄录复印。

（6）档案归还。外借档案应及时归还，并履行归还手续。

【思考与练习】

1. 电子档案调阅有哪些方式？

2. 如何办理业务档案借阅手续？

3. 借阅档案的注意事项？

◢ 模块 4 业务档案的完善与保管（Z21H1004Ⅲ）

【模块描述】本模块包含业务档案的分类、完善和保管；通过知识讲解和实训练习，掌握业务档案完善与保管技能。

【模块内容】

档案的完善与保管，是档案馆（室）对档案建立健全以及系统存放和安全保护的工作，是档案管理中的一项重要内容。其基本任务和要求是维护档案的完整和安全，便于调用。

一、业务档案的分类

业务档案包括客户档案、业务报表、台账、记录。

二、客户档案的完善

客户档案是电力客户与供电部门所发生的所有用电业务从建立到每一次变更的真实记录。管理完善的客户档案，是客户用电状况变化的历史见证，任何时候都应与客户现场情况保持一致，所以，随着客户用电情况的不断变化，客户档案资料是不断增加的。

对已建立供用电关系的电力客户，在日常用电管理中，凡涉及客户用电信息变更的资料，如轮换表、办理变更用电、电价类别调整、计量计费方式改变、产权移交、供用电合同变更等业务，所形成的各项工作记录、评价意见、所填写的各类表单等，均应在相应业务办理完毕后的规定时限内，将资料归入原客户档案。在归档前，应核实客户营销信息系统的记录是否与纸质记录相一致，只有确认纸质档案记录与电子档案记录一致，才能进行归档。对新增的客户档案内容，应接上页档案依次编号，并逐项在"客户档案目录"中进行登记。

三、业务报表、台账、记录的完善

业务办理是营业窗口的主要服务内容，随着优质服务理念的不断深入，业务办理将不断推出更多个性化、特殊化的服务项目。将日常工作中建立的各类报表、台账、记录进行归纳汇总，并将其纳入档案管理的内容，对更好地预测市场发展、分析客户需求、改进工作方法、研究服务新举措具有极其重要的意义。

（1）业务报表的整理归档。业务报表即指业务受理员需要上报或提交内部考核的各类报表。主要包括用电业扩报装报表、业务收费报表、业务受理各环节时限考核报表，以及各单位规定的其他报表。将各类报表按类别、以年度为单位汇总，年度汇总报表作首页，将每月（季）报表（有领导审批签字的原件或复印件）作为附件，必要时需要对汇总报表附注文字说明或进行分析。按档案整理的要求，以 A4 纸型为标准进行整理、建立报表目录和封面、装订，然后装入档案盒，档案盒正面和脊背应注明"××年度××报表"。

（2）业务台账的整理归档。业务台账就是简单记录所发生业务的基本情况的账簿，为便于管理和查找，简单统计每年度顺序发生各项业务的进行情况。一般有业务收费明细账、工单领用台账、高压客户报装明细台账，以及各单位内部管理规定需要建立的其他台账。台账大多是以本为单位，一年一本（多本），每本的封面上注明"××台账（记录本）""××年度"。归档时，可以直接归档。也可以将其按台账类别分别建立档案盒，在档案盒的正面和脊背上注明"××年度××台账"。

（3）各类记录的整理归档。记录是指根据窗口管理和优质服务的要求，业务受理员向客户提供服务需要建立和保存的各项记录。一般有预约服务、上门服务、客户评价、意见征集、通知送达、信息公示等记录。将记录分类别、按年度进行汇总。记录的整理归档，也是按时间顺序进行整理，年度分析总结作首页，其他作附件，建立封面后装订，封面标注"××记录""××年度"。装订好的记录可以直接存档，也可以装入档案盒后存档，对装入档案盒的，在档案盒的正面和脊背上注明"××年度××记录"。

四、业务档案的保管

业务档案作为供电企业生产营销的重要基础资料，涉及与客户交易和内部管理的商业机密，应该妥善保管。根据业务档案的特性，各单位应设专门的档案室和档案管理人员，并建立完整的业务资料归档、完善、保管、借阅等的管理制度。

1. 建立业务档案管理查阅台账

建立业务档案管理查阅台账，是为了方便查找各类档案，台账内容应能准确反映具体某个档案或档案盒的存储位置，如××档案室××列××柜××层。已装入档案的档案盒应分类别进行编号（分类规则与档案的分类编号规则一致）。一般不同类别的档案分开放置。

因客户档案数量大，台账管理以计算机管理为宜。对于低压客户档案，如果用"客户名"建立台账目录，录入工作量较大，而且低压客户档案的查询、更新次数也不多，可以考虑将保存档案的档案盒号录入营销信息系统客户档案记录中，台账只记录档案盒的存储位置。在查询客户档案时，先在营销系统中调出该客户档案所在的档案盒号，再进行查询。高压客户档案，因为数量相对要少得多，可以直接以"客户名"建立台账目录。对于报表、台账、记录类，可以直接以报表、台账、记录名称建立目录。台账序号及档案盒号原则上按建档时间顺序依次编号。

2. 台账目录

台账目录内容，见表10-4-1。

表 10-4-1　　　　　　　　　　　　××供电公司业务档案台账

档案类别：高压客户档案　　　　　　　　档案起止编号：00057-08 至 00089-08

档案盒编号	客户名称	存储位置	备注
839	××建筑公司	1 室 2 列 2 柜 1 层	

注　1. 对于低压客户档案，"客户名称"一栏可以取消；

　　2. 对于报表、台账等档案，将"客户名称"改为"报表/台账名称"；

　　3. "档案类别"是指本台账所登记的档案类别；

　　4. "档案起止号"是指本页台账所包含档案的起止号。

3. 档案室的管理要求

（1）坚持"以防为主、防治结合"的原则，着重做好防火、防水、防尘、防霉、防鼠工作和室内温湿度的控制等方面的工作。

（2）严防水淹，室内温度控制在 14～24℃，相对湿度控制在 45%～60%，室内安装温、湿度仪表及空气调节设备，定期查看仪表并做记录。

（3）档案柜与墙壁保持一定的距离（不得小于 0.6m），与有窗的墙壁垂直，成排摆放，以便通风降温。

（4）采取有效措施防治鼠、虫、霉害，定期进行检查，一经发现及时处理。

（5）配备吸尘器，加密封门和双层窗，定期清扫，保持室内清洁。

（6）配备适当的消防器材，并定期更换。

（7）室内严禁吸烟，严禁明火，严禁将易燃、易爆、易腐物品带入室内。

（8）档案室和阅档室应分开设置。

【思考与练习】

1. 客户档案必须具备的内容有哪些？

2. 业务档案的保管包括哪些内容？

3. 档案室的管理要求？

▲ 模块 5　各类电子档案的建立与维护（Z21H1005Ⅲ）

【模块描述】本模块包含电子档案的分类与健全、电子档案的维护管理；通过知识讲解和实训操作，能正确建立和保管电子档案。

【模块内容】

电子档案是指利用计算机技术、扫描技术、数字成像技术、数据库技术、多媒体技术、存储技术等高新技术把各种载体的档案资源转化为数字化的档案信息，以数字化的形式存储、网络化的形式互相联结，利用计算机系统进行管理，形成一个有序结构的档案信息库。电力客户电子档案是业扩受理人员在接待客户、办理用电业务手续时，借助计算机系统所形成的各种记录。

一、电子档案的意义

（1）电子档案能够及时提供利用，实现资源共享，是档案信息化建设的重要内容。

（2）建立电子档案目录数据库，纸质档案、录音录像档案电子化，建立影像或多媒体数据库，方便资料查找与共享。

电子电子档案能有效保护档案原件，可以通过计算机局域网进行异地传输，能改善档案的利用方式，一份文件可以同时提供给所有需要者共享。

二、电子档案的分类与健全

（1）电子档案的分类。电子档案是指业扩受理人员在接待客户、办理用电业务手续时，借助计算机系统所形成的各种记录。电子档案按形成的方式分为三类，第一类是通过信息系统自动生成的档案，由系统自动保存备份的，如业扩报装子系统中的客户档案、业扩报表等；第二类是通过手工录入后在计算机中以电子文档形式保存的档案，如业扩收费台账、各种统计分析记录和系统不能自动生成的其他报表；第三类是对现有的文字、文件、图片等通过扫描而形成的电子文本，如工商营业执照、担保书、现场照片等。对第二类和第三类要做好电子档案科目，建立目录。

（2）电子档案内容的健全与完善。在业务办理的各环节，除了系统规定的必填项外，业务人员应如实将客户提供的资料（如身份证号码、营业执照号码等）、现场核实、验收情况，以及经双方协商确认的信息完整地录入系统，如证件类型及号码、图纸审查意见、工程验收意见（或者是会议纪要）、电气设备技术参数、计量装置的安装人员、封印编号、供用电合同的完整文本等。对于供用电合同签字盖章页和合同附件应扫描后作为合同电子文档的附件保存。

在客户电子档案归档前，业务人员应逐项核对各环节资料（记录）与系统中是否相符，有无漏填、错填的现象，有错误的，应予以纠正。不能确定对错的，应立即通知具体经办人予以核实。漏填的应补充完整。以确保电子档案与纸质档案、供用电合同所记录内容的一致性。

对通过手工录入后以电子文档形式保存在计算机中的各类记录，应按报表或记录分析的要求，将年度或阶段性总结分析与每月的报表（或实时记录）建立一个文件夹，类别名称作为文件夹名，如"2014 年度业扩收费台账"。放入相应档案科目中。这类文档在归档前，应确保其内容的真实性和完整性。凡是归档文件应该是与实际发生情况或统计情况相一致的。这类档案的数量和格式不具有绝对固定性，不定期会增加一些档案，档案的格式也存在变更的可能性。

档案扫描方式：需要采用扫描仪和数码照相机，扫描时需人手做前期整理工作，扫描过后要进行质量检查，以及后期档案归档工作。完成档案电子化必须要有足够的存贮空间。

电子档案正确索引：要求写入数据库的索引数据要确保正确。可灵活采用一次录入，二次校对，确保数据正确。

电子档案数据安全：可对档案资料进行加密。

电子档案查询：按一定的权限要求进行系统设置，完成查询的需求。

电子档案备份：要提供可靠的数据存储与备份。

电子档案查询响应速度：系统查询速率需要考虑多用户、多数据时系统要能达到较好的响应速度。

三、电子档案的保管与维护

通过信息系统保存的客户档案、供用电合同等电子档案，已随信息系统定期进行了备份。这里主要介绍电子档案的保管与维护。

（1）电子档案保存一般采用硬盘、光盘等存储设备保存。

（2）对归档存储设备应标注内容、制作时间等，与相应纸质档案的描述要保持一致。

（3）归档存储设备应作防写处理，不得擦、划、触摸记录涂层。

（4）存放环境应符合存储设备的存放要求。

（5）定期对电子档案进行检测和维护。

四、业务资料电子化操作

国家电网办〔2013〕71 号，国家电网有限公司关于印发《国家电网公司营销客户档案管理规范（试行）》的通知，第七条 按照"信息化管理"要求，依托营销业务系统，开发应用客户档案管理平台，实现纸质档案与电子档案的同步流转和全过程管理，充分发挥电子档案管理高效、便捷优势。按照国家有关法律法规和规范标准要求，采取有效技术手段和管理措施，确保电子档案信息安全。

下面以国网江苏省电力有限公司营销档案管理应用系统为例，简要讲解营销业务资料电子化操作界面及流程。

（一）运行环境

操作系统：WinXP、Windows 7。

浏览器：IE8、IE9、IE10、IE11。

驱动安装：资料审查人员需要安装相应厂家提供的高拍仪、扫描仪驱动。

（二）系统登录

1. 账号管理

使用统一权限 ISC 系统统一管理。

2. 功能导航

功能导航，如图 10-5-1 所示。

序号	功能域	功能项	功能模块
1	我的首页	待办工作单	待办工作单
2		已办工作单	已办工作单
3		历史工作单	历史工作单
4	资料收集	资料接收	资料接收
5	资料归档	资料审查	资料审查
6	设备管理	设备领用	设备领用
7		设备维护	设备维护
8		设备归还	设备归还
9		设备领用记录查询	设备领用记录查询

图 10-5-1　功能导航图

图 10-5-2　功能菜单图

3. 角色职责

资料审查人员：对资料收集人员移交的资料清单进行核对、校验，确保资料的真实、完整、有效。

（三）功能操作

1. 我的首页

本模块包括待办工作单、已办工作单、历史工作单。

（1）待办工作单。

功能介绍：对该节点下的待办工作单进行查询、锁定、解锁等操作。

菜单位置："我的首页"→"待办工作单"，如图 10-5-2 所示。

操作介绍：用户登录营销档案管理应用系统后，进入"我的首页"模块中的"待办工作单"。可以浏览所有的待办工作单，并对其进行查询、进程查询、锁定、解锁和处理的操作，具备查询和处理功能，如图 10-5-3 所示。

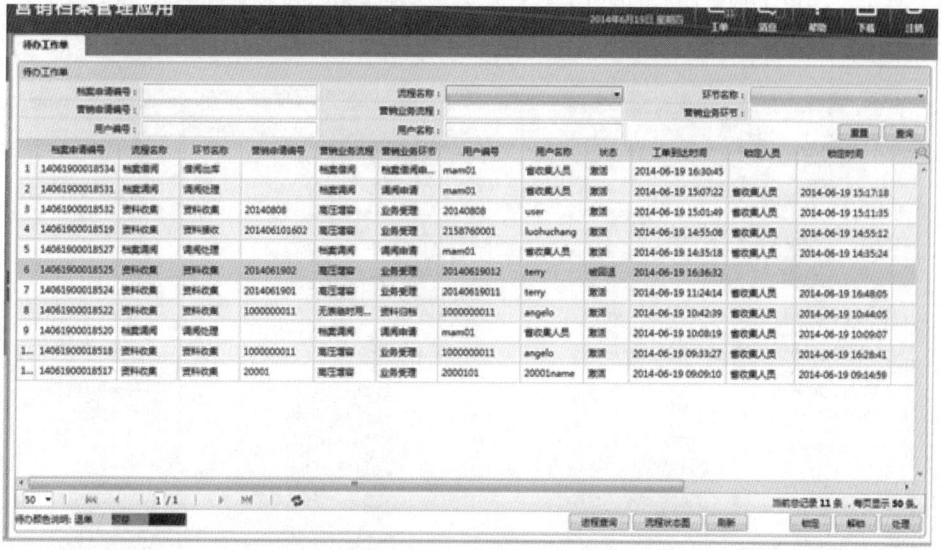

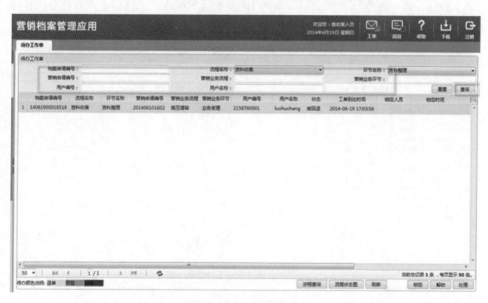

图 10-5-3　待办界面图

1）查询待办工作单。在待办工作单页面中输入查询字段值，可单击【重置】按钮，对查询条件进行重新输入，单击【查询】按钮，如图 10-5-4 所示。

图 10-5-4　重置路径图

2）进程查询。在待办工作单页面数据列表中选择一条记录，单击【进程查询】按钮，弹出工作单进程页面，如图 10-5-5 所示，在弹出窗口可查看到待办工作单的具体进程信息。

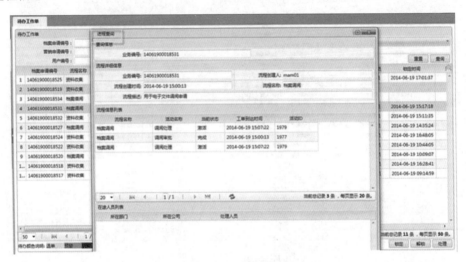

图 10-5-5　进程查询图

3）查看流程状态图。在待办工作单页面数据列表中选择一条记录，单击【流程状态图】按钮，弹出流程状态图页面，如图 10-5-6 所示，在弹出窗口可查看待办工作单的具体流程信息。

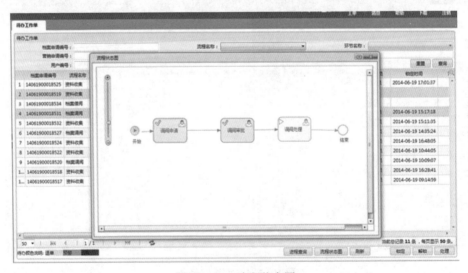

图 10-5-6　流程状态图

4）锁定工作单。在待办工作单页面数据列表中选择一条记录，单击【锁定】按钮，弹出确认锁定该工作单确认页面，如图10-5-7所示。

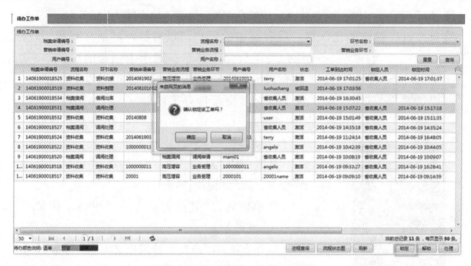

图 10-5-7 锁定工作单路径图

在提示页面中，单击【确定】按钮，锁定选择的待办工作单，单击【取消】按钮，关闭锁定弹出窗口，取消锁定。

5）解锁工作单。在待办工作单页面数据列表中选择一条已锁定记录，单击【解锁】按钮，弹出确认锁定该工作单确认页面，如图10-5-8所示。

图 10-5-8 解锁工作单路径图

在提示页面中，单击【确定】按钮，该待办工作单解锁，单击【取消】按钮，关闭解锁弹出窗口，该工作单仍处于锁定状态。

条件：新增或编辑系统参数时，带红色"*"的必填项不能为空。

注意：对于锁定的工作单，只有锁定的用户可以看到，其他具有相同权限的用户看不到该工作单；对于未锁定的工作单，所有具有该工单操作权限的用户都可以看到。单击【刷新】按钮，更新待办工作单。

图 10-5-9　已办工作单导航图

警告：无。

（2）已办工作单。

功能介绍：对该节点下的已办工作单进行查询、进程查询、流程状态图等操作。

菜单位置："我的首页"→"已办工作单"，如图 10-5-9 所示。

操作介绍：用户登录营销档案管理应用系统后，进入"我的首页"模块中的"已办工作单"。可以浏览所有的已办工作单，并对其进行查询、进程查询和流程状态图的操作，具备查询功能，如图 10-5-10 所示。

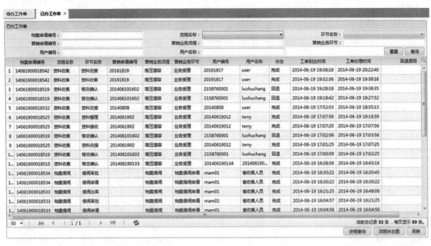

图 10-5-10　已办工作单图

1）查询已办工作单。在已办工作单页面输入查询字段值，可单击【重置】按钮，对查询条件进行重新输入，单击【查询】按钮，如图 10-5-11 所示。

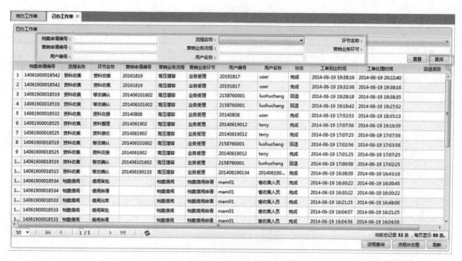

图 10-5-11　查询已办工作单路径图

2）进程查询。在已办工作单页面数据列表中选择一条记录，单击【进程查询】按钮，弹出工作单进程页面，如图 10-5-12 所示，在弹出表单上面可以看到已办工作单的具体进程信息。

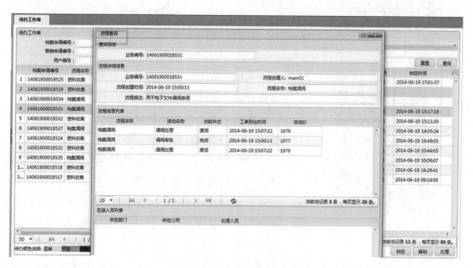

图 10-5-12　进程查询图

3）查看流程状态图。在已办工作单页面数据列表中选择一条记录，单击【流程状态图】按钮，弹出流程状态图页面，如图 10-5-13 所示，在弹出窗口可查看已办工作单的具体流程信息。

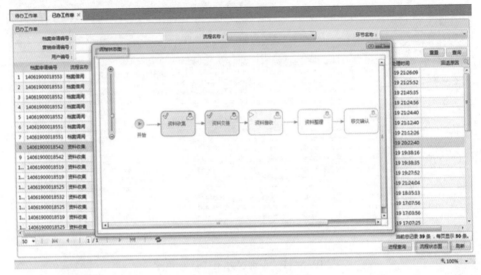

图 10-5-13 流程状态图

图 10-5-14 历史工作单查询路径图

条件：选择一条记录，才能单击【进程查询】【流程状态图】。

注意：单击【刷新】按钮，更新已办工作单。

警告：无。

（3）历史工作单。

功能介绍：对该节点下的历史工作单进行查询、进程查询、流程状态图等操作。

菜单位置："我的首页"→"历史工作单"，如图 10-5-14 所示。

操作介绍：用户登录营销档案管理应用系统后，进入"我的首页"模块中的"历史工作单"。可以浏览所有的历史工作单，并对其进行查询、进程查询和流程状态图的操作，具备查询功能，如图 10-5-15 所示。

1）查询历史工作单。在历史工作单页面输入查询字段值，可单击【重置】按钮，对查询条件进行重新输入，单击【查询】按钮，如图 10-5-16 所示。

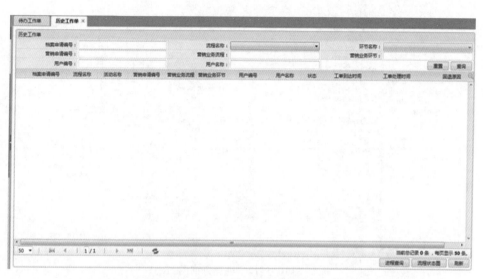

图 10-5-15　历史工作单图

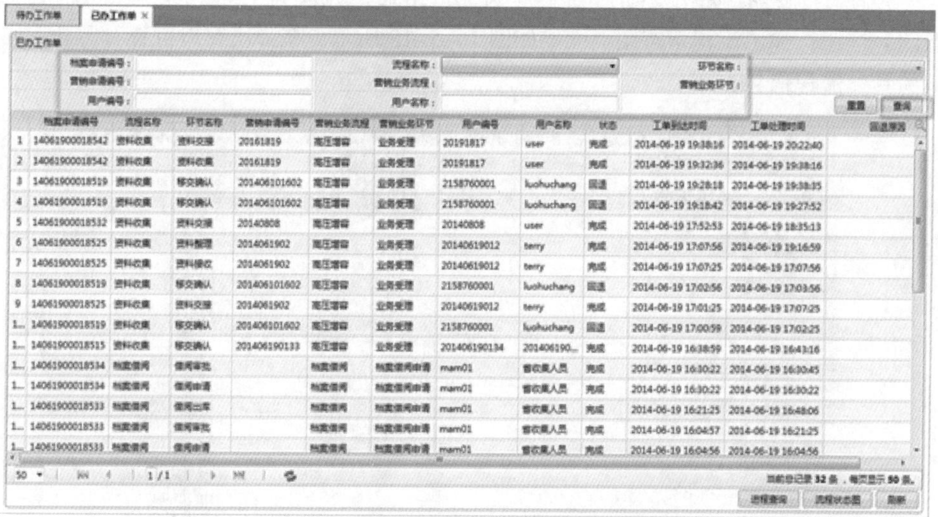

图 10-5-16　查询历史工作单【重置】按钮图

2）进程查询。在主页面历史工作单列表中选择一条记录，单击【进程查询】按钮，弹出工作单进程页面，如图 10-5-17 所示。

在弹出表单上面可以看到历史工作单的具体进程信息，单击的红色【关闭】按钮，关闭弹出页面。

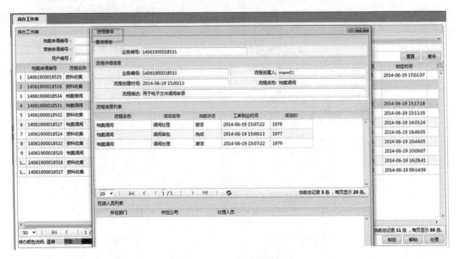

图 10-5-17 进程查询图

3）查看流程状态图。在历史工作单页面数据列表中选择一条记录，单击【流程状态图】按钮，弹出流程状态图页面，如图 10-5-18 所示，在弹出窗口可查看历史工作单的具体流程信息。

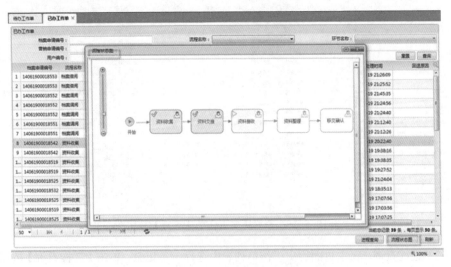

图 10-5-18 查看流程状态图

条件：选择一条记录，才能单击【进程查询】【流程状态图】。

注意：单击【刷新】按钮，更新历史工作单。

警告：无。

2. 资料收集

资料接收功能介绍：对资料收集人员移交的资料清单进行核对、校验，确保资料的真实、完整、有效。对于核对一致的资料进行"接收"操作，对于核对过程中存在问题的资料进行"回退"处理。

菜单位置："资料收集"→"资料接收"。

待办工作项名称：

流程名称：资料收集。环节名称：资料接收。

操作介绍：

（1）进入资料接收操作页面。从待办工作单中查询处于资料接收环节的数据清单。选择要接收的数据，双击进入其资料接收处理页面，如图 10-5-19 所示。

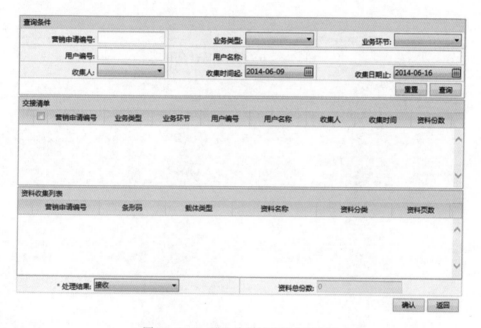

图 10-5-19　进入资料接收操作页面图

（2）资料默认查询。单击进入资料接收主页面，单击【查询】按钮，交接清单中显示所有处于资料接收环节的数据，如图 10-5-20 所示。

（3）组合条件查询。单击进入资料接收主页面，输入查询条件字段值，单击【重置】可重新输入查询字段值。单击【查询】按钮，可对资料接收环节的数据进行按条件查询，如图 10-5-21 所示。

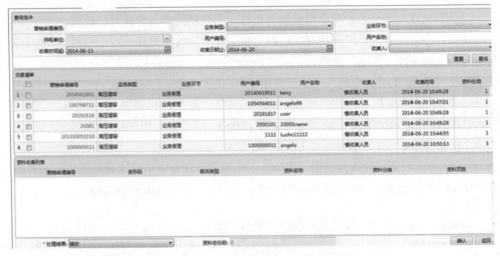

图 10-5-20　资料默认查询图

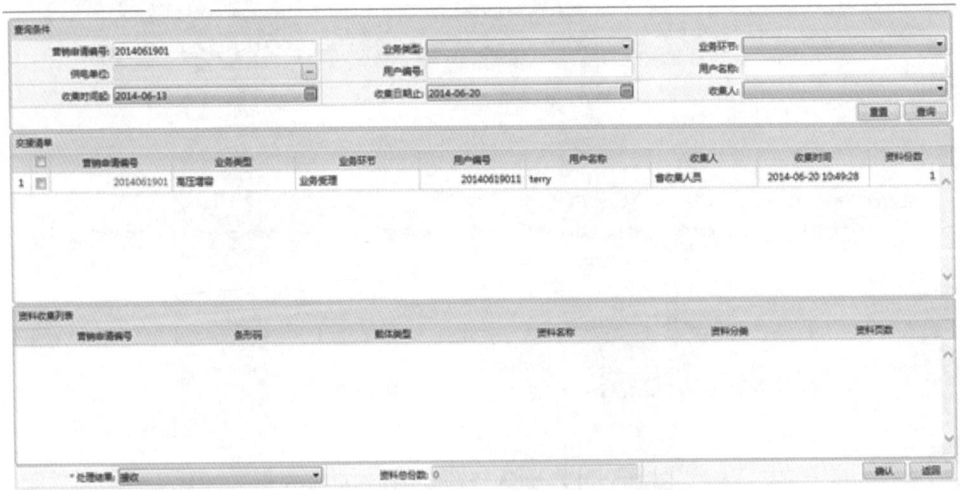

图 10-5-21　组合条件查询图

（4）资料信息查看校验。对移交来的资料信息进行核对校验，单击"交接清单"数据列表中，所要核对清单的营销申请编号，在下方资料收集列表中显示该清单内的具体收集信息，如图 10-5-22 所示。

单击资料收集列表中"条形码"字段值，可在线浏览该资料的相关电子化文件，如图 10-5-23 所示。

图 10-5-22　资料信息查看校验图

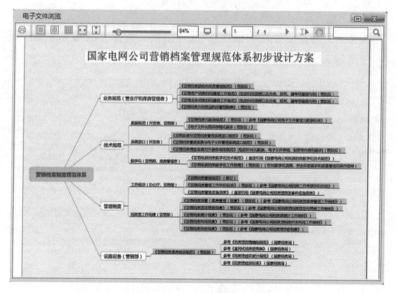

图 10-5-23　"条形码"图

（5）资料接收。选择要处理的数据，"处理结果"选择"接收"，如图 10-5-24 所示。

单击【确认】按钮，系统提示"您确认接收资料吗？"。单击【确定】按钮，资料接收成功，同时将该清单发送至资料整理环节。单击【取消】按钮，本次操作取消，系统返回资料接收主页面。

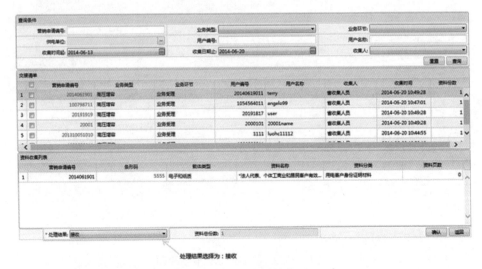

图 10-5-24　资料接收图

（6）资料退回。选择要处理的数据，"处理结果"选择"退回"，并填写退回原因，如图 10-5-25 所示。

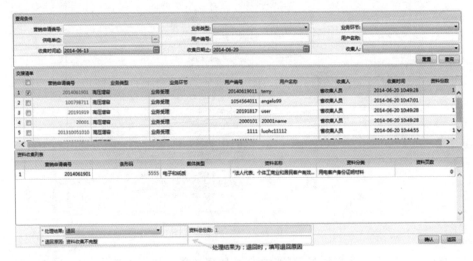

图 10-5-25　资料退回图

单击【确认】按钮，系统提示"您确认退回资料吗？"。单击【确定】按钮，资料退回成功，同时该清单发送至资料收集环节。单击【取消】按钮，本次操作取消，系统返回资料接收主页面。

条件：无。

注意：无。

警告：无。

3. 资料归档

资料审查功能介绍：本业务描述资料审查人员对接收的资料进行审核，同时可对收集不完整的纸质资料进行电子化操作，确定资料收集完整后，发送给本单位所属档案管理人员。

菜单位置："资料归档"→"资料审查"。

待办工作项名称：

报装类别：资料归档。任务项名称：资料整理。

操作介绍：

（1）进入资料整理页面。在待办工作单页面检索出"资料收集"→"资料整理信息"，如图 10-5-26 所示，双击列表内信息可进入资料整理页面。

图 10-5-26　资料整理页面图

条件：资料整理流程要有信息才能由待办页面进入资料整理页面。

（2）查询重置。在资料整理页面选择查询条件（单击【重置】按钮查询条件被清空），单击【查询】按钮可查询出符合条件的信息，如图 10-5-27 所示。

图 10-5-27　查询重置图

（3）信息核对。选择一条待核对列表信息，单击【核对】按钮，进入核对页面，如图 10-5-28 所示。

单击核对列表信息的资料名称，可查看对应信息的电子文件，若电子文件不符合要求核对人员可以单击右下角电子化对电子文件重新录入。操作步骤见"资料收集"→"业务资料收集"模块。

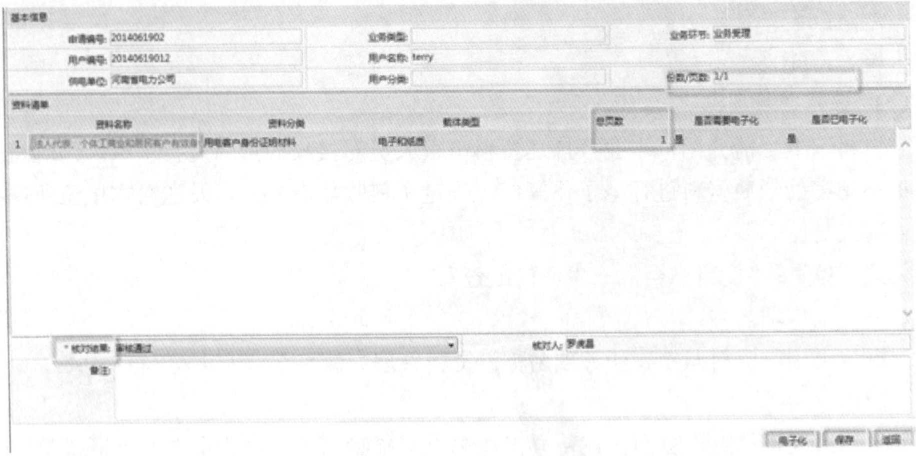

图 10-5-28 信息核对图

核对信息后，信息正确"核对结果"选择"审核通过"，备注可填可不填，单击【保存】按钮保存页面提示"信息保存成功"页面信息不可修改，单击【返回页面】按钮返回待核对信息页面。

核对信息后，信息不正确"核对结果"可选择"审核不通过"。输入备注信息后单击【保存】按钮，页面闪现"回退中…"并且跳转至"待办工作单"页面。

单击【返回】按钮页面返回"待办工作单"页面。

（4）信息移交。单击"资料整理"页面【已核对信息】按钮进入已核对信息页面如图 10-5-29 所示。

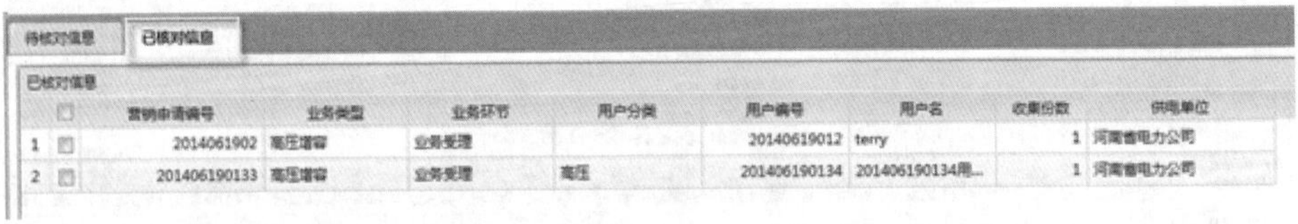

图 10-5-29 信息移交图

勾选列表信息前面的复选框，选择"供电单位""接收档案室"单击【移交】按钮，页面跳出"流程发送成功！+流程编号"的提示信息。

单击【打印】按钮，弹出打印框可以打印移交的信息。

单击【返回】按钮，页面返回"待办工作单"页面，如图 10-5-30 所示。

4. 设备管理功能

（1）设备领用。

功能介绍：实现设备领用流程。

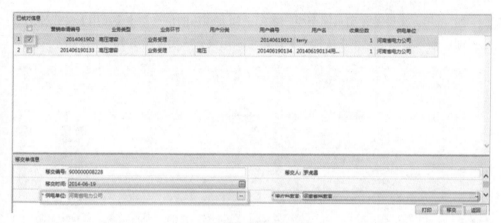

图 10-5-30 接收档案室图

菜单位置:"设备管理"→"设备领用",如图 10-5-31 所示。

图 10-5-31 设备领用导航图

待办工作项名称:

报装类别:设备管理。任务项名称:设备领用。

操作介绍:

1)查询重置。在设备领用页面选择查询条件(单击【重置】按钮查询条件被清空),单击【查询】按钮可查询出符合条件的信息,如图 10-5-32 所示。

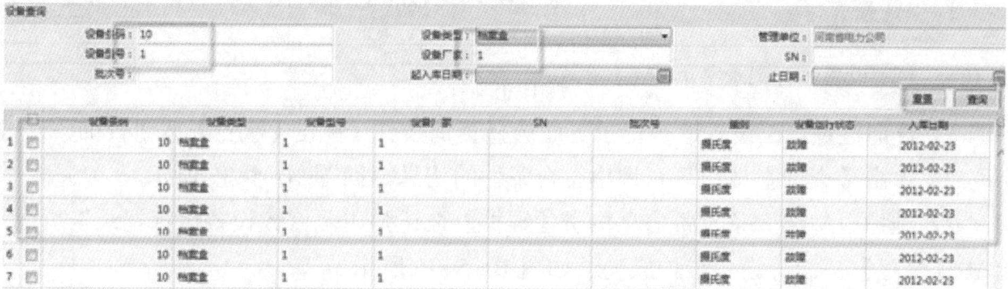

图 10-5-32 查询重置图

2）领用。在设备领用页面至少一条勾选需要领用的信息单击【领用】按钮弹出领用界面，输入必填信息单击【提交】按钮可领用设备成功，如图 10-5-33 所示。

		设备条码	设备类型	设备型号	设备运行状态	设备厂家	SN	量纲
1	☑	10	档案盒	1	正常	1		摄氏度
2	☑	10	档案盒	1	故障	1		摄氏度
3	☑	10	档案盒	1	故障	1		摄氏度
4	☑	10	档案盒	1	故障	1		摄氏度
5	☑	10	档案盒	1	故障	1		摄氏度
6	☑	10	档案盒	1	故障	1		摄氏度
7	☑	10	档案盒	1	故障	1		摄氏度
8	☑	10	档案盒	1	故障	1		摄氏度

领用设备：领用单位：＊ 领用人：＊ 领用时间：2014-06-20 领用数量：10 导出全部 导出当前页 当前总记录 10 条，每页显示 20 条。 确定

图 10-5-33 领用功能使用图

领用单位：选择领用设备的单位和领用人（为必填）。

领用时间：默认显示当前日期可以修改。

领用数量：系统自动读取不允许修改。

导出全部：导出所有领用的设备信息。

导出当前页：导出当前页面所有设备信息。

确定：完成提交操作。

（2）设备运行记录。

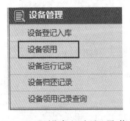

图 10-5-34 设备运行记录菜单图

功能介绍：记录设备运行，并对设备进行维护。

至"设备领用"菜单位置："设备管理"→"设备领用"，如图 10-5-34 所示。

待办工作项名称：

报装类别：设备管理。任务项名称：设备运行记录。

操作介绍：

1）查询重置。在设备运行记录页面选择查询条件（单击【重置】按钮查询条件被清空），单击【查询】按钮可查询出符合条件的信息，如图 10-5-35 所示。

2）维护。勾选一条设备信息单击【维护】按钮弹出"修改设备运行记录"页面，单击【保存】按钮，设备维护成功，如图 10-5-36 所示。

图 10-5-35 查询重置图

图 10-5-36 修改设备运行记录图

设备运行状态：可修改设备运行的状态。

备注：可以增加备注对设备维护情况进行说明。

保存：提交修改的信息。

取消：取消对设备的维护操作。

条件：无。

注意：无。

警告：无。

（3）设备归还。

功能介绍：记录设备运行，并对设备进行维护。

菜单位置："设备管理"→"设备归还"，如图 10-5-37 所示。

待办工作项名称：

报装类别：设备管理。任务项名称：设备归还。

操作介绍：

1）查询重置。在设备运行记录页面选择查询条件，（单击【重置】按钮查询条件被清空），单击【查询】按钮可查询出符合条件的信息，如图 10-5-38 所示。

图 10-5-37 设备归还导航图

图 10-5-38 查询重置路径图

2）归还。单击列表里的一条数据（只能选择一条数据）单击【归还】按钮，弹出归还页面，输入归还人、归还日期单击【保存】按钮保存信息归还成功，如图 10-5-39 所示。

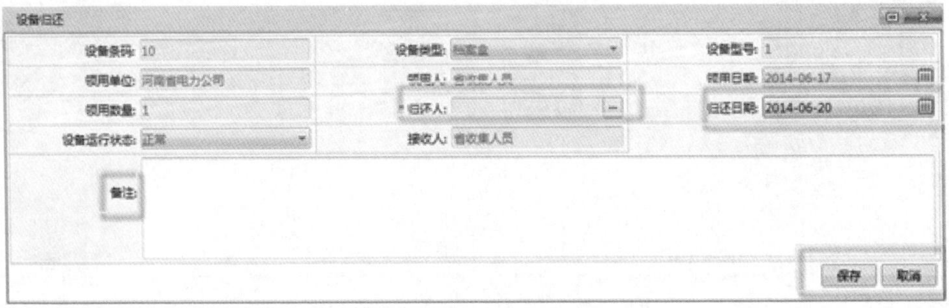

图 10-5-39 归还路径图

归还人：归还设备的人。

归还日期：默认显示当前日期，可更改。

备注：可填写归还时需要别的说明。

保存：保存归还操作。

取消：取消归还操作。

条件：无。

注意：无。

警告：无。

（4）设备领用记录查询。

图 10-5-40 设备领用记录查询路径图

功能介绍：主要是方便用户对领用信息的查询。

菜单位置："设备管理"→"设备领用"，如图 10-5-40 所示。

待办工作项名称：

报装类别：设备管理。任务项名称：设备领用记录查询。

操作介绍：

1）查询重置。在设备运行记录页面选择查询条件（单击【重置】按钮查询条件被清空），单击【查询】按钮可查询出符合条件的信息，如图 10-5-41 所示。

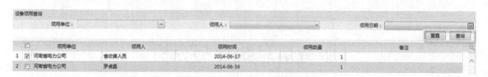

图 10-5-41　查询重置路径图

2）查看。选择一条信息单击【查看】按钮弹出"领用详细信息"页面，如图 10-5-42 所示。

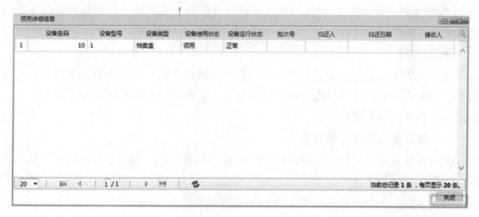

图 10-5-42　查看功能图

关闭：关闭领用详细信息页面。

条件：无。

注意：无。

警告：无。

【思考与练习】

1. 电子档案的有哪几类？

2. 电子档案归档前应做哪些工作？

3. 电子档案如何保管与维护？

4. 熟练操作营销档案管理系统。

第十一章

服务信息统计与分析

▲ 模块1　营业业务报表查询（Z21H2001Ⅰ）

【模块描述】本模块介绍各类业务报表统计模块，通过要点归纳和介绍，掌握各类业务报表类数据的查询。

【模块内容】

营业业务报表是对营业业务工作的有效分类统计手段，本模块重点讲解供用电合同签定情况表、业扩基础月报、业扩用电分类上报报表、业扩行业分类上报报表、营业户数和容量统计上报报表。

一、供用电合同签订情况表

报表统计查询，可以查阅高低压用户的合同签定情况。体现了合同的应签数和实际完成数，同时按不同电压等级、不同用电类别进行了分类，以便轻松查阅供用电合同的签定信息。××供电公司供电合同签定情况表见图11-1-1。

工作台	供电合同签一	×	供电合同签…	×				刷新	添加为常用	帮助
选择时间范围		~		供电单位	连云港供电公司	▼	□ 包含下属单位	统计		未签查询
							导出Excel	打印设置	打印	打印预览

供电合同签定情况表

按电压等级分	220kv用户		110kv用户		35kv用户		20kv用户		10kv用户	
	应签数	完成数	应签数	完成数	应签数	完成数	应签数	完成数	应签数	完成数
用电合同										
用电合同										
用电合同										
供电合同										
用电合同										
计	0	0	0	0	0	0	0	0	0	0

图11-1-1　××供电公司供电合同签定情况表

二、业扩基础月报

月末，大部分申请、完成业务都告一段落时候，通过业扩基础月报的统计，对当月的业扩类信息统计后进行加锁。在业扩基础月报中，核对各项业扩申请数据是否正确，有无异常，在核对无误后进行加锁上报。××供电公司业扩基础月报见图 11–1–2。

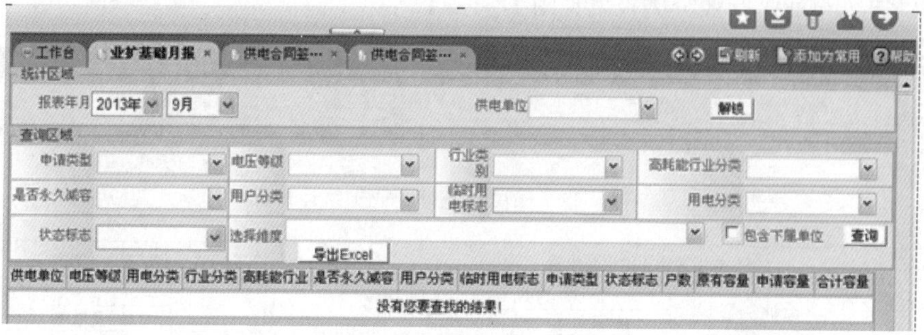

图 11–1–2　××供电公司业扩基础月报

三、业扩用电分类上报报表

在业扩基础月报报表加锁之后，各类数据信息进行了锁定，在锁定的数据信息上，开始对业扩用电分类及行业分类等更高一级数据类统计报表进行统计上报。如在上报报表中发现了一些客户用电资料的错误，或者在月末有大用户发生了申请、归档等流程，则需要将用户档案基础月报解锁后重新统计进去后进行上报。

通过业扩用电分类报表查询，统计本年当月各类用电性质分类的申请及完成情况。××供电公司业扩用电分类报表见图 11–1–3。

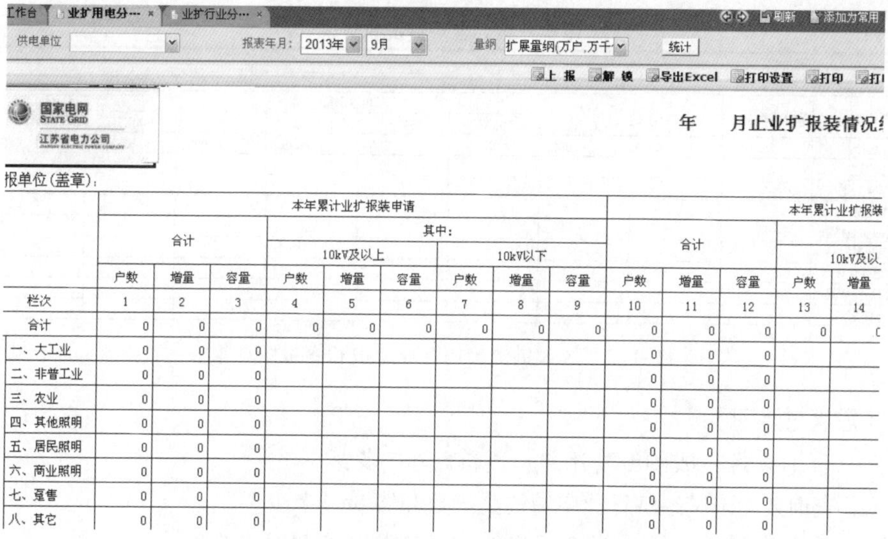

报单位(盖章)：

	本年累计业扩报装申请									本年累计业扩报装				
	合计			其中：						合计				
				10kV及以上			10kV以下						10kV及以	
	户数	增量	容量	户数	增量	容量	户数	增量	容量	户数	增量	容量	户数	增量
栏次	1	2	3	4	5	6	7	8	9	10	11	12	13	14
合计	0	0	0	0	0	0	0	0	0	0	0	0	0	C
一、大工业	0	0	0							0	0	0		
二、非普工业	0	0	0							0	0	0		
三、农业	0	0	0							0	0	0		
四、其他照明	0	0	0							0	0	0		
五、居民照明	0	0	0							0	0	0		
六、商业照明	0	0	0							0	0	0		
七、趸售	0	0	0							0	0	0		
八、其它	0	0	0							0	0	0		

图 11–1–3　××供电公司业扩用电分类报表

四、业扩行业分类上报报表

通过业扩行业分类报表，统计本年当月按国民经济行业分类的申请及完成情况。××供电公司业扩行业分类报表见图11-1-4。

国民经济行业业扩统计情况

本年累计业扩装报申请						本年累计业扩报装完成情况				
合计			其中：			合计			其中：	10kV
			10kV及以上		10kV以下				10kV及以上	
户数	容量	同比(%)	户数	容量	户数	容量	户数	容量	同比(%)	户数	容量	户数
	0			0			0			0		

图11-1-4 ××供电公司业扩行业分类报表

五、营业户数和容量统计上报报表

通过营业户数和容量统计报表可以统计累计当月的不同用电类别、不同电压等级用户的营业户数和用电容量。××供电公司营业户数和容量统计报表见图11-1-5。

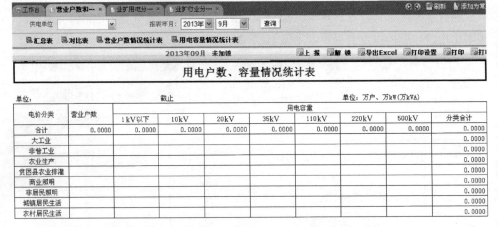

图11-1-5 ××供电公司营业户数和容量统计报表

【思考与练习】

1. 查询某月完成的专变用户户数和容量是多少？

2. 查询某一国民经济行业申请的用户数和容量是多少？

3. 查询本月某一用电类别用户的完成户数和容量是多少？

模块 2　服务信息统计与分析（Z21H2002 Ⅱ）

【模块描述】本模块介绍了各种业务报表数据的对比分析，通过要点归纳和统计分析，掌握服务信息的收集，统计和分析。

【模块内容】

各类业务报表统计出的多项数据直接反映了一个地区的用电发展情况以及用电发展趋势，作为用电客户受理员，应当学会查询、统计各类用电业务报表，并能对报表反映出来的各项数据指标进行理性正确的分析，掌握该地区用电业务的整体情况和发展情况。

下面，以江苏某一地级市的业扩报表为基础，对该地区的各类用电业扩情况形成一份数据分析报告（数据仅供分析说明用）。

2013 年××月××市业扩报装分析

1. 总体发展情况

截至 2013 年 2 月公司累计营业户数达 29.001 0 万户，比上年末增加 0.61%；用电容量 237.712 7 万 kW，比上年末增加 0.98%。各用电类别营业户数及变化情况见表 11-2-1，各用电类别用电容量及变化情况见表 11-2-2。

表 11-2-1　　　　各用电类别营业户数及变化情况　　　　（万户）

电价分类	营业户数			
	累计	比上年末增长户数	比上年末增长量（±%）	占总户数（%）
一、大工业	0.019 0	0.000 2	1.06	0.07
二、非普工业	0.936 5	0.011 3	1.22	3.23
三、农业	0.085 0	0.007 2	9.25	0.29
四、贫困县	0.125 9	0.000 1	0.08	0.43
五、商业	1.558 4	−0.002 8	−0.18	5.37
六、非居民	1.375 5	0.018 1	1.33	4.74
七、居民生活	24.900 7	0.141 4	0.57	85.86
合　计	29.001 0	0.175 5	0.61	100

表 11–2–2 　　　　　　　　各用电类别用电容量及变化情况 　　　　　　　（万 kW）

电价分类	用电容量			
	累计	比上年末增长容量	比上年末增长量（±%）	占总容量（%）
一、大工业	33.272 5	−0.052 5	−0.16	14.00
二、非普工业	24.689 7	0.578 3	2.40	10.39
三、农业	2.540 6	0.174 4	7.37	1.07
四、贫困县	5.292 5	0.008 0	0.15	2.23
五、商业	9.463 4	0.036 8	0.39	3.98
六、非居民	9.468 6	0.415 3	4.59	3.98
七、居民生活	152.985 4	1.146 3	0.75	64.36
合　计	237.712 7	2.306 6	0.98	100

2. 新增容量情况

（1）报装申请情况。截至 2013 年 2 月累计受理申请 1496 户，同比减少 56.72%；累计报装申请容量为 19 564kW，同比减少 43.37%。

2013 年 2 月业扩申请报装容量较去年同比减少 8.97%，影响本月容量的主要原因是春节假期，生产减少或停产，报装用户减少。

（2）报装完成情况。2013 年 2 月完成户数为 586 户，与去年同期的 110 户相比，户数增加 432.72%。2 月完成容量为 8388kW，与去年同期的 1907kW 增加 339.85%。

其中大工业 4 户，去年同期 2 户。完成容量为 2185kW。

非普工业 44 户，比去年同期的 5 户增加 39 户，完成容量为 1514kW，比去年同期的 90kW 增加了 1582.22%。

农业 20 户，比去年同期增加 20 户，完成容量为 428kW。非居民 154 户，比去年同期的 2 户增加 152 户。完成容量 1085kW，比去年同期的 4kW 增加了 27 025%。

居民生活 352 户，比去年同期的 100 户增加了 252 户，完成容量为 3036kW，比去年同期的 800kW 增加了 279.5%。

商业 12 户，比去年同期的 1 户增加 11 户，完成容量为 140kW，比去年同期的 28kW 增加了 400%。

3. 各行业发展情况

根据国民经济行业业扩统计情况报表显示：2013 年 2 月，报装申请容量比同期增幅较大的有如下几个行业：农、林、牧、渔业报装申请容量 1410kW，同比增长 382.88%；制造业报装申请容量 3483kW，同比增长 18.47%；建筑业申请容量 1909kW，同比增长 5202.78%；电力、燃气及水的生产和供应申请容量 161kW，同比增长 130%；交通运输、仓储、邮政业申请容量 1401kW，同比增长 3492.31%；信息传输、计算机服务和软件业申请容量 339kW，同比增长 200%；居民服务和其他服务业申请容量 406kW，同比增长 235.54%；教育业申请容量 60kW，同比持平；卫生、社会保障和社会福利业申请容量 50kW，同比增长 78.57%；公共管理和社会组织申请容量 49kW，同比增长 390%；城乡居民申请容量 9107kW，同比增长 31.12%。

容量出现负增长的有如下几个行业：批发和零售业；住宿和餐饮业；房地产业；水利、环境和公共设施管理业；文化、体育和娱乐业；城乡居民。

4. 各营业区发展情况

截至 2013 年 2 月，市公司报装申请容量 987 422kW，占全市报装容量比重最大，为 41.54%。××供电所报装申请容量 15 835kW，占全县报装容量比重最小，为 0.67%。各营业网点报装申请容量情况，见表 11-2-3。

表 11-2-3　　　　　　　　　各营业网点报装申请容量情况

序号	供电营业网点	业扩报装容量（万 kVA）	业扩报装容量比例（%）
1	××市供电公司	987 422	41.54
2	××县供电公司	××	××
3	××县电所	××	××
4	××县电所	××	××
5	××供电所	××	××
6	××供电所	××	××
7	××供电所	15 835	0.67

【思考与练习】

1. 根据文中的数据分析报表，分析新增容量情况。

2. 根据文中的数据分析报表，分析各行业发展情况。

3. 根据文中的数据分析报表，分析各营业区发展情况。

参 考 文 献

[1] 国家电网公司人力资源部. 国家电网公司生产技能人员职业能力培训专用教材 用电业务受理. 北京：中国电力出版社，2013.

[2] 国家电网公司人力资源部. 国家电网公司生产技能人员职业能力培训专用教材 95598 客户服务. 北京：中国电力出版社，2013.

[3] 国家电网公司人力资源部. 国家电网公司生产技能人员职业能力培训专用教材 用电检查. 北京：中国电力出版社，2013.

[4] 国家电网公司人力资源部. 国家电网公司生产技能人员职业能力培训专用教材 抄表核算收费. 北京：中国电力出版社，2013.

[5] 江苏省电力公司. 电力企业班组管理丛书：电力企业班组管理技巧. 北京：中国电力出版社，2006.